# 特大流域水电站群优化调度降维理论

冯仲恺　牛文静 等　著

科学出版社
北京

## 内 容 简 介

经过数十年的梯级滚动开发，我国已经形成多个装机容量超千万千瓦的特大流域水电站群，其调度运行呈现水电站数目众多、任务需求多样、约束条件复杂等综合特征，系统规模与运行复杂性急剧增大，维数灾已经成为影响水电调度的重大基础科学难题。为此，本书在解析大规模水电调度维数灾根源、经典方法计算性能及其工程适应性的基础上，从知识规则、等蓄能线、非线性优化、并行计算、试验设计、两阶段优化、变尺度抽样、群体智能等多个层面，尝试创新并发展形成特大流域水电站群优化调度降维理论，力求为我国大规模水电能源广域时空配置提供切实可用的理论依据和技术支撑。

本书可供水文水资源、水利水电工程等领域的科研、管理和教学人员阅读，也可作为相关专业本科生和研究生的专业读物。

**图书在版编目（CIP）数据**

特大流域水电站群优化调度降维理论/冯仲恺等著. —北京：科学出版社，2022.7

ISBN 978-7-03-072349-9

Ⅰ.①特… Ⅱ.①冯… Ⅲ.①梯级水电站-水库调度-研究 Ⅳ.①TV74

中国版本图书馆 CIP 数据核字（2022）第 087268 号

责任编辑：何 念 张 慧/责任校对：高 嵘
责任印制：彭 超/封面设计：无极书装

科学出版社 出版
北京东黄城根北街 16 号
邮政编码：100717
http://www.sciencep.com
武汉永银数码图文制作有限公司印刷
科学出版社发行 各地新华书店经销
*
开本：787×1092 1/16
2022 年 7 月第 一 版 印张：11 1/2
2022 年 7 月第一次印刷 字数：257 000

**定价：88.00 元**
（如有印装质量问题，我社负责调换）

# 前言 Foreword

作为现阶段技术较成熟、运行较灵活的清洁能源，水电一直得到世界各国的高度重视，已经成为装机容量和发电量占比最高的清洁可再生电力资源。近年来，我国水电行业发展迅猛，建成了以三峡水电站、小湾水电站、龙滩水电站、溪洛渡水电站、向家坝水电站为代表的巨型水电站和以金沙江、乌江、澜沧江为代表的特大流域水电站群，形成了西电东送、南北互供、全国互联的统一联合调度格局，在短短几十年内实现了从“追赶者”到“领跑者”的巨大飞跃。在此背景下，特大流域水电站群的装机容量、兴利库容、机组台数等特征均发生了巨大变化，水力、动力、电力的联系日益紧密，系统规模与运行复杂性与日俱增，加之高坝大库、蓄能控制、弃水风险等因素导致目标和约束均呈强烈非凸性、非线性，甚至非连续性，调度建模与求解难度大幅攀升，维数灾成为特大流域梯级水电站群、省级电网与区域电网水电系统现在乃至未来都无法回避的重大基础科学难题，亟需创新兼顾结果精度和计算效率的高效降维优化方法。为此，作者针对国家水资源和能源安全重大需求，以西电东送跨区域互联水电系统为背景，以突破经典水电调度理论桎梏为目标，以提升流域综合运行效益为准则，历经十多年的系统深入研究，提出了特大流域水电站群优化调度降维理论，破解海量时空耦合约束下大规模水电调度的建模计算与高效优化难题。研究成果对提升流域综合运行效益，保障电网安全经济运行，实现双碳战略目标有着极为重要的理论支撑作用。

本书分为 10 章：第 1 章论述中国水电调度特征变化、维数灾问题和国内外相关研究进展；第 2 章研究特大流域水电站群维数灾的产生根源，解析经典水电调度方法、计算复杂度与工程适用性，提出四维一体可拓降维理论框架与具体降维策略；第 3 章提出特大流域水电站群优化调度知识规则降维方法，通过动态辨识可行决策空间，规避非可行解的无效计算，降低系统计算测度；第 4 章提出特大流域水电站群优化调度等蓄能线降维方法，建立满足蓄能控制指标的梯级水电站可行水位组合曲面，实现复杂刚性约束的解耦松弛；第 5 章提出特大流域水电站群优化调度混合非线性降维方法，通过多变量集成和约束转换构造非线性规划模型，进而运用领域知识和逐次逼近理论保障调度方案的可行性；第 6 章提出特大流域水电站群优化调度并行计算降维方法，对传统动态规划在组合层、阶段层、状态层、决策层实施并行化设计，对逐步优化算法在子问题状态组合级别开展并行求解，减少算法运行耗时，提高资源利用效率；第 7 章提出特大流域水电站群优化调度试验设计降维方法，分别运用正交试验和均匀试验优选离散微分动态规划和标准动态规划的状态变量集合，大幅提升传统算法的求解规模与计算效率；第 8 章提出特大流域水电站群优化调度两阶段降维方法，耦合单纯形搜索和逐步优化策略以提升调度方案质量，显著降低运算量与存储量；第 9 章提出特大流域水电站群优化调度变尺度抽样降维方法，在邻域范围内选取均衡分布、整齐可比的状态变量进行寻优，实现计算效率和结果质量的有效均衡；第 10 章提出特大流域水电站群优化调度群体智能降维方法，从初始种群生成、进化模式、邻域搜索等方面提升个体的全局搜索能力与局部勘探能力，有效缓解早熟收敛缺陷。

本书是作者博士论文与近年来若干相关研究工作的阶段性总结，部分成果发表在《中国科学：技术科学》、《水利学报》、《中国电机工程学报》、《水科学进展》、*Energy*、*Journal of Water Resources Planning and Management* 等行业权威期刊。在研究过程中，作者得到了国家自然科学基金、中国科协青年人才托举工程、中央高校基本科研业务费等多个重大科研生产项目的资助，以及大连理工大学、华中科技大学、河海大学、武汉大学、清华大学、中山大学、华北电力大学、西安理工大学等相关科研院校专家和同仁的指导与帮助，同时也学习和汲取了众多权威专家学者的相关成果，在此一并表示衷心的感谢。

由于水电调度降维理论是国内外学者普遍关注的热点和难点问题，创新成果不断涌现，相关工作仍在持续发展和完善，加之作者水平有限，书中不当之处在所难免，敬请读者批评指正。

作　者

2022 年 2 月 8 日

# 目录 Contents

# 第1章

# 绪　　论

## 1.1 快速发展的中国大规模水电系统

中国是世界上水能资源最为丰富的国家之一[1]，水力资源理论蕴藏量、技术可开发量、经济可开发量均位居世界第一。2005 年全国水力资源复查成果①显示：大陆有 3 886 条河流的水力资源理论蕴藏量超过 $1\times10^4$ kW；水力资源理论蕴藏量平均功率高达 $6.94\times10^8$ kW，年电量约为 $6\times10^{12}$ kW·h；技术可开发量约为 $5.4\times10^8$ kW，年发电量约为 $2.5\times10^{12}$ kW·h；经济可开发量为 $4.02\times10^8$ kW，年发电量为 $1.75\times10^{12}$ kW·h。中国水能资源具有 3 大典型分布特征[2-4]：①地域差异明显。人口稀少、相对落后的西部地区大约占据全国 80%的水能资源，其中，四川、西藏、云南等省（自治区）水量充沛、地势落差大，分别占据全国技术可开发量的 22%、20%和 19%；而地域庞大、经济发达的中部和东部地区分别占据 14%和 5%，水能资源相对匮乏，人均占有量普遍偏低。②时空分布不均。受极端气候、季风气候等影响，年际与年内的水量分布不均衡，不同年份之间丰枯特性转换频繁，极易引发洪涝、干旱等自然灾害。通常情况下，历时约 4 个月的汛期降水较多，可占据全年 70%～80%的径流量，其余月份基本处于枯水期，一般只能占据 30%左右的径流量，总量明显偏少，这就要求建设调节性能较好的大中型水库来积极调节径流，应对突发水旱灾害。③水能富集度高。长江、雅鲁藏布江、黄河三大流域山高谷深、水流湍急、水能丰富，技术可开发量位列全国三甲，分别为 $2.6\times10^8$ kW、$6.8\times10^7$ kW 和 $3.7\times10^7$ kW，超过全国技术可开发容量的 50%；另外，密布在大江大河上的上百座大型水电站的装机容量和年发电量大约占据了全国总量的 60%。

自 1910 年云南省的石龙坝水电站开工建设以来，中国水电发展已经走过了百年沧桑历程[5-7]，上演了一部波澜壮阔的“国运兴，则水电兴”的宏伟诗篇。在 1949 年以前，水电建设坎坷艰难，较为滞后；1949 年之后，受到行业体制、资金贫乏、技术储备等因素的限制，水电建设几经波折、时有起伏，但也成功建设了新安江水电站、三门峡水电站和刘家峡水电站等水电站，为后续发展奠定了基础；改革开放后，中国政府逐步把重点放在大规模水资源开发与利用上，加快了水电发展的步伐，相继动工建设了三峡水电站、二滩水电站、小浪底水电站、天生桥水电站等一批大型水电站，促使水电技术加速赶超世界先进水平；进入 21 世纪，为实现绿色可持续发展，中国制定了优先开发水电的战略方针，水电建设迎来了黄金发展期，龙滩水电站、小湾水电站、溪洛渡水电站、向家坝水电站等巨型水电站相继投产发电，初步规划建设了乌江、澜沧江、红水河等数个大型水电基地，形成包含规划运行、设计施工、维护管理等在内的水电全链条生产运行体系。目前，中国已经成为世界水电行业的创新中心，作为行业领导者开始不断改写水利水电行业的发展历史。

图 1.1 为中国水电在 1949～2015 年的装机容量与发电量的逐年变化过程，可以看出：

① 中华人民共和国国家发展和改革委员会.全国水力资源复查成果［R］.2005. https://www.ndrc.gov.cn/xwdt/xwfb/200511/t20051125_957888.html?code=&state=123.

中国水电自 1949～2015 年始终保持持续高速发展态势，单年新增装机容量屡次超过其他水电大国；自 2004 年装机容量突破 $1\times10^{8}$ kW 后，便一直雄踞世界榜首，在不到百年的时间里，中国水电由曾经的一穷二白逐步发展至总装机容量和年发电量双双稳居世界第一的新格局。2020 年全国水利发展统计公报①显示：中国已建成各类水库 98 566 座（总库容为 $9.306\times10^{11}$ $m^{3}$），包含 774 座大型水库（总库容为 $7.410\times10^{11}$ $m^{3}$，占比 79.6%）和 4 098 座中型水库（总库容为 $1.179\times10^{11}$ $m^{3}$，占比 12.7%）。2021 年中国统计年鉴②显示：水电装机容量达 $3.70\times10^{8}$ kW，约占全国电力总装机容量的 16.8%；水电年发电量突破 $1.3\times10^{12}$ kW·h，约占全国总发电量的 17.4%、非化石能源发电量的 68.0%，是清洁能源中当仁不让的第一主力。2018 年中国有 4 座装机容量全球排名前十的水电站③，分别为三峡水电站（排名第 1，装机容量 $2.250\times10^{7}$ kW）、溪洛渡水电站（排名第 3，装机容量 $1.386\times10^{7}$ kW）、向家坝水电站（排名第 7，装机容量 $6.448\times10^{6}$ kW）和龙滩水电站（排名第 8，装机容量 $6.426\times10^{6}$ kW）。尽管中国水电事业发展成绩喜人，装机容量与发电量均位居世界首位，但中国水电总体开发程度并不高[8]。例如，年发电量仅占技术可开发年电量的 47.1%，相比于法国的 94.5%、意大利的 96.0%、美国的 82.0% 和日本的 70.3%，仍存在明显的差距；对于库容调节系数[9]（由国家水库蓄水能力与河流径流量之比计算得到），中国尚不足 0.30，远低于欧洲国家的 0.90 和美国的 0.66，这

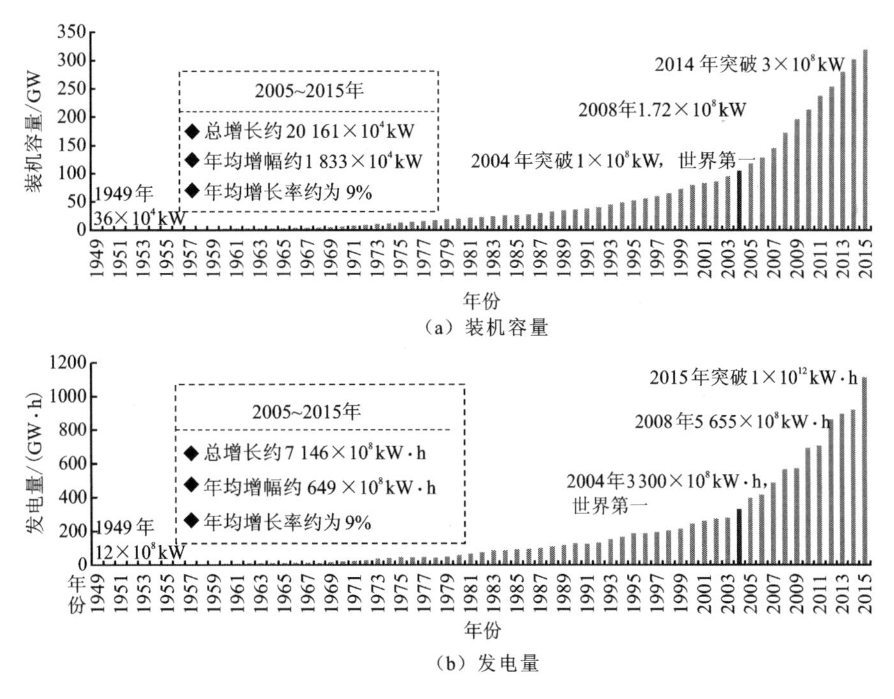

（a）装机容量

（b）发电量

图 1.1　中国水电逐年发展历程

① 中华人民共和国水利部. 2020 年全国水利发展统计公报[R]. 2020. http://www.mwr.gov.cn/sj/tjgb/slfztjgb/202202/t20220209_1561588.html.

② 国家统计局. 2021 中国统计年鉴[R]. 2021. http://www.stats.gov.cn/tjsj/ndsj/2021/indexch.htm.

③ 中国水力发电工程学会. 2018 世界十大水电站最新排名（已建）[R].2018. http://www.hydropower.org.cn/showNewsDetail.asp?nsId=24904.

也与中国高速发展的国民经济的实际需求不相适应。为此，中国从两大方面进一步为水电发展提供有利条件[10-11]：①为提高全国范围内的能源优化配置效率，破解水能资源与负荷中心呈逆向分布的难题，中国已初步建成溪洛渡水电站—浙西、锦屏水电站—苏南、向家坝水电站—上海等数十条特高压直流联络线，并规划在未来继续推动全国互联的特高压网络建设工作[12]，力争在广域范围内实现跨流域、跨区域的水电消纳与调峰运行[13]；②为充分发挥水电巨大的发展空间，中国规划持续推进生态友好型水电开发工作，推动建设大渡河、澜沧江、怒江等多个千万千瓦级特大流域水电站群，预计常规水电总装机容量在2030年、2050年和2060年分别达到$4.4\times10^8$ kW、$5.7\times10^8$ kW和$5.8\times10^8$ kW①，基本形成全国互通、西电东送、多源联调的水电新格局[14]。

## 1.2 特大流域水电站群优化调度的意义

纵观世界各国水电发展历程可以发现：水利水电工程在集中建设和竣工投产后，工作重点转向调度运行与管理维护，这也是水电工程全寿命周期中历时最长的阶段，如美国在1934年开工建设大古力水电站，仅历时17年便建成投产（1951年），但是截至2021年，运行时间已经超过60年。水电优化调度的目的是根据各水电站的调蓄能力及区间径流过程等多种因素，综合考虑机组、水电站、电网等多层级调度对象的复杂安全稳定约束，合理控制各水库在不同时期的水位、流量等蓄放过程，使得调度期内水电系统的整体效益达到最优。一方面，相比于常规调度运行，优化调度无须投入过多成本，能够在确保水电站科学、有序、高效运行的前提下增加2%～10%的效益，且其综合效用值随着系统规模的攀升而益发凸显。例如，2019年中国水电总发电量超过$1.3\times10^{12}$ kW·h，水电平均上网电价约为0.3元/（kW·h），若优化调度增发5%的效益，便可增收约200亿元，经济效益十分可观。另一方面，优化调度能够充分发挥不同调节性能的水电站之间的水文、库容互补优势，有效提升水电的资源利用效率与电能质量，增强电网在变化环境下的调峰、调频及事故备用等即时响应能力，切实保障电网的安全稳定运行，产生显著的社会和生态效益。例如，水电机组仅需1～2 min便可从停机状态变化至满负荷运行状态，能够快速响应系统负荷波动，而常规燃煤火电机组从冷态启动至满负荷大约需要4 h，且通常要求以最小技术出力运行（为额定出力的70%～80%），极大地限制了其对电网负荷的跟踪调节能力。综上，水电是现阶段技术较成熟、调节较灵活、市场竞争力较强的清洁可再生能源，也是我国的第二大常规能源、第一大清洁能源，其调度运行有利于缓解中国能源结构的时空分布不均，促进风能、光伏能等间歇性能源的大规模消纳，提高电力资源的优化配置效率，助力实现碳中和、碳达峰战略目标。

---

① 全球能源互联网发展合作组织. 中国2060年前碳中和研究报告[R]. 2021.http://www.szguanjia.cn/article/1514.

# 1.3　特大流域水电站群优化调度维数灾问题

## 1.3.1　特大流域水电站群优化调度特征变化

伴随着中国水电事业的迅猛发展，其系统特征发生了巨大变化，具体表现在以下几个方面：①单站规模不断扩大。机组容量由以前的不足 $3.00\times10^5$ kW 增大至现在的 $7.00\times10^5$ kW 及以上，水电站装机容量由原有的数十万千瓦转变至超千万千瓦，库容由原来的数百万立方米跃升至数百亿立方米，发电水头也由原来的十余米增加至现在的超百米，如溪洛渡水电站装机接近 $1.4\times10^7$ kW，三峡水电站库容为 $3.93\times10^{10}$ $m^3$，小湾水电站水头约 250 m。②水电站数目逐渐增多。澜沧江、金沙江、雅砻江等大型流域水电系统的水电站数目普遍超过 10 座，远超以往的中小规模水电系统。③调度要求日渐提升。水电作为大电网平台的重要组成，对其优化计算的精确性、时效性、互动性提出了更高的要求，如短期/实时调度分别要求分钟级与秒级完成计算，以便能够满足电网的安全性、实用性和经济性要求。④协调管理日趋复杂。不同于以往仅由单一部门管理，水电系统现在大多需要统筹考虑国家/区域/省级、流域/水电站等多层级管理关系，并有机协调发电、防洪、生态、航运等多个调度相关部门的利益诉求。

受上述因素影响，特大流域水电站群优化调度也呈现出大规模高维性、非线性、多阶段动态，以及复杂时空耦合联系等典型特征，具体描述如下。

（1）大规模高维性特征。一方面，由于单一水电站规模不断提升，在相同离散精度下的决策变量数目必然增多。例如，若按 1 m 对水头进行离散，则小湾水电站大约有 250 个状态，远多于常规低水头水电站（一般水头小于 40 m）。另一方面，水电系统中需要参与优化的水电站数目高达数十座，甚至上百座，系统维数与求解难度大幅攀升，算法所需的计算量与存储量均呈非线性增长。因此，水电调度具有明显的大规模高维性特征，如图 1.2 所示，这也是导致常规算法难以求解大规模水电调度问题的主要原因。

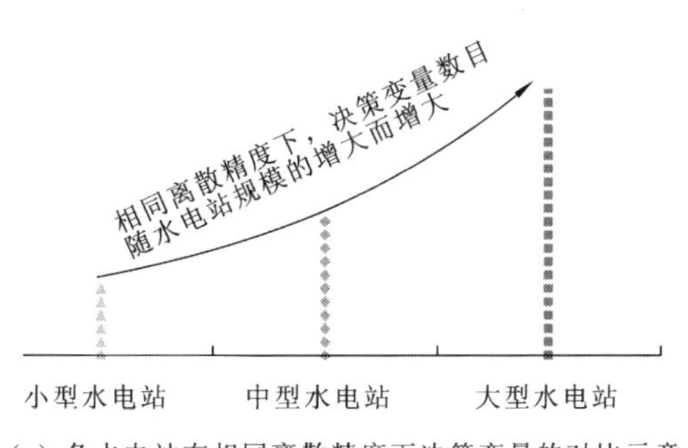


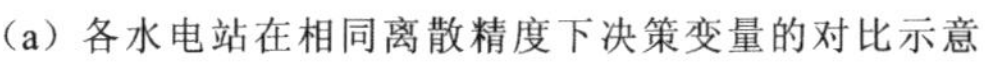

（a）各水电站在相同离散精度下决策变量的对比示意

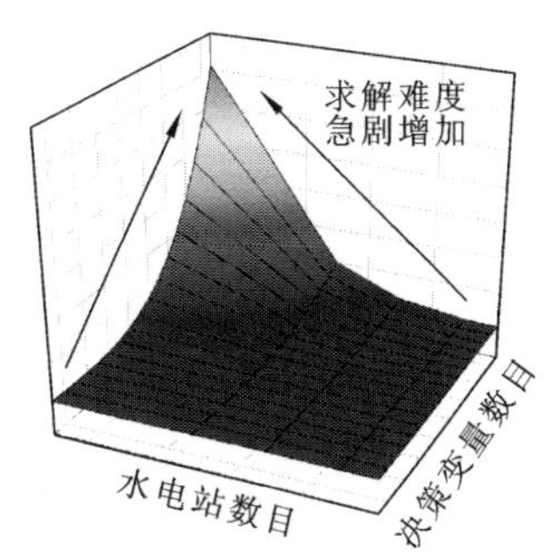


（b）系统规模急剧增加示意

图 1.2　水电系统大规模高维性特征示意图

（2）非线性特征。一方面，水电站特性曲线（水位-库容曲线、尾水位-下泄流量曲线、出力-水头-流量曲线等）大多具有很强的非线性特征，传统的线性化处理手段极易引发较大偏差；另一方面，水电调度目标函数、约束条件之间也多为决策变量的复杂非凸函数，难以直接采用经典的线性规划（linear programming, LP）方法进行高效处理。因此，水电调度的非线性特征如图 1.3 所示，这极大地影响了常规算法的寻优效率与求解精度。

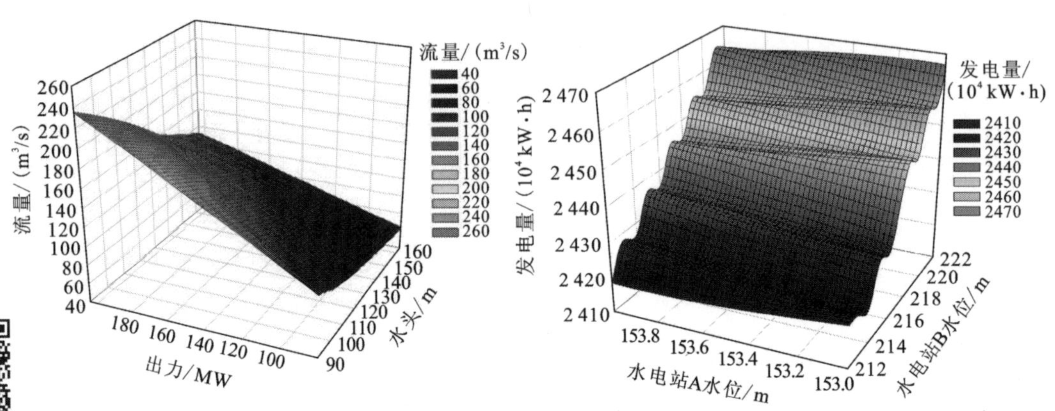

（a）某水电站出力-水头-流量曲线　　（b）某水电系统单时段发电量与各水电站水位的关系

图 1.3　水电系统非线性特征示意图

（3）多阶段动态特征。对于单一水电站，除相邻时段必须严格满足水量平衡方程等刚性约束外，各时段所做决策还会直接干扰到自身及下游水电站后续时段的调度过程；对于水电系统，位于各空间节点的水电站既受到不同阶段区间径流随机性的影响，又受到上游水电站相关时段决策动态性的干扰，各水电站有机衔接与否也会直接作用于水电系统在调度期内的整体效益。因此，水电调度具有如图 1.4 所示的多阶段动态特征，这就要求算法能够快速响应各时段的各个水电站及整个水电系统的动态约束。

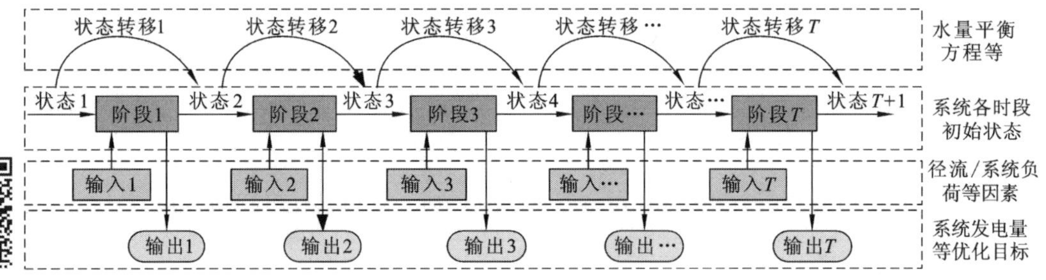

图 1.4　水电系统多阶段动态特征示意图

（4）复杂时空耦合联系特征。一方面，由于上下游水电站之间通常存在极为密切的流量、水头等水力关系，梯级水电系统紧密耦合，连为一体；另一方面，水电站所处地区大多经济相对落后，难以完全就地消纳水电，需要通过特高压网络将富余水电输送至数千千米外的经济发达地区，导致机组、水电站异构并网问题突出，梯级、跨流域之间存在紧密耦合的电力联系。因此，图 1.5 所示的水电系统的时空耦合联系极其复杂，面临机组、水电站、电网等多重运行限制，在很大程度上增大了调度求解的难度。

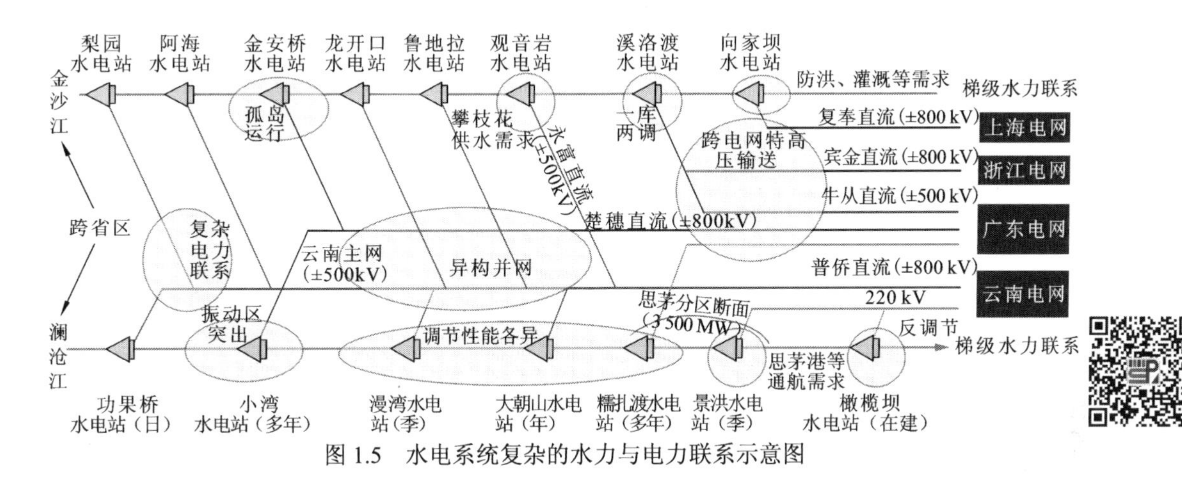


图 1.5 水电系统复杂的水力与电力联系示意图

## 1.3.2 维数灾是特大流域水电站群优化调度面临的巨大挑战

虽然动态规划（dynamic programming，DP）、非线性规划（nonlinear programming，NLP）、混合整数规划（mixed integer programming，MIP）等方法在水电系统中的应用较多[15]，但是这些方法大多需要计算并存储所有潜在状态组合及其指标值等信息，在水电站数、时段数、状态数、决策数等因素的共同作用下，算法所需计算量与存储量将随系统规模的增大呈非线性增长，极大地增加算法的执行开销，产生十分严重的维数灾问题。尤其是 DP，该方法的计算复杂性与参与优化的水电站数目（$N$）、计算时段数目（$T$）、状态变量（如时段初库容）的离散数目（$k_1$）、决策变量（如时段末库容、时段平均流量）的离散数目（$k_2$）等因素紧密相关，如其时间复杂度近似呈现 $T\times(k_1\times k_2)^N$ 的关系[16]，使其乏力应对 3 座及以上水电站的优化调度问题。图 1.6 为维数灾问题示意图，可以看出：各水电站均离散为 3 个状态，系统中包含 1 座、2 座、3 座水电站时，所需状态组合数目分别为 3、$3^2=9$、$3^3=27$，指数增长趋势明显，求解难度急剧增加。由此可知，在维数灾问题影响下，系统的计算规模与搜索空间均呈爆炸式增长，分别体现在运算时间过长（超出调度时限要求）与内存占用过多（超出计算机容量极限）两个方面，使得已有方法难以对大型水电系统进行有效地模拟和优化，也很难满足新时代背景下对水电调度的精细化要求。

伴随梯级水电基地的陆续竣工投产，数目众多的巨型水电站正紧密互联，共同构成了异常复杂的水电系统。我国西南地区乌江、澜沧江等特大流域的梯级水电系统，以及由此构成的更大规模的跨流域水电系统、省级电网与区域电网互联水电系统，所需优化

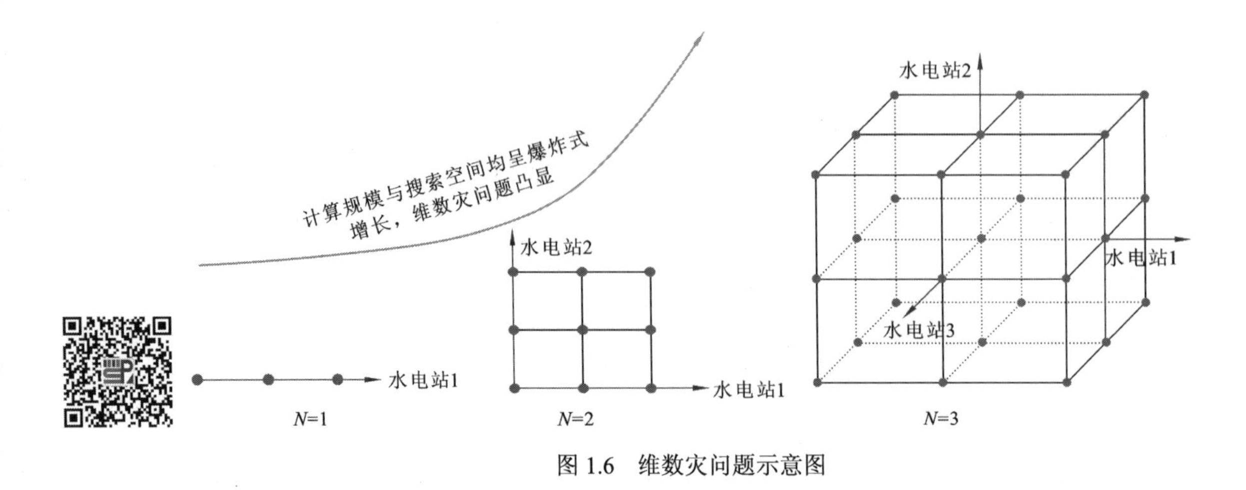


图 1.6　维数灾问题示意图

的水电站数目动辄十余座，甚至数十、上百座，导致水电系统的整体规模持续攀升，加剧了水电优化调度的建模与计算难度。但由于维数灾问题，传统方法的适应能力受到极大限制，很难满足大规模水电调度工程的实际需求。在这样的情况下，如何破解维数灾问题、实现水电系统的可计算建模就成为水电调度人员所面临的重大挑战。因此，亟须探索满足复杂工程需求、均衡求解精度和计算效率的实用化降维方法[15-17]，保证在现有计算条件下可以快速获取高质量优化调度结果，从而提高水电调度模型的精细化程度，以及计算成果的合理性和可靠性。

## 1.4　国内外相关研究进展

水库调度是水资源领域极富挑战性的复杂工作之一，相关研究工作自 20 世纪中期便受到国内外学者的高度关注。例如，美国学者 Little[18]在 1955 年采用马尔可夫（Markov）过程描述径流的随机性，构建了大古力水电站的随机调度模型，成为水库优化调度的开创性成果。伴随着 LP、DP、NLP 等运筹学方法的日趋成熟，水库优化调度由理论研究迈入实际工程应用，并在 20 世纪 70 年代逐渐推广至水库群联合优化调度，使得梯级运行方案日益精细合理；随后，得益于现代计算机技术和信息技术的迅猛发展，在 90 年代诞生了以遗传算法（genetic algorithm，GA）、粒子群优化（particle swarm optimization，PSO）算法等为代表的人工智能算法，为水电调度问题的求解开辟了全新方向。国内外学者经过 70 余年对水电优化调度理论的系统研究，形成了相对成熟的理论方法体系，并可大致分为数学解析方法、DP、群体智能方法及其他优化方法四大类方法[19-21]，下面将对相关优化方法进行简要介绍。

### 1.4.1 数学解析方法

LP是规划数学中理论最为完善、实际应用最为广泛的静态优化方法之一，具有计算效率高、收敛性能优越等优点，并已形成通用的商业计算软件包，在实际工程中得到广泛应用。LP也是水电调度领域应用最早的优化方法之一，如Hiew等[22]采用LP处理水库群长序列径流资料的隐随机调度模型，该模型包含了上万个决策变量与数千个约束条件，系统规模较大；Windsor [23]采用递归 LP 方法求解水库群联合防洪优化调度问题；Yoo[24]采用LP模型开展水电站水库调度作业，取得了较为不错的效果。然而，LP要求目标函数与约束条件均为决策变量的线性表达式。因此，在应用 LP 求解水电调度模型时，通常需要对坝上水位-库容、下泄流量-尾水位等特性曲线，以及目标函数和约束条件做线性化（或分段线性化）近似处理，此处理方式难以反映水电调度问题的非线性固有特征，容易导致计算结果与实际情况存在较大偏差。为提高优化结果质量，通常需要采用其他方法对 LP 计算结果做进一步的修正处理，以便更符合实际调度过程。例如，Cai等[25]结合LP与GA提出了混合搜索算法，成功应用于某大型复杂水库群发电调度模型；董增川等[26]在DP计算过程中利用LP获得当前时段的最优决策，能够有效改善算法性能和表现，并在红水河流域取得了良好的应用效果。

相比于 LP，NLP 能够直接处理水电调度问题中的非线性特征，因而在实际工程中得到普遍应用。例如，Finardi等[27]利用拉格朗日松弛（Lagrangian relaxation，LR）法与序列二次规划（quadratic programming，QP）求解水电机组组合问题，获得了较好的优化结果；吴杰康等[28]首先对目标函数与约束条件进行一阶泰勒展开，然后采用逐次 LP 进行求解，所得结果较LP更能反映原问题的非线性特征；Barros等[29]采用NLP求解巴西75座水电站的调度问题，结果表明该模型能够有效利用径流预报信息来开展调度工作。截至目前，现有NLP的求解方法大致分为增广拉格朗日法、逐次LP、序列QP、惩罚函数法、既约梯度法等几类方法[30]。上述方法基本上都是将原问题转化为相对简单、易于处理的问题进行求解，如增广拉格朗日法是通过获得拉格朗日函数的驻点来解算原问题；逐次LP与序列QP分别将原问题转化为一系列LP、QP问题进行求解；惩罚函数法与障碍函数法是将原问题的复杂约束条件纳入目标函数并构成无约束问题加以求解；既约梯度法在初始解的邻域内选取可行下降方向以逐步逼近最优解。在使用NLP时，需要精心设计目标函数与约束条件的转换机制，这会导致在计算过程中不可避免地存在转换偏差[31]；另外，NLP大多需要构造在实际工程中难以获取的梯度与海塞矩阵等解析信息，易使计算耗时较长、结果失真。综上，NLP虽然比LP更符合水电调度实际，但是仍然会受到一定程度的限制，需要根据具体问题特征分析方法的适用性。

MIP是处理同时含有离散变量与连续变量优化问题的数学规划方法，常用的求解方法包含分支定界法、本德（Bender）分解法、割平面法、隐枚举法等。根据目标函数与约束条件的不同，MIP可分为混合整数线性规划（mixed integer linear programming，MILP）、混合整数NLP等多种模型，在应用时需要根据问题特点加以选择。由于MIP较LP、NLP

更能有效处理水电站或机组的开停机状态、持续运行时段及启停次数限制等离散约束集合，在短期水（火）电系统调度及机组组合等问题的应用较多。例如，Chen 等[32]利用变量分离与分段 LP 构建了水火电机组组合问题的 MIP 模型，应用效果良好；Chang 等[33]构建了短期水电调度 MILP 模型，仿真结果表明模型合理可行并具有较强的扩展性；Cheng 等[34]利用 MILP 处理水头敏感性水库所面临的振动区约束、开停机约束等多种约束，并采用 LINGO 开展模拟仿真，构皮滩水电站 5 台机组的计算结果验证了所提方法的合理性与可行性；贾江涛等[35]在对水头进行离散后，利用 0、1 状态变量及运行约束构建了短期水电调度问题的 MILP 模型，仿真结果验证了模型的有效性；葛晓琳等[36]建立了考虑未来调度周期内调峰约束的随机机组组合模型，将其转化为 MILP 模型后进行求解，结果表明所得方案能够兼顾各场景下机组出力的可行性。总体而言，MIP 能够有效响应水电调度中的多特性混合变量集合，但在处理离散状态变量较多的大规模约束优化问题时，仍然存在计算耗时过长的问题，难以满足水电调度的时效性需求。

综上，LP、NLP 与 MIP 及相应的求解算法确实是相对成熟且高效的，若是能够将工程问题抽象成相应的模型，便可较为方便、快捷地进行求解，并能获得详细的敏感性分析等信息。然而，截至目前，仍然较少见到能够应用于大规模水电调度实际工程的实用化方法与系统报道，主要原因如下：①第一，这些模型大多需要对基础特性曲线、目标函数等非线性函数做分段线性或近似多项式等特殊处理以满足标准形式，而这与水电调度的非线性特征并不相符，不可避免地会影响求解精度；第二，此类方法通常依赖于 CPLEX、MATLAB、LINGO 等商业数学软件，这些软件的计算过程相对封闭，对系统用户及开发者并不完全透明，通常需要编制特定格式的文件才能进行调用，使得在实用化系统中的调试、应用相对繁杂；第三，NLP、MIP 等在处理大规模水电系统时也存在计算效率较低的问题，在一定程度上限制了其在生产中的应用。②现阶段，流域梯级滚动开发的现状客观存在，水电站与机组动态投产问题突出，尤其是在中国，以贵州电网为例，在 2003 年引子渡水电站投产后，东风水电站的直接上游水电站由洪家渡水电站、普定水电站转变为现在的洪家渡水电站、引子渡水电站，改变了系统内各水电站之间的水力、电力等联系，必然需要做大量的模型更新工作，使得此类方法在应对水电系统的可扩展性需求时面临诸多困难。③此类方法难以跟踪电网和流域日常运行中的动态变化条件。例如，某年贵州电网乌江渡水电站 1#机组检修工作提前 4 天完成，使得该水电站原定的过机流量、检修容量、发电能力等发生变化，进而导致相应的约束条件集合发生变动，需要多次调整和频繁构建指定格式的相关文件，增大了生产实践的难度。

### 1.4.2 DP

DP 是处理多维多阶段复杂决策问题的经典优化方法。DP 将复杂高维决策问题通过分段降维转化为一系列结构相似的简单低维子问题，利用各阶段之间的关联关系递归求解[37]，可获取设定离散步长下的全局最优解及各子过程最优解。DP 通常只能应对同时满足最优化原理与无后效性的问题[38-39]，其中最优化原理是指“对于最优策略过程中的任一状态而言，无论其过去的状态和决策如何，其余下的诸决策必将构成一个最优子策略”，无后效性是指“在依次排列计算阶段后，任意阶段的状态仅受当前状态的影响，与之前其他阶段无直接联系”。由于 DP 对目标函数、约束条件并无严格要求，能够处理实际工程中经常出现的非凸、非线性、不可微等因素，并能很容易将径流、电价等随机因素纳入递推模型中，在水电调度领域应用广泛。例如，Hall 等[40]采用确定性 DP 对水电站最优调度规则开展了研究；谭维炎等[41]利用随机 DP 优化一库多级式水电站群发电调度图，能够在提高梯级保证出力的同时平均每年增发 2%的电量。然而，由于 DP 先天存在严重的维数灾问题，其计算复杂度随系统规模的增大呈指数增长，较难应对大规模复杂水电系统的优化调度问题。

为此，国内外学者先后提出了以渐进逼近全局最优解思想为核心的多种改进方法，其中代表性的有逐步优化算法（progressive optimality algorithm，POA）、离散微分动态规划（discrete differential dynamic programming，DDDP）、逐次逼近动态规划（dynamic programming successive approximation，DPSA）等方法，上述方法分别从减少优化阶段、离散状态、计算维度等途径实现降维求解。DP 改进方法一般需要首先给定初始解，而后在初始解的邻域内利用 DP 递推方程开展迭代寻优，并在计算过程中不断缩小搜索步长，逐步逼近全局最优解[15-16,42-43]。DP 改进方法的收敛性能易受初始解与搜索步长等因素的干扰，并不能严格保证获得与标准 DP 相同的全局最优解，但是在多数情况下能够获得质量相对不错的局部最优解[44-46]，而且显著缩短计算耗时，提高算法解算规模，具有易于编程实现、通用性强等优点，在实际工程中取得了良好的应用效果。例如：纪昌明等[47]、徐鼎甲[48]分别采用 DDDP 求解汉江、新富梯级水电站优化调度问题；Nanda 等[49]采用 POA 优化水火电联合调度问题；周佳等[50]利用 POA 求解雅砻江流域中长期优化调度问题；申建建等[51]利用 POA 求解高水头多振动区水电站的调峰问题；Erkmen 等[52]验证了 DPSA 在水火协调问题中的有效性；钟平安等[53]建立了综合考虑调度期和滞后期效益的梯级水电站调度模型，并采用 DPSA 与 POA 相结合的方式进行求解。

然而，上述方法未能从根本上攻克 DP 维数灾问题。例如：Chow 等[54]对 DP 与 DDDP 的计算复杂度展开了系统分析，结果表明，虽然 DDDP 的性能、表现优于 DP，但是 DDDP 的计算复杂度仍然呈指数增长，这与 Cheng 等[55]、冯仲恺等[56]的研究成果一致；冯仲恺等[57]的研究表明 POA 的时间复杂度与空间复杂度都随系统规模的增大呈非线性增长。因此，学者仍然致力于探索 DP 系列方法降维改进的新思路。结合近年来的发展趋势，可将 DP 的改进机制大致分为以下 4 类：①引入计算机领域的前沿技术，对 DP 各方法实施并行化方法设计，利用高性能计算机充足的并行资源来获得良好的计算加速效果，如 Li 等[58]、孙平等[59]、周茜等[60]、万新宇等[61]、张忠波等[62]与 Zhang 等[63]分别从多个角度提出的并行动态规划（parallel dynamic programming，PDP），以及 Cheng 等[55]提出的并行 DDDP、冯仲恺等[64]提出的并行逐步优化算法（parallel progressive optimality algorithm，PPOA）等，均能在不同程度上缩短计算耗时，提高计算效率。②利用经济学原理、最优化方法等相关数学理论，对所求问题开展解析式分析，以期缩减无效状态的冗余计算。例如：Zhao 等[65-66]根据水库最优泄水量、余留水量与时段初蓄水量的单调性关系，提出了改进 DP、改进随机 DP 与逐次改进 DP 等多种方法，显著提升了原有方法的计算效率；Zhao 等[67]利用目标函数在两阶段内的单调性关系，探讨分析了水量平衡方程、下泄流量约束及库容运行限制等约束在（不）确定性环境下对水库调度的影响，能够快速获得合理的调度结果。③从维数灾的产生根源入手，对 DP 做出有效改进，以减少单阶段状态变量集合基数，降低算法计算复杂度。例如：冯仲恺等[56-57,68]从试验设计角度出发，分别提出了正交 POA、正交离散微分动态规划（orthogonal discrete differential dynamic programming，ODDDP）及均匀动态规划（uniform dynamic programming，UDP），这些算法能够将计算的复杂度由指数增长降低至多项式增长；Powell[69]、Fu[70]、Pardalos[71]系统总结了随机规划、Markov 决策过程、增强学习等多学科知识对 DP 的综合改进成果，提出了近似 DP 方法，其核心思想是尝试对少数状态开展观测与学习，采用特定的策略构造近似值函数，并在迭代过程中不断更新，从而规避维数灾问题，该方法已经在电力系统、系统自动控制等多个领域掀起了新的研究热潮。④构建耦合多种理论与方法性能优势的混合搜索方法来提高算法的计算效率。例如：Li 等[72]提出了结合 DDDP 与大系统分解协调（large system decomposition and coordination, LSDC）的混合方法，长江流域梯级水电站群的应用结果表明该方法可较传统方法提升 0.4%的电量，并可缩短 68%的计算时间；Li 等[73]利用增量 DP 获得较优的搜索空间，而后利用启发式算法进行求解，能够同时提高搜索效率与寻优质量，并在三峡梯级得到成功应用；纪昌明等[74]构建了时段平均出力的泛函计算模型，并以此为基础提出了泛函 DP 算法，能够省去大量重复计算过程，从而有效提升计算效率，取得了良好的应用效果。

综上，DP 及其改进算法利用递推方程处理水电调度问题中的复杂约束集合，能够获得具有较高质量的优化结果及各状态的最优解集合，而且可以在计算过程中利用人工经验削减不可行状态，以实现求解效率的提升；另外，若需要增加新的计算对象，DP 只需调整状态变量、状态转移方程等即可满足系统的动态扩展需求。因此，DP 及其改进算法以其良好的实用性与易用性在诸多工程实践中得到应用。例如，中国水电富集地区（如贵州电网、云南电网）的水调自动化系统均以此类方法为主开展水电优化调度工作。然而，截至目前，DP 及其改进算法仍然没有统一的数学模型及其构造方法，甚至也没有确定方法适用性的指导准则，这就要求使用者仔细分析待优化的问题特征，并且具有良好的想象力与技巧性来确定复杂决策问题的状态与决策变量、状态转移方程等因素，从而构建合理、可行的模型，这也在一定程度上限制了 DP 的应用实践。另外，DP 及其改进算法大多需要遍历所有离散变量构成的集合，使得状态空间随系统规模的增大呈指数增长，所需存储规模和计算时间极易超出现有计算机的容量限制与使用者的耐心极限，维数灾问题极其严重，这也是限制 DP 实践范围的最主要原因。因此，如何从理论与技术上攻克维数灾问题将是突破 DP 应用限制的关键所在；另外，需要指出的是，DP 改进算法通常在相对缩减的状态空间内进行寻优，很有可能丢失最优解信息，“如何在改进算法的过程中实现求解质量与计算时效的有机均衡”应当引起足够的重视。

### 1.4.3 群体智能方法

GA 是利用达尔文生物进化论来模拟自然界的生物进化过程，是一种求解复杂优化问题的经典算法[75]。很多学者先后采用 GA 求解水电站群优化调度问题并取得了不同程度的成功。例如：Wardlaw 等[76]选用 GA 求解 4 库与 10 库水电站群调度问题，并对各遗传算子及其参数的敏感性进行了分析，结果表明，GA 综合采用实数编码方式、最优保留策略、均匀交叉算子与修正均匀变异算子时效果最优；Ahmed 等[77]在研究水库最优调度规则时，利用 100 年模拟径流资料驱动 GA 来优选综合利用水库调度规则。再如：Shiau[78]采用多目标 GA 推求供水水库在半年、季与月尺度下的对冲调度规则；刘攀等[79]利用 GA 优化三峡水电站的汛限水位与蓄水时机；马光文等[80]、万星等[81]选用 GA 求解水库长期发电调度问题；胡明罡等[82]采用 GA 求解水电站日优化调度问题；王少波等[83]、陈小兰等[84]、陈立华等[85]、张俊等[86]、舒隽等[87]分别采用 GA 求解梯级水电站群联合调度问题，均获得了较为满意的结果。

差分进化（differential evolution，DE）是一种利用个体特征差异来引导种群进化的启发式搜索算法。DE 采用实数编码机制、差分变异搜索及竞争生存策略等操作算子，能够在某种程度上降低算法的复杂性；同时，利用暂存记忆方法来动态调整个体的搜索情况，可以提升算法的收敛能力与鲁棒性。例如：刘心愿等[88]构建了兼顾防洪、发电、通航等的综合利用水库的优化调度模型，利用 DE 求解得到了考虑水文预报误差的三峡水库防洪调度图，能够比传统调度图增发 5.3%的电量，减少 5.9%的弃水；Yuan 等[89]提出强化 DE 以求解水电日优化调度模型，能够获得比两阶段神经网络、共轭梯度法更为合理的计算结果；钟平安等[90]从均匀设计、混合变异算子及梯度加速附加算子等多个角度对 DE 进行改进，有效提升了结果的稳定性和收敛率；Glotić 等[91]提出了采用种群动态更新的自适应 DE，在梯级水库群调度问题中取得了较为满意的效果。

PSO 算法是一种受鸟类的飞行和捕食协作行为启发而提出的进化算法。标准 PSO 算法计算参数较少，且收敛速度较快，但搜索性能有待提升，因而在应用至水电优化调度领域时一般需要对其进行改进。Afshar 等[92]采用 PSO 算法优选大规模水质模型参数，取得了不错的效果；Zhang 等[93]引入外部档案集存储进化过程中的精英个体，为种群提供多方向的有益指导，长江流域的实践结果表明，所提算法能够提升种群的收敛速度与搜索性能；He 等[94]提出了混沌 PSO 算法来解决水库防洪调度问题，将下泄流量均方差最小作为目标函数，并在计算过程中利用死亡罚函数法处理非可行解，在三峡水库获得了较好的效果。同时，李安强等[95]、万芳等[96]分别将免疫原理引入 PSO 算法来提升种群的多样性，并应用于梯级水电站群的调度问题；原文林等[97]提出了耦合差分演化算法与 PSO 算法的混合优化算法，并通过了工程实例的检验；吴杰康等[98]构建了基于机会约束规划的梯级水电站短期优化调度模型，并结合 PSO 算法与蒙特卡罗（Monte-Carlo）模拟进行求解；郭旭宁等[99]利用改进的 PSO 算法求解跨流域水库群联合调度规则问题。

模拟退火（simulated annealing，SA）算法是一种源于热力学物理系统中固体物质退火过程的概率搜索算法。在给定较高的初始温度后，SA 算法通过控制计算参数逐步调低系统温度值，在下降过程中依一定的概率开展随机搜索，从而不断提升解的质量。虽然已经证明 SA 算法能够在理论上收敛至全局最优解，但是 SA 算法仍然存在收敛速度慢、计算参数选取困难等问题。例如，Teegavarapu 等[100]曾利用经典 4 库的综合效益最大模型对标准 SA 算法的适用性进行检验，结果表明，标准 SA 算法一般只能获得近似最优解。因此，人们通常会利用其他算法的优势来提高 SA 算法的寻优质量：Li 等[101]利用乌江流域 41 年历史资料来检验 SA 算法、GA、GA-SA 算法等多种算法在大规模水库群优化调度上的有效性；张双虎等[102]将 GA 的交叉、变异等遗传操作嵌入 SA 算法，能够以较快的速度找到满意的水电站调度方案；邱林等[103]利用 SA 算法优化神经网络权值，有效克服了网络陷入局部极值的缺陷；侍翰生等[104]提出了 DP 与 SA 算法相结合的 DP-SA 算法，用于求解河-湖-梯级泵站系统的水资源优化配置问题，可有效提高供水保证率，同时能够降低运行成本。

蚁群优化（ant colony optimization，ACO）算法是一种模仿蚂蚁在寻找食物过程中路径辨识行为的概率寻优方法。在 ACO 算法中，单一个体为弱智能甚至无智能的蚂蚁智能体，但是各智能体汇集在一起能够产生有效的反馈机制，形成具有协作能力与分布多样性的强智能群体，从而为复杂水电调度问题的求解提供新的可能。例如：徐刚等[105-106]先后利用 ACO 算法求解水电站调度问题与梯级水电站日竞价优化调度问题，取得了较为满意的效果；Kumar 等[107]采用 ACO 算法求解水库多目标优化调度模型，利用状态转移、信息素更新等策略获得了较 GA 更为合理的调度结果；纪昌明等[108]首先采用多元线性回归生成初始调度函数，然后利用 ACO 算法在此调度函数的邻域范围内进行二次优化，金沙江流域的模拟调度结果表明，ACO 算法能够有效提升梯级水电站群的整体效益；原文林等[109]采用混沌序列提升 ACO 算法的邻域搜索能力，进而提出了混沌蚁群算法，并将其成功用于梯级水库发电调度问题的求解；Wang 等[110]提出多种群蚁群算法求解梯级水电站群的联合调度问题，该算法引入高斯选择策略来提升种群的多样性，同时利用复杂约束处理机制保证解的可行性，方法的可行性与实用性通过了实例检验。

混沌优化算法（chaos optimization algorithm，COA）是一种模拟复杂非线性系统内在规律的随机搜索算法，具有良好的初值敏感性、伪随机性、全局遍历性与潜在规律性等特有性质。COA 一般通过两个阶段完成计算过程：首先，采用某种策略在解空间开展较为粗糙的遍历搜索来获得初始可行解；然后，以此为基础开展精细化的邻域寻优来提升解的质量，直至满足终止条件。然而，在应用中发现，单纯采用 COA 难以获得复杂优化问题的最优解，因此，国内外学者多将 COA 嵌入其他进化算法来提升方法的搜索性能。例如：Arunkumar 等[111]、Cheng 等[112]、Jothiprakash 等[113]、郑姣等[114]分别利用 COA 生成智能算法（GA、DE 等）的初始种群，有效提升了个体在搜索空间内的分布多样性，从而使种群加速收敛至全局最优解；王文川等[115]利用混沌变异算子提升 GA 的局部搜索能力，王振树等[116]将 COA 用于量子粒子群优化（quantum-behaved particle swarm optimization，QPSO）算法的最佳个体，均能获得比原始方法更好的计算结果。

除上述方法外，人工免疫算法[117-118]、人工蜂群算法[119-120]、蛙跳算法[121-122]、模拟植物生长算法[123-124]等智能算法也相继被提出，并在研究与应用方面取得了不同程度的成功[125]。总体来看，各类人工智能算法几乎都是从仿生学的不同视角出发，在进化模式与搜索机制上存在一定的差异，具有简便易行、隐并行性、高适用性、强鲁棒性等优点，而且内存消耗与耗时较少，几乎不受维数灾问题的困扰，能够高效处理大规模系统的优化问题，因而在水电调度领域表现出强劲的生命力。然而，虽然部分人工智能算法已经被证明能够收敛至全局最优解，但是所得结论一般都是在算法执行了无穷迭代次数的前提下得到的，这与工程要求的时效性不相适应；而且，人工智能算法大多采用随机寻优思想，解的质量易受算法的进化操作算子及相关参数设置的影响，早熟收敛现象突出，无法严格保证所得结果的稳定性、合理性与可行性；同时，由于缺乏统一的约束处理机制，通常需要根据问题个性化设计相应的适应度评估方法，故在实际应用时不得不开展大量数值试验来验证方法及策略的适用性，加大了生产成本。因此，人工智能算法多用于处理水电系统中的非实时性问题。例如：预报模型参数率定、调度函数参数优选、调度规则模拟优化等问题所涉及的模型结构一旦确定，便可长期使用；考虑到各级主管部门对调度任务的考核要求，在对结果的重现性、可行性、准确性、时效性要求较高的问题中应用仍然较少，可将其计算结果作为其他方法的初始解或调度参考。尽管如此，人工智能算法仍然具有良好的发展前景，“如何引入新型高效智能算法并耦合多重策略提升其搜索性能”将是水电调度领域的研究热点。

## 1.4.4　其他优化方法

网络流算法（network flow algorithm，NFA）是一种专门处理网络最优化问题的图论分支理论。由于在梯级上下游之间存在着复杂的时空耦合关系，水电系统具有天然的网络结构。NFA 能够清晰、直观地描述库群系统，其将各水电站分别视为网络中的节点，将水电站水位、下泄流量、出力等属性视为网络弧，约束的上、下限分别对应相应的弧容量限制。NFA 通常采用逐次 LP 等方法进行求解，具有计算速度快、收敛性好等优点，在水电调度领域得到了一定程度的应用。例如：赵子臣等[126]提出了水电系统补偿调节计算的非线性 NFA，能够快速获得满意的结果，而且耗时随着问题规模的增大近似线性增长；Braga 等[127]采用 NFA 求解兼顾防洪与发电双重目标的库群优化调度问题，该方法能够在网络结构中考虑洪水演进过程，其有效性通过了巴西某流域历史最大洪水的检验；Schardong 等[128]提出了水电优化调度的混合自适应多目标 DE 与 NFA，该算法能够灵活处理含有非线性目标函数与大规模复杂约束的多目标优化问题，能够获得比非劣排序 GA 更合理的优化结果。总体而言，NFA 通常能够快速应用于中小规模系统，但是难以高效响应结构复杂的大型网络系统，且无法保证计算精度，使其应用受到了限制。

LSDC 是一种将原始复杂巨系统划分为若干规模较小且彼此关联的子系统并加以求解的递阶控制方法。LSDC 将原始系统作为上级结构，将各子系统视为二级结构，通过协调器实现上、下级之间的信息交互，不断利用常规优化算法优化各子系统并调整相应的关联变量信息，从而获得原系统的最优解。当处理大规模复杂水电调度问题时，LSDC

能够有效降低系统计算的规模，提升运算效率。例如，Li 等[129]利用 LSDC 将大规模系统分解为若干子系统进行求解，并成功应用于某流域梯级水电站群，获得了较好的计算结果；Jia 等[130]构建了防洪系统多目标递阶优化调度模型，将分洪流量作为协调变量，利用 LSDC 进行求解，有效挖掘了库群的整体防洪能力，减少了下游行蓄洪区的分洪损失；Huang 等[131]提出了基于分解协调思想的多层动态协作模型，该模型引入认知协调因子与自适应调整因子来加速求解，能够获得较好的计算结果，提高了水资源调配决策的效率；Zheng 等[132]提出了混联水电站群负荷分配模型的多目标分解协调方法，该方法首先采用 LSDC 在各水库之间建立关系，然后采用改进的熵权法处理负荷分配与补偿机制问题，取得了较好的应用效果。总体来看，LSDC 本质上是基于对偶原理的递阶计算方法，容易受到约束条件的松弛程度、协调变量的选取，以及更新机制、子系统的优化方法选取等多种因素的干扰，通常所得结果与全局最优解存在一定的偏差，需要在应用过程中加以注意。

人工神经网络（artificial neural network，ANN）是一类模拟生物神经结构的信息处理系统，已形成包含感知器、自组织映射、霍普菲尔德（Hopfield）网络、玻尔兹曼机等在内的数十种结构不同的神经网络模型。在应用时只需要给定适量的训练样本和相应的网络结构，ANN 便可通过自适应、自组织、自学习、双向反馈等过程不断调整各神经元节点的状态，最终获得能够较好地反映原始数据结构信息的模型结构。ANN 具有较强的鲁棒性和容错性，已广泛应用于径流/负荷预报、水电站（群）调度等领域。例如：Tsai 等[133]在科学量化河流生态需水机制后，利用 ANN 与非支配排序 GA 来指导水库进行多目标调度运行，能够获得较为合理的调度结果，有机均衡人类需求与河流生态用水；Chaves 等[134]提出了利用 GA 优化网络结构参数的进化神经网络方法，其具有模型参数少、扩展性强、容易与预报系统耦合等优点，成功应用于水库调度问题；Azadeh 等[135]综合考虑环境与经济多重因素，利用 ANN 建立了可再生能源消耗预测模型，并采用多层感知器来训练模型结构，方法的有效性通过了伊朗长序列历史数据的检验；Yarar 等[136]构建了 3 种水位变化预测模型（适应神经模糊推理系统、ANN 模型与季节自回归移动平均模型），实例结果表明，ANN 模型能够获得良好的预测精度。尽管已有较多关于 ANN 在水库调度中的应用，但是 ANN 的模型结构（如隐藏层数目、各隐藏层的节点数目）、模型参数（如各节点的权重、阈值）等因子的确定较为复杂，而且模型训练速度较慢，易陷入局部最优，这也是制约 ANN 求解大型工程优化问题的关键所在。目前，ANN 仍处于蓬勃发展之中，深度学习神经网络正在成为新的研究方向。

## 1.5 关键科学问题

中国正在形成“全国互联互通、多源互补互济”的大水电格局，产生了不同于以往中小规模水电系统的全新调度特征，维数灾是其中的突出问题，需要从以下几个方面开展研究。

### 1.5.1 特大流域水电站群优化调度可行域辨识研究

水电站一般会同时肩负着发电、防洪、生态、航运等多重利用任务，通常在其调度建模过程中以约束条件的形式统筹水利、电力、环保等主体的利益诉求。例如，对于设定的生态流量限制，可将其作为最小下泄流量限制予以满足。同时，水电站群的空间拓扑位置解析困难，且存在着复杂的水力、动力、电力联系，在运行过程中需要满足电网、流域、水电站、机组等多层级的安稳要求。此外，水电系统规模连年攀升，无论是装机容量还是水电站、机组数目，都不可避免地扩大了约束条件数目与搜索空间。另外，受限于对决策空间“黑箱”特性的认知程度，工程人员在制作调度方案时可能会设置相互矛盾，甚至彼此冲突的约束条件，导致优化方法难以获得可行的调度方案。因此，水电站群在开展联合优化调度时，会面临数目众多、形式各异的约束集合，在各项约束的传递、交织、耦合等综合作用下，可行决策空间会大幅缩窄并呈现出复杂的时空关联特征，传统优化方法极易在非可行空间内开展盲目搜索，既增加了冗余计算量与存储量，又降低了收敛速度与搜索性能。因此，亟须探索适用于水电调度问题的决策空间辨识方法，以实现对各类约束条件的精简、合并，减少甚至避免无效状态的存储与计算，进而在一定程度上缓解维数灾问题，保障算法的计算效率与优化精度。

### 1.5.2 特大流域水电站群优化调度高性能计算研究

水电系统优化调度是典型的复杂、高维、非线性约束优化问题，其运算规模随系统的扩张呈非线性增长，使得传统优化方法的计算量大幅增加，求解效率急剧降低，难以在合理时间内获得满意的计算结果。例如，DP 在处理 2 座水电站时所需的时间已达到小时量级，更遑论数座水库构成的梯级水电系统。因此，如何在保证调度结果合理性的前提下缩短优化方法的计算耗时，就成为缓解维数灾问题的有效途径之一。受益于日趋成熟的计算机软硬件技术，多核并行计算近年来得到快速发展：一方面，IBM、AMD 等生产厂商陆续发布了集成多核芯片的高性能中央处理器（central processing unit，CPU），极大地促进了多核配置计算机硬件的普及；另一方面，MPI、OpenMP、Fork/Join 等高效并行框架相继涌现，为多核并行计算提供了有利的软件环境。多核并行计算采用一定的技术手段将复杂计算任务划分为若干个规模较小的子任务，并分配至多个处理器开展同步计算，能够有效缩短计算耗时，提高算法的响应速度。同时，多核并行计算无须搭建传统集群并行所需的运算环境，可在拥有多核心 CPU 的计算机上快速编程实现，降低了生产投运成本与网络通信开销，逐步发展成为计算科学、电力系统等领域的前沿方向，这也为水电系统密集型调节任务的高效求解提供了新思路。因此，需要针对传统优化方法的特点设计合适粒度的并行模式，利用多核资源实现计算加速，缓解水电调度在时间上的维数灾问题，切实满足工程实际的时效性要求。

### 1.5.3 特大流域水电站群优化调度可建模计算研究

中国规划建设了数个具有水电站数目多、水头落差大、装机容量大、输送范围广等复合特征的大型水电基地，分布在红水河、大渡河、澜沧江、怒江、雅鲁藏布江、黄河中上游等主要流域。随着这些水电基地的并网发电，中国2014年水电总装机规模超过$3.0\times10^8$ kW，形成了世界上规模最大的互联大水电系统，这也使得水电调度部门集中管理的水电站规模急剧扩大，特大流域的水电站普遍超过10座。例如：水电富集的云南电网2013年统调水电站数目超过100座，水电装机容量在全网的占比超过68%；作为世界上最大的区域电网，中国南方电网需要协调200多座大中型水电站，机组台数接近500台。如此庞大的规模给水电调度作业带来诸多前所未有的挑战，可建模计算是其中极为突出和棘手的问题。国内外已有研究与实践成果表明，传统优化方法因各式各样的缺陷难以科学应对5座及以上规模的水电站群的优化调度问题。例如：LP对水电站特征曲线做近似线性处理，易引发局部收敛问题；DP系列方法因状态组合数目呈爆炸式增长，面临严重的维数灾问题。因此，需要探索行之有效的新型优化方法，以尽可能缓解，甚至克服传统算法的维数灾问题，这对大规模水电系统的优化运行，特别是中国水电，具有重大的理论价值与实践意义。

## 1.6 总体降维思路

由于水电调度是典型的复杂巨系统优化问题，搜索空间极其庞大，引发了严重的维数灾问题，现有方法很难直接对其进行建模求解。因此，作者在维数约简总体降维思想的指导下开展相应研究，基本出发点是采用一定的策略将大型系统分解为若干小型子集空间，协助算法只需在较小的子空间内寻优，实现对计算维数的科学约简，避免在复杂数据空间中的枚举式遍历搜索，从而达到维数约简、提速增效的目的。图1.7为降维效果示意图，可以看出：在保留系统主要特征的前提下，通过合理运用降维策略与机制将其转换至相对简单的低维子系统，有效降低了系统解算的复杂性。这样，一方面可以在很大程度上降低问题的计算维数与存储需求，有助于提高算法的求解规模，从而将大规模水电调度在现有计算环境下的解算成为可能；另一方面能利用小规模子问题的稀疏性与结构特征来提升计算效率，减少甚至规避无效决策所需的冗余计算量，进而完成特大流域水电站群优化调度问题的高效求解。因此，本书从多个视角综合开展降维方法研究。

一是在不改变传统方法寻优机理的前提下实施相应的改进工作。此类方法主要在深入研究调度问题和优化方法特征的基础上，发现制约其计算性能的瓶颈和关键环节，进而有针对性地提出调整策略来实现提速增效，具体如下：①采用知识规则和工程经验对非可行区域进行剥离，以避免对原始数据空间中所有决策变量的枚举计算，进而减少算法的无益开销；②运用多变量集成和逐次逼近方式将复杂调度问题转换为一系列标准

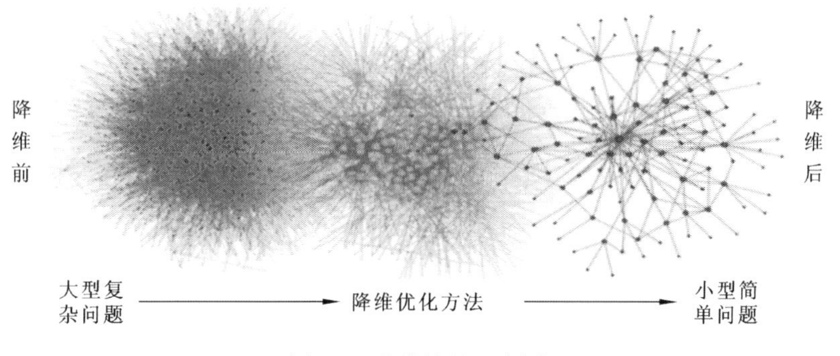

图 1.7 降维效果示意图

NLP 模型，以便调用计算复杂度低的方法进行快速解算；③分析方法潜在的并行性，将大型空间划分为若干相对独立的小型子集空间，利用并行技术在各子空间中同步寻优，以缩短计算耗时，提高计算效率。

二是借鉴多种学科知识，创新和发展新型优化调度方法以保障可建模计算。此类方法主要选用由典型特征组成的子集空间来表征原始复杂空间，降低甚至消除冗余维度的干扰，降低单轮次寻优组合的维数，同时，利用相应的轮换平移（如逐次加密搜索、种群迭代进化）等机制来尽可能遍历原始空间，从而保证算法的寻优质量，主要如下：①将试验设计耦合入 DP 单阶段状态组合的构造工作，以降低计算复杂度；②构建基于单纯形的两阶段降维方法和基于邻域变尺度的多重抽样方法，有效保障计算性能；③引入几乎不受维数灾困扰的新型群体智能方法并加以改进，以提升种群全局寻优能力和邻域搜索能力。

图 1.8 为降维方法总体思路示意图，可以看出：可行域辨识（包括知识规则、等蓄能线）、非线性优化、并行计算、试验设计、两阶段优化、变尺度抽样及群体智能从不同视角对降维方法展开研究；各类方法彼此之间互相补充，根本目的都是科学求解特大流域水电站群优化调度问题。另外，由于各方法的出发点和降维机理存在一定的差异，性能表现不尽相同，需要根据工程问题的特点加以选择。

## 1.7 本书主要内容

为克服维数灾难题，本书依托乌江流域、澜沧江流域等巨型梯级水电站群，分别从知识规则、并行计算、试验设计和群体智能等多个视角出发，对特大流域水电站群优化调度降维理论展开系统、深入的研究。下面对各章内容进行概要介绍。

第 1 章绪论。主要阐述本书的选题背景和研究意义等内容。首先介绍中国水电的发展概况、水电系统及其调度特征的变化，并指出维数灾是水电调度面临的重大挑战；然后回顾国内外现有的相关理论方法；最后明确特大流域水电站群优化调度工作面临的关键科学技术难题，进而给出本书降维方法的总体思想、各核心章节的研究内容及其关系。

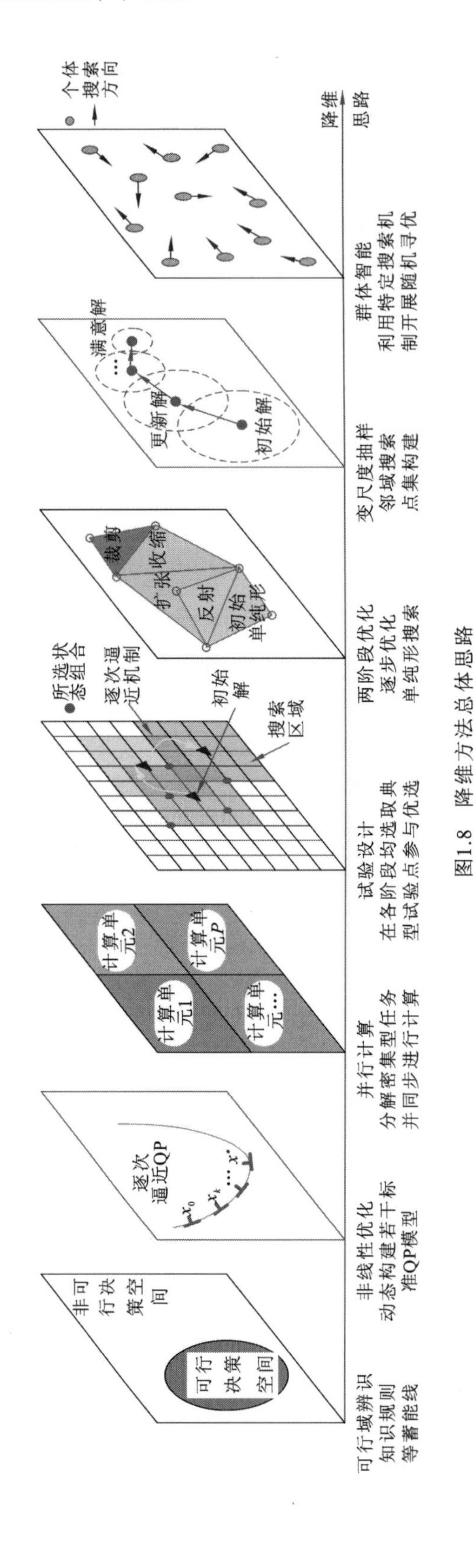


图1.8 降维方法总体思路

第 2 章特大流域水电站群优化调度降维理论框架。首先构建常见的特大流域水电站群优化调度模型，然后对多种水电优化调度方法的计算复杂度展开调查分析，定量分析不同情景下各方法的求解规模及其适用性，进而提出四维一体可拓降维理论框架，从空间维、时间维、状态维和组合维四个方面展开研究，以便为后续大规模水电调度新型方法的研发及传统优化方法的改进提供理论指导和参考。

第 3 章特大流域水电站群优化调度知识规则降维方法。该方法首先利用数学集合运算理论将相关约束条件映射至指定变量区间内，以获得水电站在单阶段、两阶段和多阶段的可行域；然后通过水电站群之间的有机协调来动态辨识系统的可行决策空间，减小非可行解的冗余计算和内存占用。实例表明：所提方法能够预先识别可行搜索空间，缩减无效状态的盲目计算与存储，为缓解维数灾问题提供了新思维。

第 4 章特大流域水电站群优化调度等蓄能线降维方法。该方法运用工程经验预先压缩可行区间，然后深入分析蓄能控制指标特征，提出基于数学组合理论的等蓄能线，逐时段构建可行水位组合曲面，进而采用 DP 求解。实例表明：该方法既能精细化控制梯级蓄能，又能显著提升计算效率，为缓解维数灾问题提供了新探索。

第 5 章特大流域水电站群优化调度混合非线性降维方法。该方法首先通过对复杂时空耦合约束的集成、解耦和松弛，构建若干标准 QP 模型，并利用成熟方法进行求解，然后动态更新关联变量，使之逐步收敛至满意的调度方案。实例表明：该方法有效规避了传统方法的近似误差，降低了建模求解的难度，为缓解维数灾问题提供了新模式。

第 6 章特大流域水电站群优化调度并行计算降维方法。首先分析 DP 与 POA 的并行机制，发现 DP 在组合层、阶段层、状态层及决策层具有并行性，POA 在子问题状态组合级别具有并行性；然后利用 Fork/Join 并行框架在多核环境下编程实现。实例表明：所提方法能够充分利用多核资源来提升运算效率，为缓解维数灾问题提供了新技术。

第 7 章特大流域水电站群优化调度试验设计降维方法。首先发现单阶段各水电站离散状态的全面组合引发 DP、DDDP 的维数灾问题；然后利用试验表选取少数富有代表性的状态变量参与计算，并采用逐次逼近思想来保证结果的质量。实例表明：所提方法可在较短时间内获得优质的调度结果，为缓解维数灾问题提供了新思路。

第 8 章特大流域水电站群优化调度两阶段降维方法。该方法将多阶段问题分解为若干两阶段子问题，以减少计算时段的数目；然后交替采用单纯形法优选各子问题的改进调度过程，逐步提升方案质量。实例表明：所提方法可在保证结果精度的前提下大幅提高计算效率，减小内存占用，为缓解维数灾问题提供了新思考。

第 9 章特大流域水电站群优化调度变尺度抽样降维方法。该方法将水电调度问题视为在当前调度方案的邻域范围内交替选取均衡分布、整齐可比的状态组合进行计算；进而，结合 DP 经典改进方法的思想，提出四种求解水电优化调度问题的方法。实例表明：所提方法的计算复杂度呈多项式增长，可有效均衡计算效率和求解质量，为缓解维数灾问题提供了新手段。

第 10 章特大流域水电站群优化调度群体智能降维方法。群体智能方法通常无维数灾困扰，并具有计算速度快、扩展性强等优点，故尝试将 QPSO 算法引入水电调度领域，并从种群的初始化机制、进化模式和变异搜索策略等多个角度实施改进。实例表明：所提方法有效保障了种群个体的多样性与分散性，为缓解维数灾问题提供了新途径。

## 参考文献


[1] 李志明. 中国的水力资源及开发前景[J]. 中国经贸导刊, 2005(23): 34.

[2] 韩宇平, 阮本清. 中国区域发展的水资源压力及空间分布[J]. 四川师范学院学报(自然科学版), 2002, 23(3): 219-224.

[3] 中华人民共和国水利部.中国水资源公报-2014[M]. 北京: 中国水利水电出版社, 2015.

[4] 水利部国际合作与科技司. 水资源及水环境承载能力[M]. 北京: 中国水利水电出版社, 2002.

[5] 韩冬, 方红卫, 严秉忠, 等. 2013 年中国水电发展现状[J]. 水力发电学报, 2014,33(5): 1-5.

[6] 贾金生, 马静, 郑璀莹. 变化世界中的大坝与水电发展[J]. 水力发电, 2011, 37(4): 1-4.

[7] 汪恕诚. 水利发展与历史观[J]. 中国水利, 2006(23):1-2.

[8] 陈森林. 水电站水库运行与调度[M]. 北京: 中国电力出版社, 2008.

[9] 王浩, 王建华. 中国水资源与可持续发展[J]. 中国科学院院刊, 2012,27(3): 352-358, 331.

[10] ZENG M, OUYANG S, SHI H, et al. Overall review of distributed energy development in China: Status quo, barriers and solutions[J]. Renewable and sustainable energy reviews, 2015(50):1226-1238.

[11] CHANG X L, LIU X H, ZHOU W. Hydropower in China at present and its further development[J]. Energy, 2010, 35(11): 4400-4406.

[12] 刘振亚, 张启平, 董存, 等. 通过特高压直流实现大型能源基地风、光、火电力大规模高效率安全外送研究[J]. 中国电机工程学报, 2014, 34(16): 2513-2522.

[13] 中国水力发电工程学会, 中国水电工程顾问集团公司, 中国水利水电建设集团公司. 中国水力发电科学技术发展报告(2012 年版)[M]. 北京: 中国电力出版社, 2013.

[14] 陈云华, 吴世勇, 马光文. 中国水电发展形势与展望[J]. 水力发电学报, 2013, 32(6): 1-4, 10.

[15] 程春田, 申建建, 武新宇, 等. 大规模复杂水电优化调度系统的实用化求解策略及方法[J]. 水利学报, 2012,43(7):785-795, 802.

[16] YEH W W-G . Reservoir management and operations models: A state of the art review[J]. Water resources research, 1985, 21(12): 1797-1818.

[17] RANI D, MOREIRA M M. Simulation-optimization modeling: A survey and potential application in reservoir systems operation[J]. Water resources management, 2010, 24(6): 1107-1138.

[18] LITTLE J D C. The use of storage water in a hydroelectric system[J]. Journal of the operations research society of America, 1955, 3(2): 187-197.

[19] 郭生练, 陈炯宏, 刘攀, 等. 水库群联合优化调度研究进展与展望[J]. 水科学进展, 2010, 21(4): 496-503.

[20] 畅建霞, 黄强, 王义民. 水电站水库优化调度几种方法的探讨[J]. 水电能源科学, 2000(3): 19-22.

[21] SIMONOVIC S P. Reservoir systems analysis: Closing gap between theory and practice[J]. Journal of water resources planning and management, 1992, 118(3): 262-280.

[22] HIEW K L, LABADIE J W, SCOTT J F. Optimal operational analysis of the Colorado-Big Thompson Project[C]//The American Society of Civil Engineers. Computerized decision support systems for water managers. Washington: ASCE, 2015.
[23] WINDSOR J S. Optimization model for the operation of flood control systems[J]. Water resources research, 1973, 9(5): 1219-1226.
[24] YOO J H. Maximization of hydropower generation through the application of a linear programming model[J]. Journal of hydrology, 2009, 376(1/2): 182-187.
[25] CAI X M, MCKINNEY D C, LASDON L S. Solving nonlinear water management models using a combined genetic algorithm and linear programming approach[J]. Advances in water resources, 2001, 24(6): 667-676.
[26] 董增川, 许静仪. 水电站库群优化调度的多次动态线性规划方法[J]. 河海大学学报(自然科学版), 1990, 18(6): 63-69.
[27] FINARDI E C, DA SILVA E L. Solving the hydro unit commitment problem via dual decomposition and sequential quadratic programming[J]. IEEE transactions on power systems, 2006, 21(2): 835-844.
[28] 吴杰康, 郭壮志, 秦砺寒, 等. 基于连续线性规划的梯级水电站优化调度[J]. 电网技术, 2009, 33(8): 24-29, 40.
[29] BARROS M T L, TSAI F T C, YANG S L, et al. Optimization of large-scale hydropower system operations[J]. Journal of water resources planning and management, 2003, 129(3): 178-188.
[30] LABADIE J W. Optimal operation of multireservoir systems: State-of-the-art review[J]. Journal of water resources planning and management, 2004, 130(2): 93-111.
[31] 袁亚湘. 非线性规划数值方法[M]. 上海: 上海科学技术出版社, 1993.
[32] CHEN Y, LIU F, LIU B, et al. An efficient MILP approximation for the hydro-thermal unit commitment[J]. IEEE transactions on power systems, 2015, 31(4): 1-2.
[33] CHANG G , AGANAGIC M, WAIGHT J, et al. Experiences with mixed integer linear programming-based approaches in short-term hydro scheduling[J]. IEEE power engineering review, 2001, 21(9): 63.
[34] CHENG C T, WANG J Y, WU X Y. Hydro unit commitment with a head-sensitive reservoir and multiple vibration zones using MILP[J]. IEEE transactions on power systems, 2016, 31(6):4842-4852.
[35] 贾江涛, 管晓宏, 翟桥柱. 考虑水头影响的梯级水电站群短期优化调度[J]. 电力系统自动化, 2009, 33(13): 13-16.
[36] 葛晓琳, 张粒子. 考虑调峰约束的风水火随机机组组合问题[J]. 电工技术学报, 2014, 29(10): 222-230.
[37] 赵铜铁钢, 雷晓辉, 蒋云钟, 等. 水库调度决策单调性与动态规划算法改进[J]. 水利学报, 2012, 43(4): 414-421.
[38] 梅亚东, 熊莹, 陈立华. 梯级水库综合利用调度的动态规划方法研究[J]. 水力发电学报, 2007(2): 1-4.
[39] 梅亚东. 梯级水库优化调度的有后效性动态规划模型及应用[J]. 水科学进展, 2000, 11(2): 194-198.
[40] HALL W A, BUTCHER W S, ESOGBUE A. Optimization of the operation of a multiple-purpose

reservoir by dynamic programming[J]. Water resources research, 1968, 4(3): 471-477.
[41] 谭维炎, 刘健民, 黄守信, 等. 应用随机动态规划进行水电站水库的最优调度[J]. 水利学报, 1982(7): 1-7.
[42] YAKOWITZ S. Dynamic programming applications in water resources[J]. Water resources research, 1982, 18(4): 673-696.
[43] 宗航, 周建中, 张勇传. POA 改进算法在梯级电站优化调度中的研究和应用[J]. 计算机工程, 2003, 29(17): 105-106, 109.
[44] 张勇传, 李福生, 熊斯毅, 等. 变向探索法及其在水库优化调度中的应用[J]. 水力发电学报, 1982(2): 1-10.
[45] 张勇传, 邴凤山, 刘鑫卿, 等. 水库群优化调度理论的研究: SEPOA 方法[J]. 水电能源科学, 1987(3): 234-244.
[46] 张勇传, 李福生, 黄益芬. 多阶段决策问题 POA 算法收敛于最优解问题[J]. 水电能源科学, 1990(1): 44-48.
[47] 纪昌明, 冯尚友. 混联式水电站群动能指标和长期调度最优化(运用离散微分动态规划法)[J]. 武汉水利电力学院学报, 1984(3): 87-95.
[48] 徐鼎甲. 用离散微分动态规划制订梯级水电站最优日运行方式[J]. 水利水电技术, 1996(2): 33-38.
[49] NANDA J, BIJWE P R. Optimal hydrothermal scheduling with cascaded plants using progressive optimality algorithm[J]. IEEE power engineering review, 1981, 1(4): 76.
[50] 周佳, 马光文, 张志刚. 基于改进 POA 算法的雅砻江梯级水电站群中长期优化调度研究[J]. 水力发电学报, 2010, 29(3): 18-22.
[51] 申建建, 武新宇, 程春田, 等. 大规模水电站群短期优化调度方法II: 高水头多振动区问题[J]. 水利学报, 2011, 42(10): 1168-1176, 1184.
[52] ERKMEN I, KARATAS B. Short-term hydrothermal coordination by using multi-pass dynamic programming with successive approximation [C]//Electrotechnical conference. 1994.
[53] 钟平安, 张金花, 徐斌, 等. 梯级库群水流滞后性影响的日优化调度模型研究[J]. 水力发电学报, 2012, 31(4): 34-38.
[54] CHOW V T, MAIDMENT D R, TAUXE G W. Computer time and memory requirements for DP and DDDP in water resource systems analysis[J]. Water resources research, 1975, 11(5): 621-628.
[55] CHENG C T, WANG S, CHAU K-W, et al. Parallel discrete differential dynamic programming for multireservoir operation[J]. Environmental modelling and software, 2014(57): 152-164.
[56] 冯仲恺, 廖胜利, 牛文静, 等. 梯级水电站群中长期优化调度的正交离散微分动态规划方法[J]. 中国电机工程学报, 2015, 35(18): 4635-4644.
[57] 冯仲恺, 廖胜利, 程春田, 等. 库群长期优化调度的正交逐步优化算法[J]. 水利学报, 2014, 45(8): 903-911.
[58] LI X, WEI J H, LI T J, et al. A parallel dynamic programming algorithm for multi-reservoir system optimization[J]. Advances in water resources, 2014(67): 1-15.
[59] 孙平, 王丽萍, 蒋志强, 等. 两种多维动态规划算法在梯级水库优化调度中的应用[J]. 水利学报,

2014, 45(11): 1327-1335.
[60] 周茜, 王丽萍, 吴昊, 等. 基于管道并行动态规划算法的水库发电优化调度[J]. 中国农村水利水电, 2013(9): 151-154.
[61] 万新宇, 王光谦. 基于并行动态规划的水库发电优化[J]. 水力发电学报, 2011, 30(6): 166-170, 182.
[62] 张忠波, 吴学春, 张双虎, 等. 并行动态规划和改进遗传算法在水库调度中的应用[J]. 水力发电学报, 2014, 33(4): 21-27.
[63] ZHANG Y K, JIANG Z Q, JI C M, et al. Contrastive analysis of three parallel modes in multi-dimensional dynamic programming and its application in cascade reservoirs operation[J]. Journal of hydrology, 2015, 529(1): 22-34.
[64] 冯仲恺, 牛文静, 程春田, 等. 水电系统中长期发电调度多核并行逐步优化方法[J]. 电力自动化设备, 2016, 36(11): 75-81.
[65] ZHAO T T G, CAI X M, LEI X H, et al. Improved dynamic programming for reservoir operation optimization with a concave objective function[J]. Journal of water resources planning and management, 2012, 138(6): 590-596.
[66] ZHAO T T G, ZHAO J S, YANG D W. Improved dynamic programming for hydropower reservoir operation[J]. Journal of water resources planning and management, 2014, 140(3): 365-374.
[67] ZHAO J S, CAI X M, WANG Z J. Optimality conditions for a two-stage reservoir operation problem[J]. Water resources research, 2011, 47(8): 1-16.
[68] 冯仲恺, 程春田, 牛文静, 等. 均匀动态规划方法及其在水电系统优化调度中的应用[J]. 水利学报, 2015, 46(12): 1487-1496.
[69] POWELL W B. Approximate dynamic programming: Solving the curses of dimensionality[M]. Hoboken: Wiley, 2011: 1-638.
[70] FU M C. Approximate dynamic programming[M]. Berlin: Springer, 2013: 67-98.
[71] PARDALOS P M. Approximate dynamic programming: Solving the curses of dimensionality[J]. Optimization methods and software, 2009, 24(1): 155.
[72] LI C L, ZHOU J Z, OUYANG S, et al. Improved decomposition-coordination and discrete differential dynamic programming for optimization of large-scale hydropower system[J]. Energy conversion and management, 2014(84): 363-373.
[73] LI F F, WEI J H, FU X D, et al. An effective approach to long-term optimal operation of large-scale reservoir systems: Case study of the Three Gorges system[J]. Water resources management, 2012, 26(14): 4073-4090.
[74] 纪昌明, 李传刚, 刘晓勇, 等. 基于泛函分析思想的动态规划算法及其在水库调度中的应用研究[J]. 水利学报, 2016, 47(1): 1-9.
[75] CHENG C T, FENG Z K, NIU W J, et al. Heuristic methods for reservoir monthly inflow forecasting: A case study of Xinfengjiang reservoir in Pearl River, China[J]. Water, 2015, 7(8): 4477-4495.
[76] WARDLAW R, SHARIF M. Evaluation of genetic algorithms for optimal reservoir system operation[J]. Journal of water resources planning and management, 1999, 125(1): 25-33.

[77] AHMED J A, SARMA A K. Genetic algorithm for optimal operating policy of a multipurpose reservoir[J]. Water resources management, 2005, 19(2): 145-161.

[78] SHIAU J T. Optimization of reservoir hedging rules using multiobjective genetic algorithm[J]. Journal of water resources planning and management, 2009, 135(5): 355-363.

[79] 刘攀, 郭生练, 王才君, 等. 三峡水库动态汛限水位与蓄水时机选定的优化设计[J]. 水利学报, 2004(7): 86-91.

[80] 马光文, 王黎. 遗传算法在水电站优化调度中的应用[J]. 水科学进展, 1997, 8(3): 71-76.

[81] 万星, 周建中. 自适应对称调和遗传算法在水库中长期发电调度中的应用[J]. 水科学进展, 2007(4): 598-603.

[82] 胡明罡, 练继建. 基于改进遗传算法的水电站日优化调度方法研究[J]. 水力发电学报, 2004(2): 17-21.

[83] 王少波, 解建仓, 孔珂. 自适应遗传算法在水库优化调度中的应用[J]. 水利学报, 2006(4): 480-485.

[84] 陈小兰, 熊立华, 万民, 等. 宏观进化多目标遗传算法在梯级水库调度中的应用[J]. 水力发电学报, 2009, 28(3): 5-9, 68.

[85] 陈立华, 梅亚东, 麻荣永. 并行遗传算法在雅砻江梯级水库群优化调度中的应用[J]. 水力发电学报, 2010, 29(6): 66-70.

[86] 张俊, 程春田, 武新宇, 等. 病毒进化遗传算法在水电站优化调度中的应用研究[J]. 水力发电学报, 2010, 29(6): 6-12, 18.

[87] 舒隽, 韩冰, 张粒子. 基于信息诱导遗传算法的梯级水电站自调度优化[J]. 水力发电学报, 2011, 30(2): 32-37.

[88] 刘心愿, 郭生练, 李响, 等. 考虑水文预报误差的三峡水库防洪调度图[J]. 水科学进展, 2011, 22(6): 771-779.

[89] YUAN X H, ZHANG Y C, WANG L, et al. An enhanced differential evolution algorithm for daily optimal hydro generation scheduling[J]. Computers and mathematics with applications, 2008, 55(11): 2458-2468.

[90] 钟平安, 张卫国, 张玉兰, 等. 水电站发电优化调度的综合改进差分进化算法[J]. 水利学报, 2014, 45(10): 1147-1155.

[91] GLOTIĆ A, GLOTIĆ A, KITAK P, et al. Optimization of hydro energy storage plants by using differential evolution algorithm[J]. Energy, 2014(77): 97-107.

[92] AFSHAR A, KAZEMI H, SAADATPOUR M. Particle swarm optimization for automatic calibration of large scale water quality model (CE-QUAL-W2): Application to Karkheh reservoir, Iran[J]. Water resources management, 2011, 25(10): 2613-2632.

[93] ZHANG R, ZHOU J Z, ZHANG H F, et al. Optimal operation of large-scale cascaded hydropower systems in the upper reaches of the Yangtze River, China[J]. Journal of water resources planning and management, 2014, 140(4): 480-495.

[94] HE Y Y, XU Q F, YANG S L, et al. Reservoir flood control operation based on chaotic particle swarm optimization algorithm[J]. Applied mathematical modelling, 2014, 38(17/18): 4480-4492.

[95] 李安强，王丽萍，蔺伟民，等. 免疫粒子群算法在梯级电站短期优化调度中的应用[J]. 水利学报，2008(4): 426-432.

[96] 万芳，原文林，黄强，等. 基于免疫进化算法的粒子群算法在梯级水库优化调度中的应用[J]. 水力发电学报, 2010, 29(1): 202-206, 212.

[97] 原文林，万芳，吴泽宁，等. 梯级水库发电优化调度的改进粒子群算法应用研究[J]. 水力发电学报, 2012, 31(2): 33-37, 164.

[98] 吴杰康，朱建全. 机会约束规划下的梯级水电站短期优化调度策略[J]. 中国电机工程学报, 2008(13): 41-46.

[99] 郭旭宁，胡铁松，黄兵，等. 基于模拟-优化模式的供水水库群联合调度规则研究[J]. 水利学报, 2011, 42(6): 705-712.

[100] TEEGAVARAPU R, SIMONOVIC S P. Optimal operation of reservoir systems using simulated annealing[J]. Water resources management, 2002, 16(5): 401-428.

[101] LI X G, WEI X. An improved genetic algorithm-simulated annealing hybrid algorithm for the optimization of multiple reservoirs[J]. Water resources management, 2008, 22(8): 1031-1049.

[102] 张双虎，黄强，孙廷容. 基于并行组合模拟退火算法的水电站优化调度研究[J]. 水力发电学报, 2004(4): 16-19, 15.

[103] 邱林，陈晓楠，段春青，等. 基于模拟退火算法的 BP 网络在水文水资源中应用[J]. 华北水利水电学院学报, 2005(1): 1-3.

[104] 侍翰生，程吉林，方红远，等. 基于动态规划与模拟退火算法的河-湖-梯级泵站系统水资源优化配置研究[J]. 水利学报, 2013, 44(1): 91-96.

[105] 徐刚，马光文，梁武湖，等. 蚁群算法在水库优化调度中的应用[J]. 水科学进展, 2005(3): 397-400.

[106] 徐刚，马光文，涂扬举. 蚁群算法求解梯级水电厂日竞价优化调度问题[J]. 水利学报，2005(8): 978-981, 987.

[107] KUMAR D N, REDDY M J. Ant colony optimization for multi-purpose reservoir operation[J]. Water resources management, 2006, 20(6): 879-898.

[108] 纪昌明，喻杉，周婷，等. 蚁群算法在水电站调度函数优化中的应用[J]. 电力系统自动化，2011, 35(20): 103-107.

[109] 原文林，曲晓宁. 混沌蚁群优化算法在梯级水库发电优化调度中的应用研究[J]. 水力发电学报, 2013, 32(3): 47-54, 61.

[110] WANG C, ZHOU J Z, LU P, et al. Long-term scheduling of large cascade hydropower stations in Jinsha River, China[J]. Energy conversion and management, 2015(90): 476-487.

[111] ARUNKUMAR R, JOTHIPRAKASH V. Chaotic evolutionary algorithms for multi-reservoir optimization[J]. Water resources management, 2013, 27(15): 5207-5222.

[112] CHENG C T, WANG W C, XU D M, et al. Optimizing hydropower reservoir operation using hybrid genetic algorithm and chaos[J]. Water resources management, 2008, 22(7): 895-909.

[113] JOTHIPRAKASH V, ARUNKUMAR R. Optimization of hydropower reservoir using evolutionary algorithms coupled with chaos[J]. Water resources management, 2013, 27(7): 1963-1979.

[114] 郑姣, 杨侃, 倪福全, 等. 水库群发电优化调度遗传算法整体改进策略研究[J]. 水利学报, 2013, 44(2): 205-211.

[115] 王文川, 程春田, 徐冬梅. 基于混沌遗传算法的水电站优化调度模型及应用[J]. 水力发电学报, 2007(6): 7-11.

[116] 王振树, 卞绍润, 刘晓宇, 等. 基于混沌与量子粒子群算法相结合的负荷模型参数辨识研究[J]. 电工技术学报, 2014, 29(12): 211-217.

[117] WANG X L, CHENG J H, YIN Z J, et al. A new approach of obtaining reservoir operation rules: Artificial immune recognition system[J]. Expert systems with applications, 2011, 38(9): 11701-11707.

[118] LI S F, WANG X L, XIAO J Z, et al. Self-adaptive obtaining water-supply reservoir operation rules: Co-evolution artificial immune system[J]. Expert systems with applications, 2014, 41(4): 1262-1270.

[119] KARABOGA D, BASTURK B. A powerful and efficient algorithm for numerical function optimization: Artificial bee colony (ABC) algorithm[J]. Journal of global optimization, 2007, 39(3): 459-471.

[120] KARABOGA D, BASTURK B. On the performance of artificial bee colony (ABC) algorithm[J]. Applied soft computing, 2008, 8(1): 687-697.

[121] ELBELTAGI E, HEGAZY T, GRIERSON D. A modified shuffled frog-leaping optimization algorithm: Applications to project management[J]. Structure and infrastructure engineering, 2007, 3(1): 53-60.

[122] EUSUFF M, LANSEY K, PASHA F. Shuffled frog-leaping algorithm: A memetic meta-heuristic for discrete optimization[J]. Engineering optimization, 2006, 38(2): 129-154.

[123] RAO R S, NARASIMHAM S V L, RAMALINGARAJU M. Optimal capacitor placement in a radial distribution system using plant growth simulation algorithm[J]. International journal of electrical power & energy systems, 2011, 33(5): 1133-1139.

[124] WANG C, CHENG H Z. Optimization of network configuration in large distribution systems using plant growth simulation algorithm[J]. IEEE transactions on power systems, 2008, 23(1): 119-126.

[125] CHESHMEHGAZ H R, HARON H, SHARIFI A. The review of multiple evolutionary searches and multi-objective evolutionary algorithms[J]. Artificial intelligence review, 2013, 43(3): 1-33.

[126] 赵子臣, 夏清, 相年德. 水电站群补偿调节计算的非线性网络流法[J]. 清华大学学报(自然科学版), 1994(4): 86-94.

[127] BRAGA B, BARBOSA P S F. Multiobjetive real-time reservoir operation with a network flow algorithm[J]. Jawra journal of the American water resources association, 2001, 37(4): 837-852.

[128] SCHARDONG A, SIMONOVIC S P. Coupled self-adaptive multiobjective differential evolution and network flow algorithm approach for optimal reservoir operation[J]. Journal of water resources planning and management, 2015, 141(10): 04015015.

[129] LI A L. A study on the large-scale system decomposition-coordination method used in optimal operation of a hydroelectric system[J]. Water international, 2004, 29(2): 228-231.

[130] JIA B Y, ZHONG P G, WAN X Y, et al. Decomposition-coordination model of reservoir group and flood storage basin for real-time flood control operation[J]. Hydrology research, 2015, 46(1): 11-25.

[131] HUANG W, ZHANG X N, LI C M, et al. A Multi-layer dynamic model for coordination based group

decision making in water resource allocation and scheduling[M]. Berlin: Springer , 2011: 148.
[132] ZHENG J, YANG K, HAO Y H. Multi-objective decomposition-coordination for mix-connected hydropower system load distribution[J]. Procedia engineering, 2012, 28(8): 210-213.
[133] TSAI W P, CHANG F J, CHANG L C, et al. AI techniques for optimizing multi-objective reservoir operation upon human and riverine ecosystem demands[J]. Journal of hydrology, 2015(530): 634-644.
[134] CHAVES P, CHANG F-J. Intelligent reservoir operation system based on evolving artificial neural networks[J]. Advances in water resources, 2008, 31(6): 926-936.
[135] AZADEH A, BABAZADEH R, ASADZADEH S M. Optimum estimation and forecasting of renewable energy consumption by artificial neural networks[J]. Renewable and sustainable energy reviews, 2013, 27(6): 605-612.
[136] YARAR A, ONUCYILDIZ M, COPTY N K. Modelling level change in lakes using neuro-fuzzy and artificial neural networks[J]. Journal of hydrology, 2009, 365(3/4): 329-334.

# 第 2 章

# 特大流域水电站群优化调度降维理论框架

## 2.1 引 言

特大流域水电站群具有装机容量巨大、水电站数目众多、利用需求各异、涉水矛盾突出、梯级联系密切等复杂特征，其调度运行需要兼顾防洪、发电、调峰、供水、航运、生态等众多相互竞争、不可公度的优化目标，并受水位、流量、出力、电量等复杂限制约束，属于复杂的多阶段、多约束、多变量组合优化问题[1-4]。在时间尺度上，水电调度涉及长期、中期、短期、超短期、实时等不同尺度业务逻辑的嵌套衔接，通过多层级联动形成了“宏观总控、长短衔接、滚动修正、实时决策”链条，其中上级调度模型（如中长期）为下级模型（如短期）提供调度控制性指标与运行域边界（如电量、末水位），下层模型（如实时）在制订最新运行方案时不仅需要充分考虑水文气象中长期随机演化规律和当前最新水情、雨情、工情等信息，还要将系统最新状态及执行偏差等细粒度状态信息反馈至大尺度调度模型，以便动态调整系统余留期的调度计划。在空间尺度上，各水电站通常由区域电网、省级电网、发电公司等多种部门同时管理，不仅需要满足机组、水电站、电网负荷与安稳运行限制，而且需要兼顾上下游、左右岸和区内外水量水质、电力电量、市场合约等多边要素的协同分配，同时还要满足发电企业、环境保护、生态建设、航运部门、农田灌溉、生活供水等不同对象的差异化需求。因此，本章首先统筹特大流域水电站群多尺度调度共性需求，构建了发电量最大、发电效益最大、调峰电量最大等在实际工程广泛应用的优化调度模型；在此基础上，研究了 LP、QP、DP 和智能算法等多种经典方法的计算复杂度，对比分析了各方法在不同情景下的适用性；最后提出了四维一体可拓降维理论框架与具体降维策略，为提升水电系统的精细化调度水平提供理论支撑。

## 2.2 特大流域水电站群优化调度模型

### 2.2.1 目标函数

在开展水电系统调度作业时，通常在给定调度期内水库区间流量过程、始末水位等运行限制后，确定所有参与计算的水电站调度过程，从而使系统的整体效益达到最优。常见的目标函数包括发电量最大模型 $F_1$、发电效益最大模型 $F_2$、最小出力最大模型 $F_3$、调峰电量最大模型 $F_4$ 等。其中，模型 $F_1$、$F_2$ 都是为了最大化水电企业的整体效益，不同之处在于是否考虑丰枯季节、峰谷时段的水电经济价值差异；模型 $F_3$ 主要是为了充分利用径流的时空差异化特征，提高水电系统在枯期的补偿能力；模型 $F_4$ 则是在给定系统负荷下，希望经水电调节后各时段剩余负荷尽可能光滑、平坦，以便降低火电等高成本机组的频繁启停和污染排放，提升电力系统的整体运行效率。各模型的数学表达形式如下。

发电量最大模型 $F_1$ 为

$$\max \sum_{i=1}^{N}\sum_{j=1}^{T} P_{i,j} t_j \tag{2.1}$$

发电效益最大模型 $F_2$ 为

$$\max \sum_{i=1}^{N}\sum_{j=1}^{T} r_{i,j} P_{i,j} t_j \tag{2.2}$$

最小出力最大模型 $F_3$ 为

$$\max \left\{ \min_{j=1,2,\cdots,T} \sum_{i=1}^{N} P_{i,j} \right\} \tag{2.3}$$

调峰电量最大模型 $F_4$ 为

$$\min \left\{ \max_{j=1,2,\cdots,T} \left( D_j - \sum_{i=1}^{N} P_{i,j} \right) \right\} \tag{2.4}$$

其中，

$$P_{i,j} = A_i \cdot H_{i,j} \cdot Q_{i,j} \tag{2.5}$$

式中：$T$为时段数目；$j$为时段序号，$j$=1,2,⋯,$T$；$N$为水电站数目；$i$为水电站序号，$i$=1,2,⋯,$N$；$D_j$为系统在时段$j$的负荷值，kW；$P_{i,j}$为水电站$i$在时段$j$的出力，kW；$Q_{i,j}$为水电站$i$在时段$j$的发电流量，$\mathrm{m^3/s}$；$H_{i,j}$为水电站$i$在时段$j$的发电水头，m；$A_i$为水电站$i$的出力系数；$t_j$为时段$j$的小时数，h；$r_{i,j}$为水电站$i$在时段$j$的单位电价，元/(kW · h)。

## 2.2.2　约束条件

（1）水量平衡方程。保证单一水电站时间维，以及梯级上下游水电站在空间维上的水量平衡，即

$$V_{i,j+1} = V_{i,j} + 3\,600 \cdot t_j \cdot (I_{i,j} - O_{i,j}) \tag{2.6}$$

其中，入库流量平衡方程为

$$I_{i,j} = q_{i,j} + \sum_{m_i \in \Omega_i} (Q_{m_i,j} + s_{m_i,j}) \tag{2.7}$$

出库流量平衡方程为

$$O_{i,j} = Q_{i,j} + s_{i,j} \tag{2.8}$$

式中：$V_{i,j+1}$为水电站$i$在时段$j$+1的库容，$\mathrm{m^3}$；$V_{i,j}$为水电站$i$在时段$j$的库容，$\mathrm{m^3}$；$I_{i,j}$、$O_{i,j}$、$q_{i,j}$、$s_{i,j}$分别为水电站$i$在时段$j$的入库流量、出库流量、区间流量、弃水流量，$\mathrm{m^3/s}$；$m_i$为水电站$i$的第$m$个直接上游水电站；$\Omega_i$为水电站$i$的直接上游水电站集合；$Q_{m_i,j}$、$s_{m_i,j}$分别为水电站$i$的第$m$个直接上游水电站在时段$j$的发电流量、弃水流量，$\mathrm{m^3/s}$。

（2）水位约束。水电站坝前水位需要在限定范围运行以保证大坝安全，即

$$Z_{i,j}^{\min} \leqslant Z_{i,j} \leqslant Z_{i,j}^{\max} \tag{2.9}$$

式中：$Z_{i,j}$为水电站$i$在时段$j$的坝前水位，m；$Z_{i,j}^{\max}$、$Z_{i,j}^{\min}$分别为水电站$i$在时段$j$的坝

前水位上、下限，m。

（3）发电流量约束。综合考虑各水电站发电设备的最大过流量能力等，有

$$Q_{i,j}^{\min} \leqslant Q_{i,j} \leqslant Q_{i,j}^{\max} \tag{2.10}$$

（4）出库流量约束。考虑水电站防洪、生态等综合利用需求，有

$$O_{i,j}^{\min} \leqslant O_{i,j} \leqslant O_{i,j}^{\max} \tag{2.11}$$

式中：$O_{i,j}^{\max}$、$O_{i,j}^{\min}$ 分别为水电站 $i$ 在时段 $j$ 的出库流量上、下限，$m^3/s$。一般而言，$O_{i,j}^{\min}$ 需要满足下游灌溉、供水、生态流量等综合利用需求；$O_{i,j}^{\max}$ 需要满足水电站最大泄流能力、下游防洪对象安全等要求。

（5）始末水位限制。根据实际工况与中长期计划确定起调水位和期末水位，保证水电站在全调度期内的有机衔接，即

$$\begin{cases} Z_{i,0} = Z_i^{\text{beg}} \\ Z_{i,T} = Z_i^{\text{end}} \end{cases} \tag{2.12}$$

式中：$Z_{i,0}$、$Z_{i,T}$ 分别为水电站 $i$ 的计算初始水位、期末水位，m；$Z_i^{\text{beg}}$、$Z_i^{\text{end}}$ 分别为水电站 $i$ 设定的初始水位、期末水位，m。

（6）水电站出力约束。综合考虑水电站的最小技术出力、检修容量等指标，有

$$P_{i,j}^{\min} \leqslant P_{i,j} \leqslant P_{i,j}^{\max} \tag{2.13}$$

式中：$P_{i,j}^{\max}$、$P_{i,j}^{\min}$ 分别为水电站 $i$ 在时段 $j$ 的出力上、下限，kW。

（7）水电系统总出力限制。其根据其他电源出力与断面输电能力确定，以保证电网安全，即

$$h_j^{\min} \leqslant \sum_{i=1}^{N} P_{i,j} \leqslant h_j^{\max} \tag{2.14}$$

式中：$h_j^{\max}$、$h_j^{\min}$ 分别为水电系统在时段 $j$ 的出力上、下限，kW。

（8）其他约束。根据实际需求考虑的其他运行限制，如下泄流量-尾水位限制、水位-库容曲线、变量非负约束等。

## 2.3 经典方法计算复杂度解析

在 1.4 节中已述及，国内外学者采用多种方法求解水电调度问题，主要有枚举法、LP、QP 和 DP 及其改进方法，包括 DDDP、DPSA 和 POA，以及以 GA 和 PSO 算法为代表的智能算法等，相继涌现出一大批高质量的研究成果[5-8]，但是各类方法因局部收敛、维数灾等问题难以满足实际工程的调度要求。因此，十分有必要从时间复杂度和空间复杂度两个层面分析经典理论方法的运算量与存储量，探讨、分析各方法的计算复杂度及其瓶颈所在，以便深化对算法瓶颈、优缺点的认知水平，提高算法调试与维护的便利性[9-10]，进而为求解水电站数以百计的超大规模水电系统提供研究思路及改进策略。

下面将对枚举法、LP、QP、DP 系列方法、GA 及 PSO 算法等开展理论分析。

## 2.3.1　相关设定

由 2.2 节可知，水电站数目为 $N$，时段数目为 $T$，将水位或库容等作为水电站状态值，将各阶段各水电站状态均离散成 $k$ 份，则 $T$ 个阶段涉及 $T$+1 个状态（单时段包含时段初、末两个状态）。其中，各水电站调度期始、末两个状态($Z_{i,0}^{0}$、$Z_{i,T}^{0}$)均为已知值，即固定初始水位与期末水位，其余 $T$−1 个状态未知。为叙述方便，定义各水电站各时段状态构成的单个调度方案为 $\boldsymbol{Z}=(Z_{i,j})_{N\times(T+1)}$，各水电站的状态 $Z_{i,j}$ 为需要单位空间的基础存储单元，相邻时段的状态 $Z_{i,j}$ 和 $Z_{i,j+1}$ 所涉及的目标函数及惩罚项等计算记为单次调节计算，则 $N$ 个水电站在时段 $j$ 的状态构成了状态向量 $\boldsymbol{Z}_j=(Z_{1,j}, Z_{2,j},\cdots, Z_{N,j})^{\mathrm{T}}$，需 $N$ 个存储单位；相邻时段两状态向量($\boldsymbol{Z}_j^{\mathrm{T}}$ 和 $\boldsymbol{Z}_{j+1}^{\mathrm{T}}$)需要 $N$ 次调节计算。显然，单个调度方案 $\boldsymbol{Z}$ 需 $N\times(T+1)$个存储单位，涉及 $N\times T$ 次调度计算。

与此同时，本章忽略具体机器、编程语言及编译环境等因素的影响，假定各算法执行的软硬件基础环境完全一致；对于时间复杂度而言，因为调节计算涉及梯级水电站的水位、出力、目标函数与惩罚项等复杂水务计算，所以假定其他运算相对简单、耗时远小于调节计算，仅考查各方法所涉及的调节计算次数；对于空间复杂度而言，忽略各水电站的基础数据、临时变量等，仅考查各方法状态向量所占的存储空间；此外，在分析复杂度时，忽略常系数影响，仅考量状态离散数目 $k$、水电站数目 $N$、时段数目 $T$、迭代次数 $I$ 及种群规模 $M$ 等相关计算参数趋于无穷大时的数量级。

## 2.3.2　枚举法

枚举法就是将符合要求的可行解不重复、不遗漏地全部列举出来进行求解，从而解决问题的方法，该方法简单直观、易于理解。对于离散优化问题，枚举法采用排列组合原理构造解集，然后遍历选取最优解；对于连续优化问题，通常需对状态加以离散，将原问题转化为离散优化问题进行求解。对于水电调度问题而言，始、末两时段均只含有 1 个状态变量；其余 $T$−1 个时段各水电站的状态值均离散成 $k$ 份，相应的状态变量均为 $\prod_{i=1}^{N}k=k^{N}$，则枚举法所涉及的调度方案总数为 $1\times\overbrace{k^{N}\times\cdots\times k^{N}}^{T-1}\times1=k^{N(T-1)}$，显然共需 $N(T+1)k^{N(T-1)}$ 个存储单位和 $NTk^{N(T-1)}$ 次调节计算。综上，枚举法的时间、空间复杂度均为 $O(NTk^{NT})$。当计算规模较小时，枚举法可快速检验所有潜在可行解，从而获得最优调度方案；但当系统规模较大时，枚举空间呈爆炸式增长，求解效率极其低下，维数灾问题凸显。

### 2.3.3 LP

LP是规划数学中理论较为完善、实际应用较为广泛的静态优化方法，其目的是合理利用有限资源来做出最优决策。LP要求待优化问题中的目标函数为决策变量的线性函数，约束条件为决策变量构成的线性等式或不等式。LP不依赖于初始可行解，可收敛至全局最优解，具备完善的敏感性分析和对偶理论，且已形成很多通用的计算工具及程序。LP是水电调度领域最早应用的优化方法之一，但在求解时需对目标函数及约束条件进行线性化处理，忽略了水电优化调度问题的非线性本质，常使计算结果存在较大偏差。LP的标准形式如下：

$$\begin{cases}\min\ \boldsymbol{c}^{\mathrm{T}}\boldsymbol{x}\\ \text{s.t.}\ \ \boldsymbol{Ax}=\boldsymbol{b},\boldsymbol{x}\geqslant\boldsymbol{0}\end{cases} \tag{2.15}$$

式中：$\boldsymbol{A}=(a_{i,j})_{m\times n}$，$m$、$n$分别为等式约束、决策变量个数；$\boldsymbol{b}=(b_1,b_2,\cdots,b_m)^{\mathrm{T}}$；$\boldsymbol{x}=(x_1,x_2,\cdots,x_n)^{\mathrm{T}}$；$\boldsymbol{c}=(c_1,c_2,\cdots,c_n)^{\mathrm{T}}$。将库容（或水位）、弃水流量和发电流量等作为优化变量[11]，则单一水电站的变量数目为$3T$，水电调度问题转化为含$3NT$个变量的LP问题，即$n=3NT$。采用Karmarkar[12]提出的高效多项式内点算法进行求解，其时间复杂度为$O(n^{3.5}L^2)$，其中$L$为优化问题的输入长度。综上，采用LP求解水电优化调度问题，时间复杂度为$O(n^{3.5}L^2)=O[(3NT)^{3.5}L^2]$；若将输入长度$L$视为常数，可进一步简化为$O(N^{3.5}T^{3.5})$。

假定LP中各矩阵中的任意元素均需单位存储空间，则约束条件矩阵$\boldsymbol{A}$、$\boldsymbol{b}$分别需要$m\times n$、$1\times m$个存储单位，目标函数中的系数矩阵$\boldsymbol{c}$需要$1\times n$个存储单位，则LP所需的存储量至少为$m\times n+1\times m+1\times n$。因此，若能获得水电优化调度问题的约束条件数目$m$，便可近似获取LP的存储规模。假设各时段所有水电站只考虑下述约束：①水位上、下限；②发电流量上、下限；③出库流量上、下限；④出力上、下限；⑤水量平衡方程。其中，上、下限表示2项约束。约束①仅与水位相关，涉及$2N$项约束；约束②与发电流量相关，也为$2N$项约束；约束③与发电流量、弃水流量相关，共有$2N$项约束；约束④、⑤均与水位、发电流量和弃水流量相关，分别有$2N$和$N$项约束。由此可知，单一时段的约束个数至少为$9N$，$T$个时段的约束条件总数约为$m=9NT$，据此估算的LP的空间复杂度为$O(N^2T^2)$。

### 2.3.4 QP

QP是最早研究的一类非线性约束优化问题。QP问题相对简单，便于求解，已广泛应用于运筹学、管理科学、系统分析和组合优化等诸多领域。QP要求目标函数、约束条件分别为决策变量的二次函数和线性函数，即

$$\begin{cases} \min \ f(\boldsymbol{x}) = \dfrac{1}{2}\boldsymbol{x}^{\mathrm{T}}\boldsymbol{G}\boldsymbol{x} + \boldsymbol{g}^{\mathrm{T}}\boldsymbol{x} \\ \text{s.t.} \ \ \boldsymbol{A}\boldsymbol{x} \leqslant \boldsymbol{b}, \boldsymbol{x} \geqslant \boldsymbol{0} \end{cases} \tag{2.16}$$

式中：$\boldsymbol{G} = (G_{i,j})_{n\times n}$，为 $n$ 阶对称矩阵，若 $\boldsymbol{G}$ 为半正定矩阵，则 $f(\boldsymbol{x})$ 为凸函数，QP 问题存在全局最优解，若 $\boldsymbol{G}$ 为正定矩阵，则 QP 问题有唯一的全局最优解，若 $\boldsymbol{G} = \boldsymbol{O}$，则可将 QP 问题转化为 LP 问题；$\boldsymbol{x} = (x_1, x_2, \cdots, x_n)^{\mathrm{T}}$；$\boldsymbol{b} = (b_1, b_2, \cdots, b_m)^{\mathrm{T}}$，$\boldsymbol{b} \geqslant \boldsymbol{0}$；$\boldsymbol{g}$ 为目标函数一次项；$\boldsymbol{A}$ 为所有不等式约束对应的系数矩阵。

与 LP 类似，QP 将水电站水位、弃水流量和发电流量作为决策变量[13]，则单一水电站的变量数目为 $3T$，系统决策变量总数为 $3NT$，即 $n = 3NT$。利用 Goldfarb 等[14]提出的多项式优化方法进行求解，则相应的时间复杂度为 $O(n^3L)=O[(3NT)^3L]$，与 LP 类似，若将 $L$ 视为常数，可将其进一步简化为 $O(N^3T^3)$。

假定 QP 中矩阵中的各元素均需单位存储空间，则目标函数中 $\boldsymbol{G}$ 需 $n\times n$ 个存储单位，$\boldsymbol{g}$ 需 $1\times n$ 个存储单位，约束条件中 $\boldsymbol{A}$ 需 $m\times n$ 个存储单位，$\boldsymbol{b}$ 需 $m\times 1$ 个存储单位，QP 所需存储量至少为 $n^2 + mn + m + n$。由 2.3.3 小节可知，约束总数约为 $m = 9NT$，故 QP 总存储量约为 $36N^2T^2 + 12NT$，对应的空间复杂度为 $O(N^2T^2)$。

### 2.3.5　DP 及其改进方法

1. 方法对比

DP 将多维多阶段非线性优化问题转化为可分解成一系列结构相似的最优子问题的多阶段决策问题，利用各阶段关联关系递归求解[15]。DP 对目标函数和约束条件无严格要求，不受线性、非线性、凸性甚至连续性限制，可获得全局最优解及子过程最优解，因而在水资源及电力系统等多个领域得到广泛应用。但是随着系统规模的增大，DP 会出现严重的维数灾问题，使其应用与实践受到极大限制。为此，国内外学者提出 DDDP、POA 和 DPSA 等 DP 改进方法[3-5]。其中，DDDP 在初始状态序列附近变动一定单位的增量形成廊道，在廊道内利用常规 DP 进行寻优，反复迭代直至满足终止条件；POA 将复杂多阶段原问题分解为若干个两阶段子问题，每次都固定其他阶段变量，只优化调整当前阶段的变量，反复循环直至收敛；DPSA 把包含多个决策变量的原问题转变为若干仅包含单个决策变量的简单子问题，依次对各子问题采用常规 DP 求解，并将已求子问题的最优解作为已知，固定不变，轮流寻优直至收敛。

图 2.1 为 DP 及其改进方法求解水电优化调度的原理示意图，可以看出如下结论。

（1）相比于枚举法，DP 系列方法均可实现不同程度的降维。DP 通过离散状态将连续非线性优化问题转化为有限集合下多阶段的递归寻优问题，避免遍历计算调度期内所有可能方案；DDDP、POA 和 DPSA 分别通过减少状态离散数目、优化阶段和水电站个数来降低决策变量数目，进一步缩小单次计算的搜索空间，通过循环迭代逼近最优解。

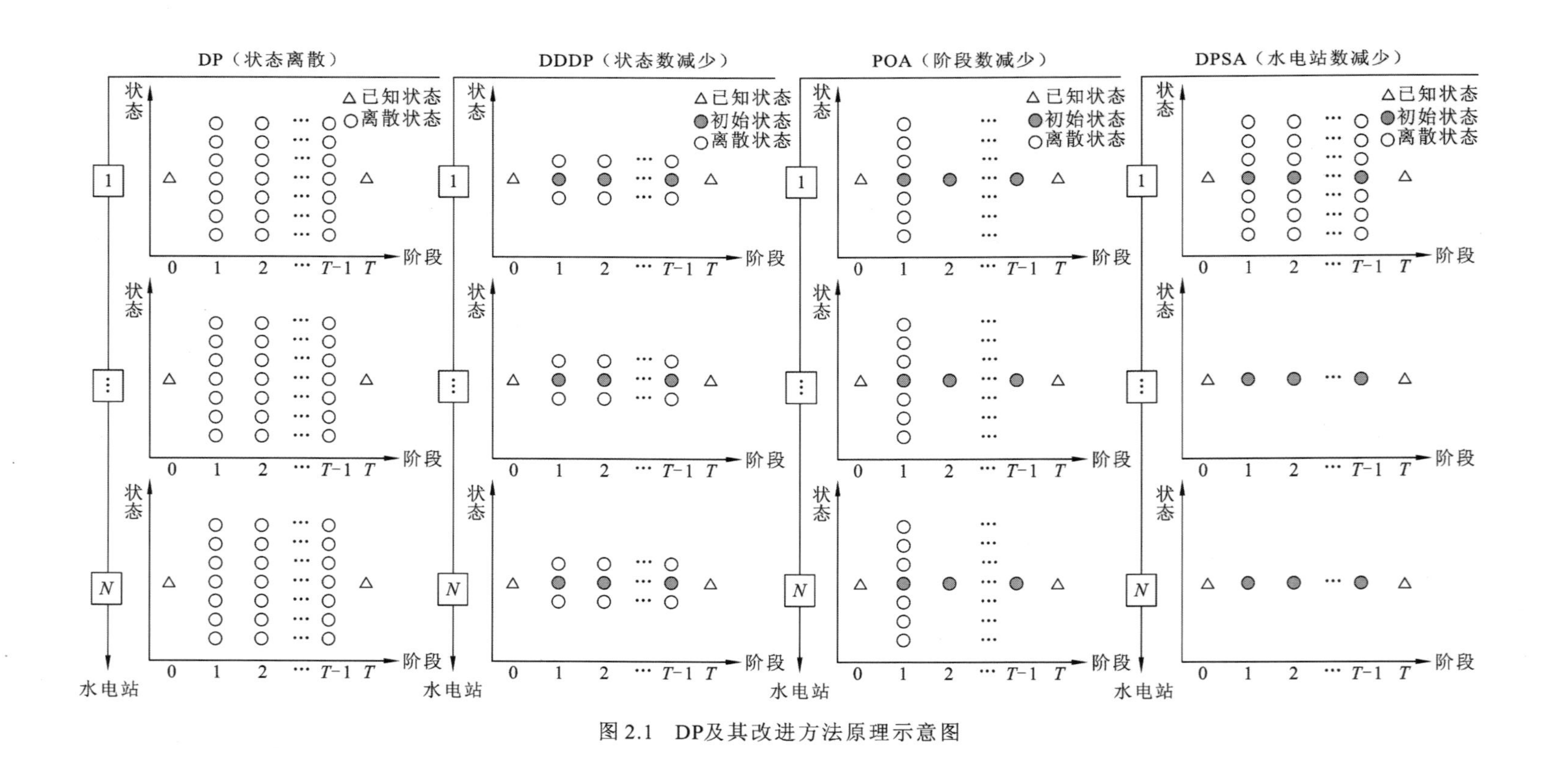


图 2.1 DP及其改进方法原理示意图

（2）DDDP、POA 和 DPSA 均可视为 DP 的一种特例。DDDP 为单次寻优仅取 3 个离散状态($k$=3)的特殊 DP；POA 为每轮迭代只优化两个阶段($T$=2)的特殊 DP；DPSA 为每次仅选择 1 个水电站($N$=1)进行计算的特殊 DP。

2. 复杂度分析

在运用 DP 求解水电优化调度时，各时段状态变量为各水电站离散状态构成的状态变量集合，其基数为 $k^N$，计算时需要遍历计算相邻时段的状态变量集合以便从中获取最优决策变量。下面对 DP 时间、空间复杂度进行分析，由于 DPSA、DDDP 和 POA 均为 DP 的特例，故在获得 DP 计算量与存储量后，可直接计算得到各改进方法的复杂度。

DP：始、末两时段($Z_0$ 和 $Z_T$)均含有 1 个状态变量，各需 $k^N$ 次计算；其余 $T-1$ 个时段的状态变量数目为 $k^N$，任意两相邻时段均需 $k^N \times k^N = k^{2N}$ 次计算；单次寻优至少存储 $(T-1)k^N+2$ 个状态变量，涉及 $k^N+(T-2)k^{2N}+k^N$ 次计算；$I$ 轮迭代的存储量不变，计算量增加了 $I$ 倍。因此，DP 至少需要 $N[(T-1)k^N+2]$ 个存储单位和 $IN[k^N+(T-2)k^{2N}+k^N]$ 次调节计算。对 DP 而言，无须进行循环计算，即迭代次数 $I=1$，故 DP 的空间和时间复杂度分别为 $O(NTk^N)$、$O(NTk^{2N})$。

DDDP：当 $k$=3，即每次仅离散 3 个状态时，DP 转化为 DDDP，故 DDDP 的存储量和计算量分别为 $N[(T-1)3^N+2]$、$IN[3^N+(T-2)3^{2N}+3^N]$，相应的空间复杂度为 $O(NT3^N)$，时间复杂度为 $O(INT3^{2N})$。

POA：当 $T=2$，即仅有 2 个时段参与计算时，DP 转化为 POA，考虑到 POA 单轮迭代需计算 $T$ 次两时段子问题，POA 共需 $N(k^N+2)$ 个存储单位和 $INT(k^N+k^N)$ 次调节计算，相应的空间复杂度为 $O(Nk^N)$，时间复杂度为 $O(INTk^N)$。

DPSA：当 $N=1$，即每次仅选择 1 个水电站参与计算时，DP 转化为 DPSA，因 DPSA 单次循环需依次对 $N$ 个水电站进行计算，DPSA 共需 $(T-1)k+2$ 个存储单位和 $IN[k+(T-2)k^2+k]$ 次调节计算，故其空间复杂度为 $O(Tk)$，时间复杂度为 $O(INTk^2)$。

由上可知，DP 系列方法的时间、空间复杂度由大到小依次为 DP>DDDP>POA>DPSA。DP、DDDP 和 POA 的时间、空间复杂度均呈指数增长，在处理大规模问题时均面临严重的维数障碍；DPSA 未涉及水电站间离散状态的组合，有效节省计算存储量和运算耗时，但是由于其搜索空间大幅降低，难于处理非凸问题，甚至不能收敛至局部最优。

### 2.3.6　群体智能方法

伴随着系统工程理论和计算机技术的蓬勃发展，一类基于生物学和人工智能技术的启发式搜索算法相继涌现，包括 GA[16]、PSO 算法[17]、蚁群算法[18]、SA 算法[19]等。此类方法具有良好的鲁棒性、适用性和隐并行性等优越性能，在水电优化调度领域得到了广泛应用。作为一类模拟自然界生物进化的随机搜索算法，PSO 算法、GA 等群体智能方法只需在有限的种群空间中进行迭代寻优，避免了在原始空间中的遍历操作。已有研究表明，此类算法在采用最优保留策略的前提下均可视为特定的 Markov 过程，可依概率收敛至全局最优解；同时，将组合计算的复杂性转换为进化迭代的复杂性，计算复杂度一般为多项式增长，大幅缓解了维数灾问题。各智能算法虽然在选择策略、协同机制、进化策略等具体技术细节上存在差异，但总体灵感都源于生物进化机制，计算流程基本相同，一般都需要以下步骤：首先初始化设定规模的个体，然后根据具体问题评估、计算个体适应度函数值，并利用一定的种群进化公式完成个体更新工作，最后通过迭代寻优逐步提升种群质量，直至满足终止条件。因此，下面选择经典的 GA 和 PSO 算法作为代表，简要分析此类算法的计算复杂度。

### 1. GA 及其复杂度分析

GA 是一种模拟自然环境下生物遗传进化过程的自适应概率搜索算法，分别通过选择、交叉、变异等遗传算子分别描述自然界中的优胜劣汰、交配重组与基因突变等现象。GA 采用二进制或实数方式对个体进行编码，若干个体进一步构成种群。如图 2.2 所示，在随机初始化种群后，GA 首先计算所有个体的适应度函数值并将其作为个体优劣的评价指标，然后分别按照一定的概率进行选择、交叉及变异等操作，保留优良个体性状，并淘汰表现较差的个体，进而形成新一代种群，逐步向更优解的方向进化，直至满足终止条件。

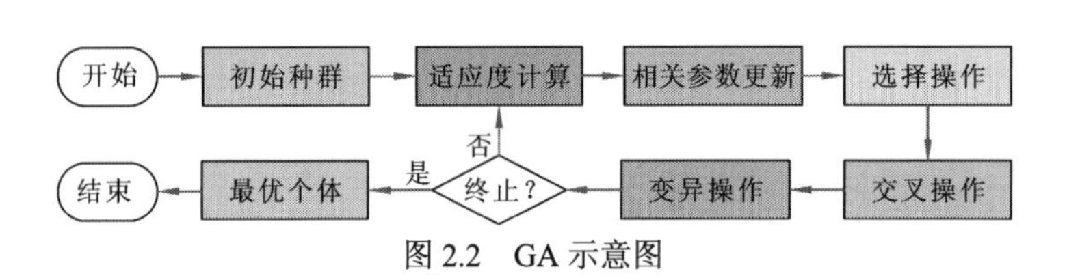


图 2.2　GA 示意图

假设 GA 的种群规模为 $M$，交叉概率为 $P_c$，变异概率为 $P_m$，选择概率为 $P_s$，将迭代次数 $I$ 作为终止条件。显然，各个体均包含所有水电站的状态信息，可视为一种调度方案，GA 种群中的 $M$ 个个体所需的存储空间为 $MN(T+1)$。GA 首先评估所有个体的适应度，然后通过进化操作产生新一代种群，其中选择操作直接复制已有个体，无须再次计算个体适应度；经交叉与变异操作的个体性状发生改变，需重新计算其适应度，相应个体数目的期望值分别为 $MP_c$ 和 $MP_m$，则一次进化的个体数目为 $M(1+P_m+P_s)$，计算次数为 $M(1+P_m+P_s)NT$；$I$ 轮迭代存储量不变，总计算量增加为 $IM(1+P_m+P_s)NT$。考虑到 $P_m,P_s\in[0,1]$，故当 $P_m=P_s=1$ 时，GA 的计算量达到上限 $3IMNT$。综上，GA 的空间、时间复杂度分别为 $O(MNT)$ 和 $O(IMNT)$。

### 2. PSO 算法及其复杂度分析

PSO 算法将各个体视为在搜索空间中具有特定位置和速度的微粒，对应待优化问题的潜在可行解，一定规模的粒子构成了 PSO 算法的基本进化单位——种群。PSO 算法评估粒子适应度后更新个体极值（personal best-position，PB）（粒子最优解，代表自身认知水平）和全局极值（global best-position，GB）（种群最优解，代表社会认知水平）。如

图 2.3 所示，各个粒子通过跟踪这两个极值不断更新自身的速度与位置，从而寻求所求问题的最优目标函数。

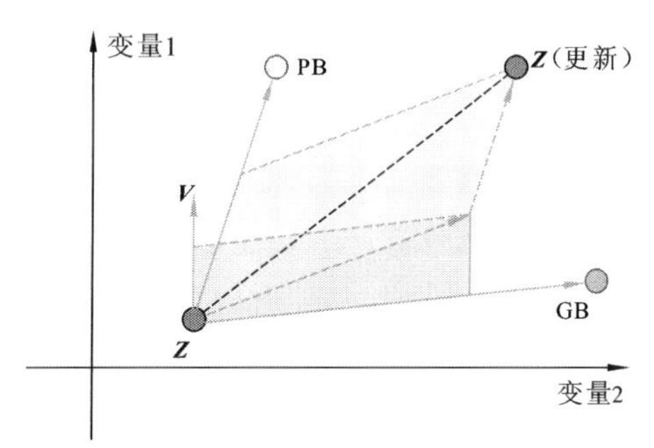


图 2.3　PSO 算法示意图

假设 PSO 算法的种群规模为 $M$，将迭代次数 $I$ 作为终止条件，PSO 算法需存储种群全局最优个体 GB、所有个体及其历史最优 PB，各个体均包含了位置 $\boldsymbol{Z}$ 和速度 $\boldsymbol{V}$ 两种信息，其中位置 $\boldsymbol{Z}$ 由各水电站的相应状态构成，可视为一种调度方案，速度 $\boldsymbol{V}$ 仅代表个体在空间中的飞行矢量，可视为占用一定存储空间，但无调节计算的特殊调度方案。PSO 算法合计含有 $2(2M+1)$个调度方案，所需存储空间为 $2N(2M+1)(T+1)$。PSO 算法进化时首先评估个体适应度并更新个体极值与全局极值，然后计算各个体速度与位置以实现种群进化，假设其他操作相比于适应度的获取可忽略不计，则计算量集中于 $M$ 个个体的适应度计算，总计算次数为 $MNT$，$I$ 轮进化的计算量为 $IMNT$。综上，PSO 算法的空间复杂度为 $O(MNT)$，时间复杂度为 $O(IMNT)$。

## 2.4　经典方法工程适用性分析

各方法时间、空间复杂度对比见表 2.1，可以看出：①LP、DPSA、GA 与 PSO 算法均为多项式算法，此类方法未涉及指数项，时间、空间复杂度较低；②枚举法、DP、DDDP 和 POA 为指数型算法，时间、空间复杂度皆涉及水电站数目 $N$、时段数目 $T$、状态离散数目 $k$ 与状态组合 $k^N$。由此可见，各时段状态组合数目过多是枚举法和 DP 系列方法时间、空间复杂度呈指数增长的根源所在；维数灾问题涉及状态离散数目、时段数目、水电站数目与状态组合数目等多个要素。

**表 2.1　各方法复杂度对比**

| 复杂度 | 枚举法 | LP | QP | DP | DDDP | POA | DPSA | GA 与 PSO 算法 |
| --- | --- | --- | --- | --- | --- | --- | --- | --- |
| 时间 | $O(NTk^{NT})$ | $O(N^{3.5}T^{3.5})$ | $O(N^3T^3)$ | $O(NTk^{2N})$ | $O(INT3^{2N})$ | $O(INTk^N)$ | $O(INTk^2)$ | $O(IMNT)$ |
| 空间 | $O(NTk^{NT})$ | $O(N^2T^2)$ | $O(N^2T^2)$ | $O(NTk^N)$ | $O(NT3^N)$ | $O(Nk^N)$ | $O(Tk)$ | $O(MNT)$ |

注：$N$ 为水电站数目；$T$ 为计算时段数目；$k$ 为状态离散数目；$I$ 为迭代次数；$M$ 为 GA、PSO 算法种群规模。

下面探讨、分析各方法在不同情境下所能处理的最大水电站数目，以便根据问题规模针对性选择相应方法。假定各方法所涉及的变量全部存储于计算机内存，而非硬盘等物理介质；假设计算机内存为 *X*GB（1 GB=1 024×1 024×1 024 字节），采用双精度（8 字节）存储水电站状态，显然各方法所需存储量不应超过计算机内存。以 DP 为例，其空间复杂度应满足：

$$N \times T \times k^N \times 8 \leqslant 1\,024 \times 1\,024 \times 1\,024 \times X \tag{2.17}$$

式中：*N* 为水电站数目；*T* 为计算时段数目；*k* 为状态离散数目。

式（2.17）为非线性方程，需采用试算法获得不同阶段、状态离散数目与内存下水电站的最大数目。同理，可获得其他方法在相应内存下的最大计算规模。由表 2.2 可知，枚举法在不同内存下最多计算 1 座水电站。随着计算内存逐渐增大，DP、DDDP 等指数型算法的求解规模增长缓慢，而 LP、GA 与 PSO 等多项式算法的最大水电站计算数目迅猛增长：在 1 GB 内存下编制水电年度发电计划，LP 分别比 DP(*k*=200)、DDDP 和 POA(*k*=3)额外处理 1 365 倍、227 倍和 195 倍的水电站；在 2GB 内存下编制 96 点发电计划，GA 与 PSO 算法在 *M*=2 000 时，计算规模较 LP 和 QP 提升了 23 倍，大约是 DDDP 的 1 017 倍。综上，多项式型方法的计算规模明显优于指数型方法；当系统仅含有 1 座水电站时，可采用 DP 求解；当系统规模较小（如 *N*∈[2,15]）时，可选用 DDDP、POA 等求解；当系统规模较大（如 *N*>15）时，建议选择 DPSA、LP、GA 与 PSO 等多项式方法。

**表 2.2　不同条件下各方法最大计算水电站数目对比**

| 时段数 | 内存/GB | 枚举法(*k*=3) | DP |  | DDDP(*k*=3) | POA |  | LP(QP) | GA 与 PSO 算法 |  |
|---|---|---|---|---|---|---|---|---|---|---|
|  |  |  | *k*=100 | *k*=200 |  | *k* =3 | *k*=5 |  | *M*=2 000 | *M*=10 000 |
| *T*=12（年计划编制） | 1 | 1 | 3 | 2 | 12 | 14 | 10 | 2 730 | 44 739 | 8 947 |
|  | 2 | 1 | 3 | 2 | 13 | 15 | 10 | 3 861 | 89 478 | 17 895 |
|  | 3 | 1 | 3 | 3 | 13 | 15 | 10 | 4 729 | 134 217 | 26 843 |
| *T* =96（96 点计划编制） | 1 | 0 | 2 | 2 | 10 | 14 | 10 | 341 | 5 592 | 1 118 |
|  | 2 | 0 | 2 | 2 | 11 | 15 | 10 | 482 | 11 184 | 2 236 |
|  | 3 | 0 | 3 | 2 | 11 | 15 | 10 | 591 | 16 777 | 3 355 |

## 2.5　四维一体可拓降维理论框架

由于水电站数目 *N*、计算时段数目 *T*、状态离散数目 *k*、状态组合 $k^N$ 是维数灾的四个构成要素，本章分别称为空间维、时间维、状态维和组合维。为克服维数灾问题，提出了如图 2.4 所示的四维一体可拓降维总体思想，简要概述参见表 2.3。其中：四维一体着眼于维数灾的产生根源，统筹兼顾了水电调度这一多维多阶段复杂决策问题所涉及的各个层次与维度，从本质上对维数灾这一难题的全面有机协调指明了方向；可拓意指在常规方法的基础上勇于引入新方法、新技术、新手段，而非固守于传统方法，进一步为大规模水电调度问题的降维求解提供新的可能，如图 2.4 中 POA、DDDP 与 DPSA 3 种方法经过不同程度的嵌套耦合可形成多种优化方法，为水电调度实践提供有益方法探索；降维是核心目的，旨在实现大规模水电系统在现有计算条件下的可建模计算，同时在保证优化结果的同时切实提高计算效率。综上，本章建议在空间维、时间维、状态维、组合维四个维度上综合开展降维方法研究，尤其是缩小组合维寻优空间（即减少各时段状态组合数目），这是降低方法计算复杂度，提高求解效率的有效途径。例如，若将单阶段状态组合数目 $k^N$ 降至常数，则 DP 系列方法可转化为多项式方法。下面就不同层面的具体降维策略展开详细介绍。

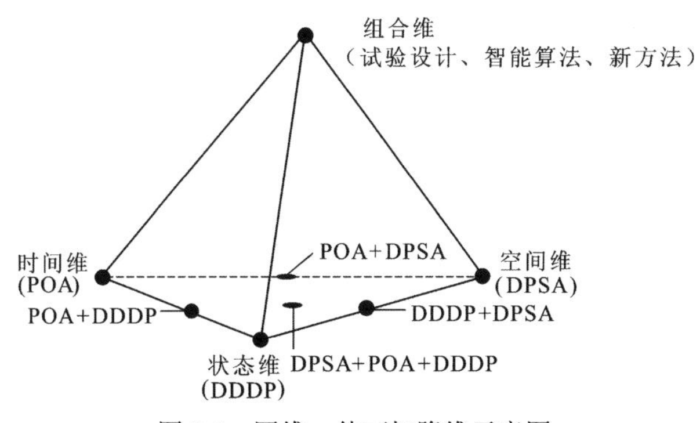


图 2.4　四维一体可拓降维示意图

**表 2.3　四维一体可拓降维简述表**

| 维度 | 空间维 | 时间维 | 状态维 | 组合维 |
|---|---|---|---|---|
| 因素 | 计算水电站 | 优化阶段 | 状态变量 | 状态组合 |
| 对应变量 | $N$ | $T$ | $k$ | $k^N$ |
| 降维策略 | 根据实际情况适当简化系统，或者降低单次寻优水电站的计算数目 | 将原多阶段问题分解为若干小规模子问题加以求解 | 减少离散状态变量数目或缩减状态的可行搜索空间 | 减少各时段状态组合数目，或者避免各水电站离散状态之间的全面组合 |
| 示例方法 | DPSA | POA | DDDP | 并行计算、试验设计、NLP、智能算法等 |
| 关联章节 | 第 9 章 | 第 8、9 章 | 第 3、4 章 | 第 5～7、10 章 |

## 2.5.1　空间维降维策略

减少单次计算水电站数目将是规避水电系统维数灾和提高运算效率的重要措施，可在总结以往大量理论研究和工程应用的基础上，根据水电系统的求解任务、优化目标、来水特性、调节性能等实际情况，并依据各水电站之间的空间拓扑位置合理辨析水电站的串、并联物理联系，对系统规模做适当的简化处理，削减参与优化计算的水电站数目，从而降低单次寻优规模。第 9 章变尺度抽样降维方法中便采用了此思想。

### 2.5.2 时间维降维策略

充分利用各算法优点构建不同算法深度嵌套耦合的混合搜索方法以降低优化阶段数目，可以选择 POA 作为基本框架，将多阶段复杂优化问题分解为若干两阶段子问题，然后结合其他降维方法或一维搜索算法进行局部寻优，实现时间维广度或深度搜索，以达到减少系统维数或降低阶段数的目的。第 8 章两阶段降维方法及第 9 章变尺度抽样降维方法正是此思想的有益实践。

### 2.5.3 状态维降维策略

状态维降维的本质是缩减状态变量及决策变量的搜索空间。可通过分析优化问题的目标函数、约束条件等数学凹、凸特性，从理论上缩减变量的可行区间，减少甚至避免算法的无效和无益迭代；此外，还可以借鉴 DDDP 和增量 DP 等方法的核心思想，在迭代过程中减少各水电站离散状态的变量数目以降低计算规模。第 3 章知识规则降维方法、第 4 章等蓄能线降维方法正是此思想的有益实践。

### 2.5.4 组合维降维策略

从以下 3 个方面开展组合维的降维工作。

（1）如何降低各阶段的状态组合数目是实现组合维降维的根本手段，也是解决维数灾问题的基本途径。从组合优化角度看，组合爆炸问题可采用邻域搜索等启发式方法实现快速求解；从试验设计角度看，可利用已有试验设计方法（如正交试验设计、均匀试验设计等）选择部分有代表性的状态组合进行计算，大幅减少各阶段的状态组合数目。第 7 章试验设计降维方法正是此思想的有益实践。

（2）利用以 GA 和 PSO 算法为代表的智能算法、DPSA、LP 等多项式算法进行求解，可规避状态全面组合引发的维数灾问题，这也是目前国内外研究的热点方向；但是，需要指出的是，智能算法具有随机搜索性质，往往很难得到能用于工程实际的稳定解和可行解，同时应当特别注意算法的早熟收敛问题；DPSA 通过减少水电站求解数目降低寻优空间，LP 对非线性问题做线性化近似处理，这些都易导致局部收敛等问题。第 5 章混合非线性降维方法、第 10 章群体智能降维方法正是此思想的有益实践。

（3）尝试引入并行计算[20]、图形处理器（graphics processing unit，GPU）计算[21]、云计算[22]、深度学习[23]等新方法、新技术、新手段，将为大规模水电调度的降维求解提供新的可能。第 6 章并行计算降维方法正是此思想的有益实践。

综上，开展四维一体可拓降维研究，正是为了从总体上把握维数灾产生的根源，在理论上指导完成多种降维方法、策略的有机耦合；同时，结合电网分区、流域分解、水电站分组等实用化技术手段，能够进一步降低大规模复杂系统的求解压力[24-25]，在现有计算条件下大幅提高水电站的解算数目，完成大规模复杂水电系统的优化调度计算，同步提升运算效率与求解精度。

## 2.6 本章小结

伴随着以乌江、红水河等为代表的巨型梯级水电站群的陆续竣工投产与坚强智能电网建设的有序推进，中国正逐渐形成全国互联、西电东送和南北互供的新格局，远距离、跨区域、跨省份、跨流域下的大规模水电优化调度将是水利水电从业人员面临的重大理论与实践问题。如何在已有方法的基础上研发能有效均衡求解效率与计算精度的降维优化方法是解决这一问题的关键所在。为此，本章首先构建了常见的特大流域水电站群优化调度模型，然后对多种水电优化调度方法的计算复杂度展开细致调查分析，定量分析了不同情景下各方法的求解规模及其适用性，进而提出了四维一体可拓降维理论框架，建议从空间维、时间维、状态维和组合维四个方面展开研究，以便为后续大规模水电调度新型方法的研发及传统优化方法的改进提供理论支撑和参考。

## 参考文献

[1] CHENG C T, SHEN J J, WU X Y, et al. Operation challenges for fast-growing China's hydropower systems and respondence to energy saving and emission reduction[J]. Renewable and sustainable energy reviews, 2012, 16(5): 2386-2393.

[2] 冯仲恺, 牛文静, 周建中, 等. 水电系统全景调度综合实验平台建设及教学实践[J]. 实验技术与管理, 2021, 38(1): 227-230.

[3] 陈森林. 水电站水库运行与调度[M]. 北京:中国电力出版社, 2008.

[4] LABADIE J W. Optimal operation of multireservoir system: State-of-the-art review[J]. Journal of water resources planning and management, 2004, 130(2): 93-111.

[5] YEH W W G. Reservoir management and operations models: A state-of-the-art review[J]. Water resources research, 1985, 21(12): 1797-1818.

[6] BARROS M T L, TSAI F T C, YANG S L, et al. Optimization of large-scale hydropower system operations[J]. Journal of water resources planning and management, 2003, 129(3): 178-188.

[7] 郭生练, 陈炯宏, 刘攀, 等.水库群联合优化调度研究进展与展望[J]. 水科学进展, 2010, 21(4): 496-503.

[8] RANI D, MOREIRA M M. Simulation-optimization modeling: A survey and potential application in reservoir systems operation[J]. Water resources management, 2010, 24(6): 1107-1138.

[9] 殷建平, 徐云, 王刚, 等. 算法导论[M]. 北京: 机械工业出版社, 2012.
[10] 郑宗汉, 郑晓明. 算法设计与分析[M]. 2 版. 北京: 清华大学出版社, 2011.
[11] YOO J H. Maximization of hydropower generation through the application of a linear programming model[J]. Journal of hydrology, 2009, 376(1): 182-187.
[12] KARMARKAR N. A new polynomial-time algorithm for linear programming[J]. Combinatorica, 1984, 4(4): 373-395.
[13] 申建建, 程春田, 程雄, 等. 大型梯级水电站群调度混合非线性优化方法[J].中国科学(技术科学), 2014, 44(3): 306-314.
[14] GOLDFARB D, LIU S C. An O($n^3L$) primal interior point algorithm for convex quadratic programming[J]. Mathematical programming, 1991, 49(3): 325-340.
[15] 梅亚东. 梯级水库优化调度的有后效性动态规划模型及应用[J]. 水科学进展, 2000, 11(2): 194-198.
[16] 万星, 周建中. 自适应对称调和遗传算法在水库中长期发电调度中的应用[J]. 水科学进展, 2007(4): 598- 603.
[17] 李安强, 王丽萍, 蔺伟民, 等. 免疫粒子群算法在梯级电站短期优化调度中的应用[J]. 水利学报, 2008(4): 426-432.
[18] 徐刚, 马光文, 梁武湖, 等. 蚁群算法在水库优化调度中的应用[J]. 水科学进展, 2005(3): 397-400.
[19] 张双虎, 黄强, 孙廷容. 基于并行组合模拟退火算法的水电站优化调度研究[J]. 水力发电学报, 2004(4): 16-19, 15.
[20] CHENG C T, WANG S, CHAU K W, et al. Parallel discrete differential dynamic programming for multireservoir operation [J]. Environmental modelling & software, 2014(57): 152-164.
[21] OWENS J D, HOUSTON M, LUEBKE D, et al. GPU computing[J]. Proceedings of the IEEE, 2008, 96(5): 879-899.
[22] ARMBRUST M, FOX A, GRIFFITH R, et al. A view of cloud computing[J]. Communications of the ACM, 2010, 53(4): 50-58.
[23] CHIN C, BROWN D E. Learning in science: A comparison of deep and surface approaches[J]. Journal of research in science teaching, 2000, 37(2): 109-138.
[24] 冯仲恺, 牛文静, 程春田, 等. 大规模水电系统优化调度维数灾问题研究进展[J]. 水电与抽水蓄能, 2021, 7(5): 111-115.
[25] 冯仲恺, 牛文静, 程春田, 等. 大规模水电系统优化调度降维方法研究 I:理论分析[J]. 水利学报, 2017, 48(2):146-156.

# 第3章

# 特大流域水电站群优化调度知识规则降维方法

## 3.1 引　言

特大流域水电站群优化调度属于多重约束强耦合作用下的复杂非线性优化问题[1-2]，主要体现在：第一，作为兼具多重社会属性的水资源利用载体，除满足自身安全、稳定运行约束外，水电站往往还需满足水利、电力、环保等部门的综合利用需求，一般需要以约束条件的形式将各单位的利益诉求纳入调度模型，故水电站群在开展联合优化调度时需要处理数目众多、形式各异的约束条件集合[3]；第二，各类约束之间存在着复杂的交织、耦合等综合作用，使得可行搜索空间大幅缩窄并呈现出复杂的时空关联特征，单一水电站任意时段运行状态的改变很可能导致本水电站或下游水电站相关时段约束条件的破坏，造成水电站群系统的整体效益与水能利用效率的降低，这也直接增大了传统方法的优化难度[4]；第三，逐年扩大的水电系统使得水电站间、流域间和电网间存在着更为复杂的水力、电力与动力联系，在增加约束条件数目的同时扩大了搜索空间，导致问题复杂度随水电站及约束数目的增大呈非线性增长，加剧了建模求解的困难[5]。在此情况下，如何处理水电调度问题中的复杂约束集合，以实现对类型各异的约束条件的精简、合并，就成为提高算法计算性能的关键所在，这也是水电站群调度的核心问题之一[6-7]。

国内外学者针对水库群调度中约束的处理方法开展了一定的研究，现有方法可大致分为四类：一是惩罚函数法[8-9]，以惩罚函数的形式将约束破坏项纳入目标函数构成适应值函数，引导算法逐步转向合理的区域；二是解修复法[10-11]，采用特定的修复算子对非可行解加以调整，将其映射至可行域边界或内部以保持解的可行性；三是多目标法[12]，将原问题转换为多目标优化问题，即把个体违反约束条件的程度视为与原始目标函数等价的目标项，利用多目标优化技术来处理转换后的问题，逐步向最优解方向逼近；四是可行域辨识法[13-16]，根据一定的方法对搜索空间进行缩减，使算法在较小的范围内寻优，以期改善算法性能。然而，前述四种方法各有优缺点：惩罚函数法形式简单、可操作性强，但惩罚因子选取困难，通常需要根据实际问题试算获取；解修复法需根据具体问题开展个性化设计，方法的通用性较差，且修复算子会在一定程度上增加算法的复杂性；多目标法能够利用帕累托占优机制有效区分解的可行程度，但是实现相对困难，且难以保证最终解的可行性；可行域辨识法无须改变优化算法寻优机制，能有效保障解的可行性，但是已有文献多采用静态辨识机制，且约束集成度较差。因此，研究合理可行、新型高效的约束处理机制来提高传统方法求解水电站群联合优化调度的效率与精度，仍然具有十分重要的意义[5,17-18]。

为此，本章以水电站为研究对象，从约束优化问题可行域出发，发现“调度问题可行域本质上应为所有限制运行条件集合的交集”，进而提出基于集合运算理论的特大流域水电站群优化调度知识规则降维方法。该方法首先在水电站尺度上开展多重复杂约束的科学精简，逐步实现单一水电站调度的单阶段、两阶段和多阶段可行域辨识；然后，以此为基础，动态生成符合实际问题的水电系统可行搜索空间，在全局尺度上实现可行域的有效压缩，大幅减少不可行解的冗余计算。实践结果表明，该方法可以实现水电站群调度搜索空间的科学感知预判，缩减无效系统状态的盲目计算，降低传统方法的计算量与存储量，切实保障水电站群联合优化调度的计算效率与结果的质量。

## 3.2　可行域动态辨识方法

### 3.2.1　复杂约束优化问题的可行域

为便于分析，本章将 2.2 节典型特大流域水电站群优化调度问题统一抽象为需要满足 $p$ 个等式约束与 $m$ 个不等式约束的优化问题，目标函数为越大越优（若为越小越优，可通过反操作加以转换），相应的数学描述如下：

$$\begin{cases}\max F(\boldsymbol{x}) \\ \text{s.t.} \begin{cases} h_l(\boldsymbol{x})=0, & l=1,2,\cdots,p \\ g_l(\boldsymbol{x})\leqslant 0, & l=p+1,p+2,\cdots,p+m \end{cases}\end{cases} \tag{3.1}$$

式中：$F(\boldsymbol{x})$ 为优化目标；$\boldsymbol{x}$ 为待优化变量，$\boldsymbol{x}=(x_1,x_2,\cdots,x_n)^{\mathrm{T}}$，$n$ 为变量 $\boldsymbol{x}$ 的维数；$h_l(\boldsymbol{x})=0$ 为第 $l$ 项等式约束；$g_l(\boldsymbol{x})\leqslant 0$ 为第 $l$ 项不等式约束。

在数学规划问题中，只要不满足其中任何一个约束条件的解就为不可行解；满足优化问题所有约束条件的解称为可行解；由所有可行解组成的集合构成可行域。因此，在约束优化问题中，可行域 $E$ 是指同时满足所有约束条件的点构成的集合，即

$$E=\{\boldsymbol{x} \mid h_i(\boldsymbol{x})=0,\ i=1,2,\cdots,p;\ g_j(\boldsymbol{x})\leqslant 0,\ j=1,2,\cdots,m\} \tag{3.2}$$

### 3.2.2　基于可行域辨识的知识规则降维方法

水电系统需要在综合考虑水位、出力、流量等多种复杂约束的前提下，合理调控各水电站的蓄放水过程，从而获得整体效益最优。从优化角度看，该问题是典型的约束优化问题，这就必然要求可行域同时满足不同时段所有水电站的水位限制、出力限制、流量限制等不等式约束，以及包含水量平衡方程、流量平衡方程等在内的等式约束。由此可知，无论水电调度目标函数为何种形式，为了同时满足相关约束条件，可行搜索空间必然是所有限制运行条件集合的交集。

在制订水电系统调度方案的过程中，若仅考虑水位限制，则可行域如图 3.1（a）所示，此时只需在原定水位运行空间内寻优，搜索空间最为庞大；若只考虑水位和流量约束，如图 3.1（b）所示，两者的交集为可行空间，此时与图 3.1（a）相比，显然，可行域能够实现一定程度的缩减；若综合考虑水位、流量与出力等约束，则依图 3.1（c）可将搜索区间划分为 7 个部分，各部分详细的数学表达与分析见表 3.1，其中只有 $S_3$ 能够同时满足三种约束条件，显然，相比于图 3.1（a）能够扣除 $S_2$、$S_5$ 和 $S_6$，相比于图 3.1（b）能

够扣除 $S_6$，使得可行域实现最大程度的精简。因此，从上述分析可知，若能利用已有知识规则、人工经验等预先判定可行搜索空间，实现对可行域的动态辨识，可大幅缩减无效状态的搜索计算与额外存储，降低方法的内存占用和运算耗时，在很大程度上缓解维数灾问题，进而实现水电调度求解效率和计算规模的同步提升。

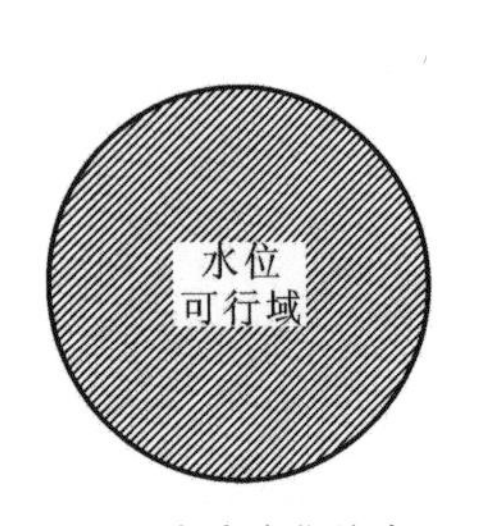


（a）考虑水位约束

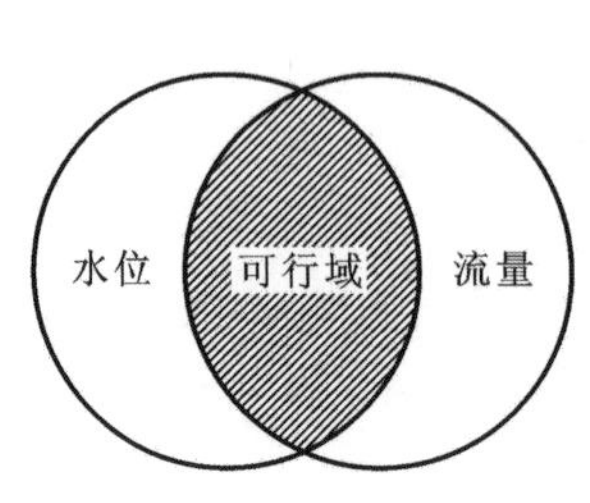


（b）考虑水位和流量约束

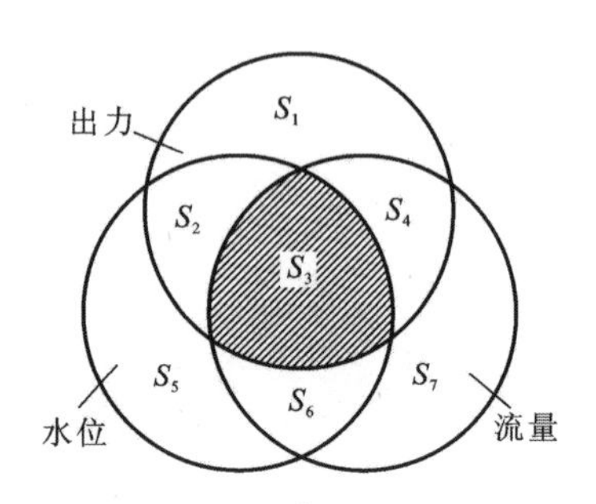


（c）考虑水位、流量和出力约束

图 3.1　不同约束作用下的可行域示意图

**表 3.1　不同搜索空间对比**

| 集合 | 数学表达 | 水位 | 流量 | 出力 | 集合 | 数学表达 | 水位 | 流量 | 出力 |
|---|---|---|---|---|---|---|---|---|---|
| $S_1$ | $S_N \cap \overline{(S_Z \cup S_O)}$ | × | × | √ | $S_5$ | $S_Z \cap \overline{(S_N \cup S_O)}$ | √ | × | × |
| $S_2$ | $\overline{S}_O \cap (S_Z \cap S_N)$ | √ | × | √ | $S_6$ | $\overline{S}_N \cap (S_Z \cap S_O)$ | √ | √ | × |
| $S_3$ | $S_Z \cap S_N \cap S_O$ | √ | √ | √ | $S_7$ | $S_O \cap \overline{(S_N \cup S_Z)}$ | × | √ | × |
| $S_4$ | $\overline{S}_Z \cap (S_O \cap S_N)$ | × | √ | √ | | | | | |

注：√表示满足相应约束；×表示不满足该约束；$\overline{S}_Z$ 表示集合 $S_Z$ 的补集，其他与之类似；$S_Z$ 表示水位约束集合；$S_N$ 表示出力约束集合；$S_O$ 表示流量约束集合。

## 3.2.3　单一水电站调度可行域动态辨识方法

根据 2.2.2 小节的约束集合，可将其大致归为系统约束和单站约束，其中系统约束主要指水电系统总出力限制，单站约束主要包括以下几类：①单阶段约束，如发电流量、水位等区间限制；②控制型约束，如期末水位限制；③空间耦合型约束，如水电带宽限制；④时空关联型约束，如水量平衡方程。各种约束形式不一且紧密耦合，通常难以采用相同的方法统一处理，需要根据问题特征和实际需求针对性地研发实用策略。因此，本章重点关注单一水电站约束集合，暂未考虑水电带宽等系统约束，可在寻优过程中结合惩罚函数法等方法加以处理。为方便叙述，设定各时段初水电站的水位 $Z$、时段内平均出库流量 $O$ 分别为相应的状态值、决策值。下面将详细介绍水电站在单阶段、两阶段和多阶段的可行域辨识原理。

1. 单阶段可行域辨识方法

（1）由发电流量集合 $S_Q$ 与出库流量集合 $S_O$ 获得调整出库流量集合 $S_O^1$。

由式（2.8）可知，水电站各时段的出库流量 $O_{i,j}$ 均由发电流量 $Q_{i,j}$ 和弃水流量 $s_{i,j}$ 两部分组成，故发电流量集合 $S_Q$ 理论上应为出库流量集合 $S_O$ 的子集，即 $S_Q \subseteq S_O$。然而，在实际工程中，出于保护下游安全等方面的考虑，可能会人为限定最大下泄流量，导致出现 $O_{i,j}^{\max} < Q_{i,j}^{\max}$ 的反常现象，但此时下泄流量仍不应超过 $O_{i,j}^{\max}$。因此，采用式(3.3)对两者合并以获得相应的流量集合 $S_O^1$，实现搜索空间的初步缩减。

$$S_O^1 = S_Q \cap S_O = \{O_{i,j}^1 \mid O_{i,j}^{1,\min} \leqslant O_{i,j}^1 \leqslant O_{i,j}^{1,\max}, \forall i, j\} \tag{3.3}$$

式中：$O_{i,j}^1$、$O_{i,j}^{1,\max}$、$O_{i,j}^{1,\min}$ 分别为水电站 $i$ 在时段 $j$ 的调整出库流量及其上、下限，且有

$$O_{i,j}^{1,\min} = \max\{O_{i,j}^{\min}, Q_{i,j}^{\min}\}，\quad O_{i,j}^{1,\max} = O_{i,j}^{\max}$$

（2）利用水量平衡方程 $S_B$ 将坝前水位限制 $S_Z$ 转化为相应的出库流量集合 $S_O^2$。

根据式（2.6）所示的水量平衡方程，在给定时段初库容、入库流量的情况下，时段末库容为出库流量的单调减函数，两者呈现反比关系，即时段末库容越小，出库流量越大；反之，时段末库容越大，出库流量越小。因此，可采用式（3.4）将水位限制约束转化为出库流量限制，进而获得相应的出库流量集合 $S_O^2$：

$$S_O^2 = S_B \cap S_Z = \{O_{i,j}^2 \mid O_{i,j}^{2,\min} \leqslant O_{i,j}^2 \leqslant O_{i,j}^{2,\max}, \forall i, j\} \tag{3.4}$$

式中：$O_{i,j}^2$、$O_{i,j}^{2,\max}$、$O_{i,j}^{2,\min}$ 分别为水电站 $i$ 在时段 $j$ 的水位限制约束对应的出库流量及其上、下限，且有 $O_{i,j}^{2,\max} = I_{i,j} + \dfrac{f_{i,ZV}(Z_{i,j}) - f_{i,ZV}(Z_{i,j+1}^{\min})}{3\,600t_j}$，$O_{i,j}^{2,\min} = I_{i,j} + \dfrac{f_{i,ZV}(Z_{i,j}) - f_{i,ZV}(Z_{i,j+1}^{\max})}{3\,600t_j}$，$f_{i,ZV}$ 为水电站 $i$ 的水位-库容曲线。

（3）取 $S_O^1$ 与 $S_O^2$ 的交集获得修正出库流量集合 $S_O^3$。

为保证同时满足上述约束，可通过取 $S_O^1$ 与 $S_O^2$ 的交集予以实现，此时可获得修正出库流量集合 $S_O^3$，计算公式为

$$S_O^3 = S_O^1 \cap S_O^2 = \{O_{i,j}^3 \mid O_{i,j}^{3,\min} \leqslant O_{i,j}^3 \leqslant O_{i,j}^{3,\max}, \forall i, j\} \tag{3.5}$$

式中：$O_{i,j}^3$、$O_{i,j}^{3,\max}$、$O_{i,j}^{3,\min}$ 分别为水电站 $i$ 在时段 $j$ 同时满足集合 $S_O^1$ 与 $S_O^2$ 的出库流量及其上、下限，$O_{i,j}^{3,\max} = \min\{O_{i,j}^{1,\max}, O_{i,j}^{2,\max}\}$，$O_{i,j}^{3,\min} = \max\{O_{i,j}^{1,\min}, O_{i,j}^{2,\min}\}$。

（4）将 $S_N$ 转化为相应的出库流量限制集合 $S_O^4$。

首先，分析水头与出库流量之间的关系。在给定时段初水位与入库流量后，水电站的时段末水位 $Z_{i,j+1}$、发电流量 $Q_{i,j}$、水头 $H_{i,j}$ 和坝下水位 $D_{i,j}$ 都与出库流量 $O$ 的取值密切相关。另外，水头损失一般为发电流量的二次函数[3]，即 $\Delta H = a \cdot Q^2 + b$，其中 $\Delta H$ 为水头损失，$a$ 为水头损失系数（非负数），$Q$ 为发电流量，$b$ 为常数项。因此，水电站 $i$ 在时段 $j$ 的净水头 $H_{i,j}$ 的计算公式为

$$H_{i,j}(O)=\frac{Z_{i,j}+Z_{i,j+1}(O)}{2}-D_{i,j}(O)-a\cdot Q_{i,j}^2(O)-b \tag{3.6}$$

式中：$Z_{i,j}$ 为水电站 $i$ 在时段 $j$ 的坝前水位，m。

水头关于出库流量的导数 $H'_{i,j}(O)$ 可采用极限逼近形式进行表示[10]，公式如下：

$$\begin{aligned}
&H'_{i,j}(O)\\
&=\lim_{\Delta_O\to 0}\frac{H_{i,j}(O+\Delta_O)-H_{i,j}(O)}{\Delta_O}\\
&=\lim_{\Delta_O\to 0}\frac{\left[\frac{Z_{i,j}+Z_{i,j+1}(O+\Delta_O)}{2}-D_{i,j}(O+\Delta_O)-a\cdot Q_{i,j}^2(O+\Delta_O)-b\right]-\left[\frac{Z_{i,j}+Z_{i,j+1}(O)}{2}-D_{i,j}(O)-a\cdot Q_{i,j}^2(O)-b\right]}{\Delta_O}\\
&=\lim_{\Delta_O\to 0}\left\{\frac{Z_{i,j+1}(O+\Delta_O)-Z_{i,j+1}(O)}{2\Delta_O}-\frac{D_{i,j}(O+\Delta_O)-D_{i,j}(O)}{\Delta_O}-\frac{a\cdot[Q_{i,j}^2(O+\Delta_O)-Q_{i,j}^2(O)]}{\Delta_O}\right\}
\end{aligned} \tag{3.7}$$

式中：$\Delta_O$ 为出库流量的微小增量。

在固定初始水位与入库流量后，若出库流量增加微小增量 $\Delta_O$，必然引起时段末库容（坝上水位）的减小与坝下水位的增加；同时，由式（2.8）可知，发电流量与出库流量之间具有一定的单调性，其取值会随出库流量的增大呈现出逐步增加或保持不变（达到上限）的特点。因此，可以得出如下结论：

$$\begin{cases}Z_{i,j+1}(O+\Delta_O)<Z_{i,j+1}(O)\\ D_{i,j}(O+\Delta_O)>D_{i,j}(O)\\ Q_{i,j}(O+\Delta_O)\geqslant Q_{i,j}(O)\end{cases} \tag{3.8}$$

将式（3.8）代入式（3.7），可以推出：

$$H'_{i,j}(O)<0 \tag{3.9}$$

由此可知，在给定时段初水位与入库流量后，水头 $H$ 为出库流量 $O$ 的单调减函数，即水头随着出库流量的增大而不断减小。考虑到水电站发电水头为非负值，故有

$$\lim_{O\to\infty}H_{i,j}(O)=0 \tag{3.10}$$

式（3.10）的物理意义为，当出库流量 $O$ 趋于无穷大时，坝下水位 $D$ 也随之增大，不断逼近甚至持平坝上水位，同时水头损失也增大，使得水电站水头 $H$ 逐步趋于零，此时水电站无水头用来发电。

然后，研究水电站出力与出库流量之间的关系。联立式（2.5）所示的出力计算公式和式（2.8）所示的出库流量平衡方程，可以得到：

$$P_{i,j}(O)=A_iQ_{i,j}H_{i,j}=A_i(O_{i,j}-s_{i,j})H_{i,j} \tag{3.11}$$

对式（3.11）进行求导，可以得到：

$$\begin{aligned}P'_{i,j}(O)=\frac{\partial P}{\partial O}&=A_i[H_{i,j}+(O_{i,j}-s_{i,j})H'(O)]\\&=A_i[H_{i,j}+Q_{i,j}H'(O)]\end{aligned} \tag{3.12}$$

显然，当 $O$=0 时，无流量参与发电，此时发电流量 $Q_{i,j}$=0，相应地出力 $P_{i,j}$=0，式（3.12）中等号右侧第二项恒为 0，但此时水电站一般仍有水头进行发电（$H_{i,j}\geqslant 0$），故式（3.12）应为非负值；在不考虑人为限定出库流量范围的前提下，随着出库流量 $O$ 增大至无穷，水电站最多以 $Q_{i,j}^{\max}$ 进行发电，其他水量通过溢洪道、泄洪洞等设施进行下泄，由式（3.12）可知，发电水头 $H_{i,j}$ 无限趋于零，故出力也趋于零，此时式（3.12）将为负值。综上，推理得到：

$$\begin{cases}\lim\limits_{O\to 0} P_{i,j}(O)=\lim\limits_{O\to\infty} P_{i,j}(O)=0\\ \lim\limits_{O\to 0} P'_{i,j}(O)=A_i H_{i,j}\geqslant 0\\ \lim\limits_{O\to\infty} P'_{i,j}(O)=A_i Q_{i,j}^{\max} H'(O)<0\end{cases}\tag{3.13}$$

假定 $P(O)$ 与 $P'_{i,j}(O)$ 均为出库流量 $O$ 的连续变化函数，则在给定时段初水位与入库流量后，$P'_{i,j}(O)$ 随出库流量 $O$ 的变化而动态改变，出力 $P$ 与出库流量 $O$ 之间可能呈现如图 3.2 所示的 3 种形态。

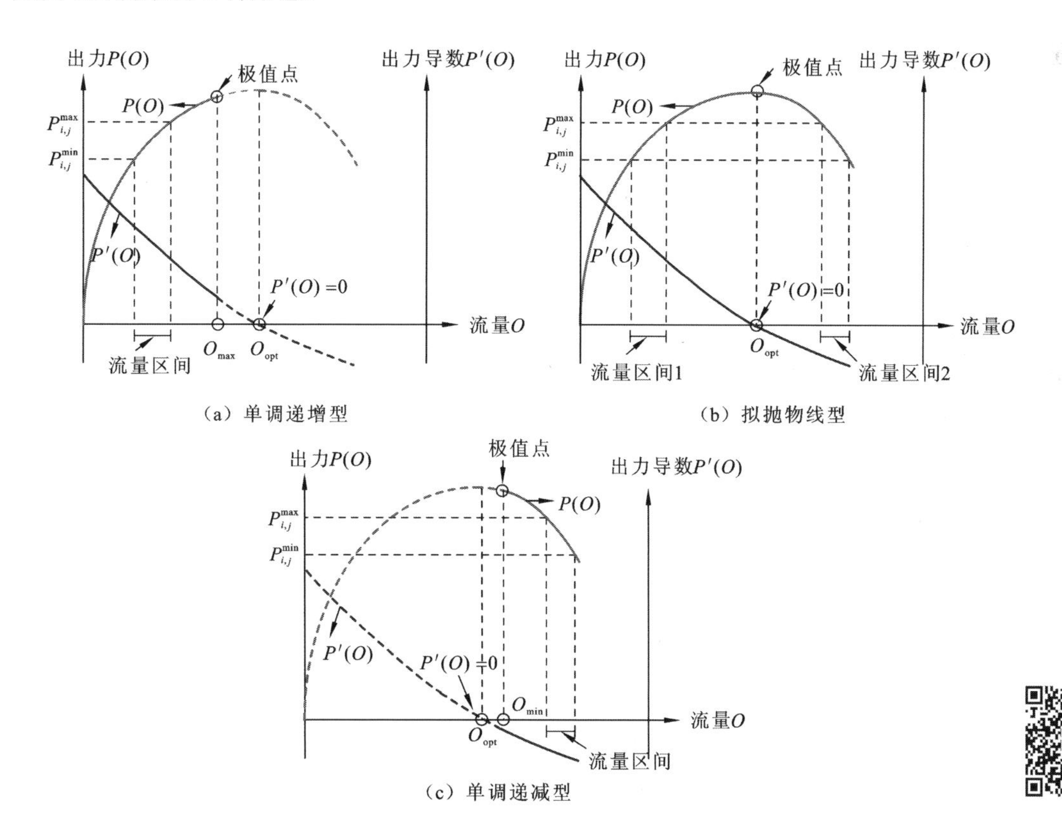


图 3.2　出力及其导数与出库流量的关系示意图

注：$O_{\max}$ 表示可能的最大出库流量；$O_{\text{opt}}$ 表示最大出力对应的出库流量；$O_{\min}$ 表示可能的最小出库流量

单调递增型：恒有 $P'_{i,j}(O)\geqslant 0$，即出力随下泄流量单调增加，且在最大出库流量处取到极大值。

拟抛物线型：$P'_{i,j}(O)$ 由非负值减小至负值，出力先增大后减小，且在 $P'_{i,j}(O)=0$ 处取极大值。

单调递减型：恒有 $P'_{i,j}(O)\leqslant 0$，即出力随下泄流量单调减少，且在最小出库流量处取极大值。

最后，将水电站出力限制集合 $S_P$ 转换为对应的出库流量限制集合 $S_O^4$。

第一，判定是否需要考虑预想出力约束：若是，则利用修正出库流量估算水头可能的变动范围，根据相关特性数据获得对应的预想出力，并与设定的水电站出力限制取交集，以获得修正后的出力范围；否则，无须调整出力限制。

第二，设定一个较小的出库流量增量 $Q_\Delta$，根据式（3.14）、式（3.15）判定 $S_O^3$ 所对应的水电站出力所属的类型：若式（3.14）成立，则为单调递增型；若式（3.15）成立，则为单调递减型；否则，为拟抛物线型。

$$\begin{cases} P_{i,j}(O_{i,j}^{3,\max}-Q_\Delta)\leqslant P_{i,j}(O_{i,j}^{3,\max}) \\ P_{i,j}(O_{i,j}^{3,\min}+Q_\Delta)\geqslant P_{i,j}(O_{i,j}^{3,\min}) \end{cases} \tag{3.14}$$

$$\begin{cases} P_{i,j}(O_{i,j}^{3,\max}-Q_\Delta)> P_{i,j}(O_{i,j}^{3,\max}) \\ P_{i,j}(O_{i,j}^{3,\min}+Q_\Delta)< P_{i,j}(O_{i,j}^{3,\min}) \end{cases} \tag{3.15}$$

第三，通过以电定水获得出力上、下限对应的出库流量取值，具体步骤如下。

对于单调递增型，出力上、下限分别与出库流量上、下限相对应，故出库流量限制集合 $S_O^4$ 为

$$S_O^4=\{O_{i,j}^4 \mid W_i(P_{i,j}^{\min})\leqslant O_{i,j}^4\leqslant W_i(P_{i,j}^{\max}),\forall i,j\} \tag{3.16}$$

式中：$O_{i,j}^4$ 为水电站 $i$ 在时段 $j$ 的出力限制所对应的出库流量，$\mathrm{m^3/s}$；$W_i(P)$ 为水电站 $i$ 给定出力 $P$ 后，以电定水计算得到的出库流量。

对于拟抛物线型，很有可能出现多重解现象，即单个出力值对应两个不同的出库流量值，此时也相应地存在两个出库流量区间 $S_O^{4,1}$ 与 $S_O^{4,2}$。

$$\begin{aligned} S_O^4&=S_O^{4,1}\cup S_O^{4,2} \\ &=\{O_{i,j}^{4,1} \mid W_i(P_{i,j}^{\min})^1\leqslant O_{i,j}^{4,1}\leqslant W_i(P_{i,j}^{\max})^1,\forall i,j\}\cup\{O_{i,j}^{4,2} \mid W_i(P_{i,j}^{\max})^2\leqslant O_{i,j}^{4,2}\leqslant W_i(P_{i,j}^{\min})^2,\forall i,j\} \end{aligned} \tag{3.17}$$

式中：$W_i(P)^1$、$W_i(P)^2$ 分别为给定水电站出力 $P$ 后，以电定水计算得到的较小、较大出库流量；$O_{i,j}^{4,1}$、$O_{i,j}^{4,2}$ 分别为集合 $S_O^{4,1}$ 与 $S_O^{4,2}$ 对应的出库流量。

对于单调递减型，出力上、下限分别与出库流量下、上限相互对应，故出库流量限制集合 $S_O^4$ 为

$$S_O^4=\{O_{i,j}^4 \mid W_i(P_{i,j}^{\max})\leqslant O_{i,j}^4\leqslant W_i(P_{i,j}^{\min}),\forall i,j\} \tag{3.18}$$

（5）取 $S_O^3$ 与 $S_O^4$ 的交集获得最终出库流量集合 $S_O^5$。

在实践中发现，单调递增型最为常见，可采用式（3.19）进行处理：

$$S_O^5=S_O^3\cap S_O^4=\{O_{i,j}^5 \mid O_{i,j}^{5,\min}\leqslant O_{i,j}^5\leqslant O_{i,j}^{5,\max},\forall i,j\} \tag{3.19}$$

式中：$O_{i,j}^5$、$O_{i,j}^{5,\max}$、$O_{i,j}^{5,\min}$ 分别为水电站 $i$ 在时段 $j$ 同时满足集合 $S_O^3$ 与 $S_O^4$ 的出库流量及

其上、下限，$O_{i,j}^{5,\min}=\max\{O_{i,j}^{3,\min},W_i(P_{i,j}^{\min})\}$，$O_{i,j}^{5,\max}=\min\{O_{i,j}^{3,\max},W_i(P_{i,j}^{\max})\}$。

对于拟抛物线型，若存在两个可行区间，则需要分别与 $S_O^3$ 进行组合，取相应的交集。需要注意的是，若 $S_O^5$ 的子集 $S_O^{5,1}$ 或 $S_O^{5,2}$ 为空集，则可直接将其剔除；否则，需要在两个集合中进行寻优。

$$
\begin{aligned}
S_O^5 &= S_O^{5,1}\cup S_O^{5,2}=\{S_O^3\cap S_O^{4,1}\}\cup\{S_O^3\cap S_O^{4,2}\}\\
&=\{O_{i,j}^{5,1}\mid O_{i,j}^{5,1,\min}\leqslant O_{i,j}^{5,1}\leqslant O_{i,j}^{5,1,\max},\forall i,j\}\cup\{O_{i,j}^{5,2}\mid O_{i,j}^{5,2,\min}\leqslant O_{i,j}^{5,2}\leqslant O_{i,j}^{5,2,\max},\forall i,j\}
\end{aligned}
\tag{3.20}
$$

式中：$O_{i,j}^{5,1}$、$O_{i,j}^{5,1,\max}$、$O_{i,j}^{5,1,\min}$ 分别为集合 $S_O^{5,1}$ 的出库流量及其上、下限，$O_{i,j}^{5,1,\min}=\max\{O_{i,j}^{3,\min},W_i(P_{i,j}^{\min})^1\}$，$O_{i,j}^{5,1\max}=\min\{O_{i,j}^{3,\max},W_i(P_{i,j}^{\max})^1\}$；$O_{i,j}^{5,2}$、$O_{i,j}^{5,2,\max}$、$O_{i,j}^{5,2,\min}$ 分别为集合 $S_O^{5,2}$ 的出库流量及其上、下限，且有 $O_{i,j}^{5,2,\min}=\max\{O_{i,j}^{3,\min},W_i(P_{i,j}^{\max})^2\}$，$O_{i,j}^{5,2,\max}=\min\{O_{i,j}^{3,\max},W_i(P_{i,j}^{\min})^2\}$。

对于单调递减型，可采用式（3.21）获得相应的出库流量集合：

$$
S_O^5=S_O^3\cap S_O^4=\{O_{i,j}^5\mid O_{i,j}^{5,\min}\leqslant O_{i,j}^5\leqslant O_{i,j}^{5,\max},\forall i,j\}
\tag{3.21}
$$

其中，$O_{i,j}^{5,\min}=\max\{O_{i,j}^{3,\min},W_i(P_{i,j}^{\max})\}$，$O_{i,j}^{5,\max}=\min\{O_{i,j}^{3,\max},W_i(P_{i,j}^{\min})\}$。

### 2. 两阶段可行域辨识方法

主要针对以 POA 为代表的两阶段优化方法进行介绍。此类方法一般将多阶段问题分解为若干两阶段子问题进行求解；在单轮次计算过程中，通常固定其他阶段变量，只优化调整系统在所选两阶段（时段 $j$-1 和时段 $j$+1）之间的状态。如图 3.3 所示，相应的实施方案如下：首先由时段 $j$-1 的状态向时段 $j$ 顺序搜索（$j$-1→$j$），调用单阶段可行域辨识方法获得决策集合 $\vec{S}_O$；然后根据时段 $j$+1 的状态逆序搜索（$j$+1→$j$）获得决策集合 $\overleftarrow{S}_O$；最后取 $\vec{S}_O$ 与 $\overleftarrow{S}_O$ 的交集即可获得决策变量的可行范围。需要说明的是，在逆序递推（$j$+1→$j$）时，时段末水位为已知值，需要根据入库流量等反推时段初水位范围，此时出力与出库流量之间的关系相对复杂，因而可以只集成水位、流量等约束。通过上述步骤利用知识规则有机集成多种约束，实现搜索空间的动态缩减。

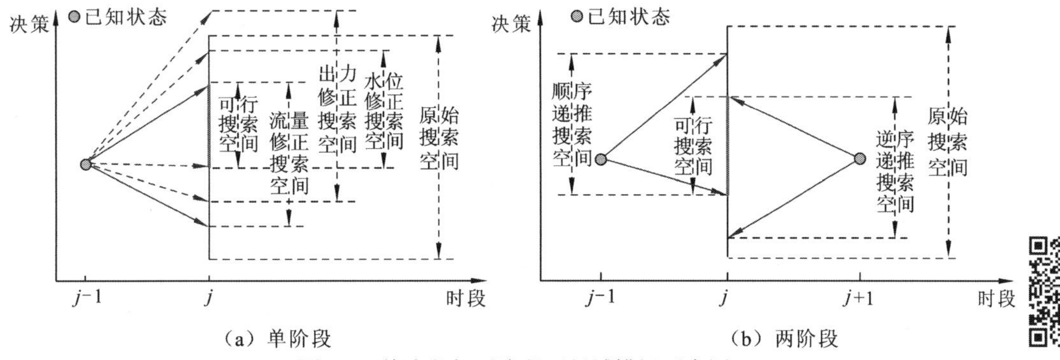

图 3.3　单阶段与两阶段可行域辨识示意图

3. 多阶段可行域辨识方法

对于多阶段问题而言，可以采用下述方法将多阶段问题转化为多个简单问题进行优化，以保证结果的准确性和合理性：设定待优化阶段为 $j$，若仅给定调度期初水位，则只需从调度期初逐时段顺序递推至时段 $j$，调用单阶段可行域辨识方法获得可行搜索空间；若同时给定了调度期末的状态，则可从调度期初顺序递推（$1\to j$）、从调度期末逆序递推（$T\to j$），分别获得时段 $j$ 对应的可行区间，然后调用两阶段可行域辨识方法取两者的交集，以进一步剔除不可行搜索空间。另外，若水电站在任意时段的状态为固定值，则可再次由该阶段分别向调度期初、末进行可行域二次辨识操作，并与先前得到的初始修正可行域合并，以尽可能缩减寻优范围。需要说明的是，应用时若无法确定时段初水位，则出力约束可能难以直接进行转化，此时可以考虑仅集成水位、发电流量、出库流量等约束。

## 3.2.4 特大流域水电站群优化调度可行域动态辨识方法

根据水电站群的空间拓扑位置关系，可分为并联水电站群、梯级水电站群与混联水电站群。对于并联水电站群，各水电站之间无直接水力联系，可采用 3.2.3 小节的方法对各水电站展开可行域辨识；对于梯级水电站群、混联水电站群，上下游之间存在复杂的水力联系，若改变上游水电站任意时段的状态值或决策值，将会导致计算时段的出库流量发生改变，进而改变下游水电站的入库流量，最终使得下游水电站的决策空间发生变动。因此，本章提出了适用于不同方法的具体应用思路。

（1）PSO 算法等群体智能方法均可从龙头水电站逐级确定各水电站的运行轨迹，此时水电站 $1\sim i-1$ 的调度过程均已确定，水电站 $i$ 的入库流量为已知值，能够采用 3.2.3 小节的方法得到水电站 $i$ 在调度期内的可行搜索空间，然后在此空间内随机生成初始方案，或者获得改善轨迹。

（2）DP 系列方法利用递归方程将多阶段复杂决策问题转化为多个两阶段子问题，此时各阶段的决策变量集合均受到时段初状态变量的影响，需要根据时段初不同的状态变量分别开展可行域动态辨识操作。

图 3.4 为本章方法应用至 DP 的计算示意图。该水电站群有两座水电站（水电站 1 和水电站 2），在时段 $j-1$ 有两个状态 $\boldsymbol{A}=(A_1, A_2)^{\mathrm{T}}$、$\boldsymbol{B}=(B_1, B_2)^{\mathrm{T}}$；对 $\boldsymbol{A}$ 状态而言，首先水电站 1 从 $A_1$ 点出发，采用 3.2.3 小节的方法确定在时段 $j$ 的可行区间$[E_2,E_4]$，同理，水电站 2 由 $A_2$ 点出发，获得在时段 $j$ 的可行区间$[C_1,C_3]$，则 $\boldsymbol{A}$ 状态在时段 $j$ 的可行域为图中的红色部分（$E_2$-$E_4$-$C_1$-$C_3$）；$\boldsymbol{B}$ 状态可采用同样的方法获得在时段 $j$ 的可行域，如图中的蓝色部分（$E_1$-$E_3$-$C_2$-$C_4$）所示；显然，相比于原始搜索空间（图中灰色部分），$\boldsymbol{A}$、$\boldsymbol{B}$ 状态均剔除了大量非可行空间，有效减少了寻优工作量。综上，通过各水电站之间的动态协调，可以预先辨识水电站群系统在调度期内的可行搜索空间，减少非可行解的冗余计算，显著提升算法的寻优效率。

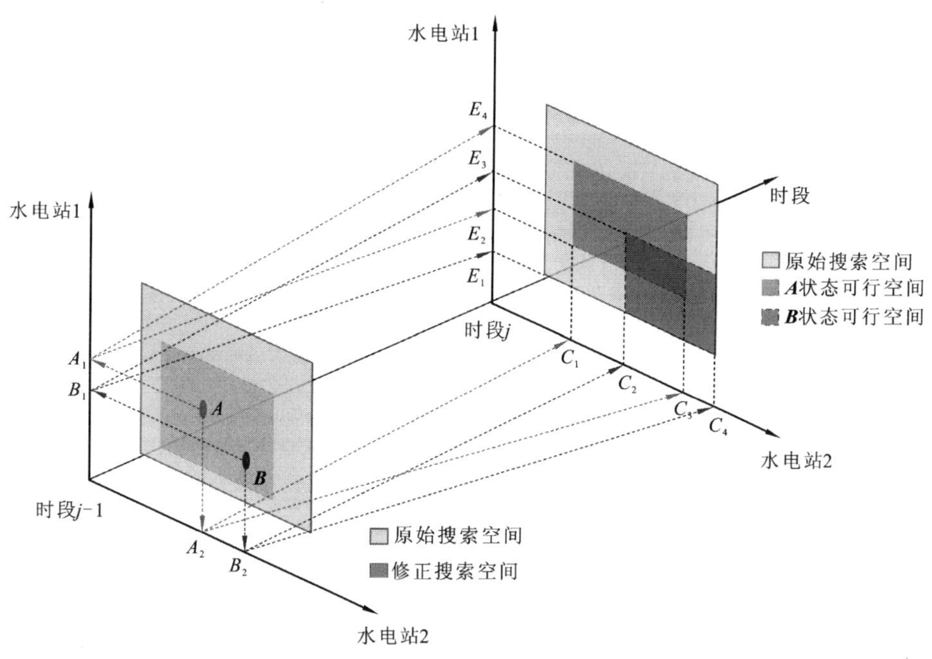

图 3.4　水电站群可行域动态辨识示意图

# 3.3　工 程 应 用

## 3.3.1　工程背景

为验证本章方法的有效性与可行性，选择某流域 A、B、C 3 座水电站组成的梯级系统为应用实例，其中 A 水电站具有年调节性能，在该流域起控制性作用；B、C 水电站的库容较小，分别具有季、日调节性能，各水电站的部分计算参数见表 3.2。另外，由于本章主要集中在中长期水电站群的调度问题，计算步长设置为月，远大于水流时滞（小时、分钟等），故在建模过程中暂未考虑梯级水电站间的滞时流量。采用 Java 语言编制相关计算程序，并在 DELL E6430 个人计算机终端上完成方法性能测试。

**表 3.2　梯级水电站群特征参数**

| 序号 | 水电站 | 调节性能 | 装机容量/MW | 死水位/m | 正常高水位/m | 出力系数 | 最大发电流量/($m^3$/s) |
|---|---|---|---|---|---|---|---|
| 1 | A | 年调节 | 4 900 | 330 | 375 | 8.5 | 4 970 |
| 2 | B | 季调节 | 1 210 | 212 | 223 | 8.5 | 2 600 |
| 3 | C | 日调节 | 456 | 153 | 155 | 8.5 | 2 712 |

### 3.3.2 单一水电站优化调度

选择A水电站单时段可行域辨识实例为研究对象。表3.3列出了相应的约束设定及约束集成数据。为方便用户清晰对比分析，将相应的流量决策空间转化至水位状态空间。可以看出，工作人员在制作调度计划时将水位限定在正常高水位（375 m）与死水位（330 m）之间，显然寻优范围较大；而本章方法能够有机集成多种复杂约束，使得算法只需在区间[350.92,358.31]内搜索，相应测度由原来的45 m锐减至7.39 m，降幅高达83.6%；同时，DP最优水位值处于所得区间内，验证了所提方法的合理性与可行性。

**表3.3 水电站A单时段可行域辨识数据**

| 项目 | 设置约束 | | | | 各类约束集成后的水位值/m | | | | 搜索区间长度/m | | 最优水位/m |
|---|---|---|---|---|---|---|---|---|---|---|---|
| | 发电流量/($m^3$/s) | 出库流量/($m^3$/s) | 出力/MW | 水位/m | 流量 | 出力 | 水位 | 可行域 | 本章方法 | 原始 | |
| 上限 | 4 970 | 2 000 | 1 000 | 375 | 358.31 | 358.64 | 375 | 358.31 | 7.39 | 45 | 358.31 |
| 下限 | 200 | 50 | 190 | 330 | 336.67 | 350.92 | 330 | 350.92 | | | |

将A水电站年调度计划编制作为实施对象，分别选择丰水年、平水年、枯水年及某年实测径流4种情景为来水输入，并将各项约束设定在相同水平以便对比可行空间。图3.5为采用3.2.3小节方法所得修正水位的范围。可以看出：①一般情况下，工作人员在制作调度计划时通常将水位限定在正常高水位与死水位之间，显然优化范围较大；而本章方法能够有机集成复杂约束集合，可根据水电站实际工况科学辨识可行搜索空间，使得方法只需在图3.5中水位修正上、下限所包裹的区域内开展寻优工作，避免无效状态的高额计算消耗，进而改善方法的性能表现。②可行决策空间的形态在不同量级来水条件下各不相同，如丰水年较为饱满，近似为偏肥胖型；平水年有所收敛，恰似瘦长型；枯水年再度缩减，呈现出条状的细窄型；实测径流情形下又转变为前凹后凸型。③水电站在调度期内的决策空间范围与入库径流情景密切相关，如各时段水位变动区间长度在丰水年、平水年与枯水年水平下呈逐级递减趋势，表明算法性能将会在一定程度上受到入库径流的影响。④本章方法所得水位运行区间是合理的，丰水年、平水年汛期径流量较大，水电站在后汛期及后续时段能够保持在正常高水位，以抬高水头，降低水耗；而枯水年水电站在满足其他约束后，无法抬升至正常高水位，只能在较低水位运行。上述分析表明，水电调度问题具有很高的复杂性与多变性，极易受到外部系统输入的干扰，这对算法的快速适应能力提出了很高的要求；而本章方法可以有效辨识可行搜索空间，有利于决策者科学制订特大流域水电站群的调度计划。

将PSO算法[19-21]作为基础方法，将本章方法嵌入PSO算法构成PSO-I算法，并与标准PSO算法进行对比分析。表3.4为两方法在多年平均来水情况下的结果对比，可以看出：①PSO-I算法所得结果全面优于PSO算法，无论是以标准差、极差为代表的结果

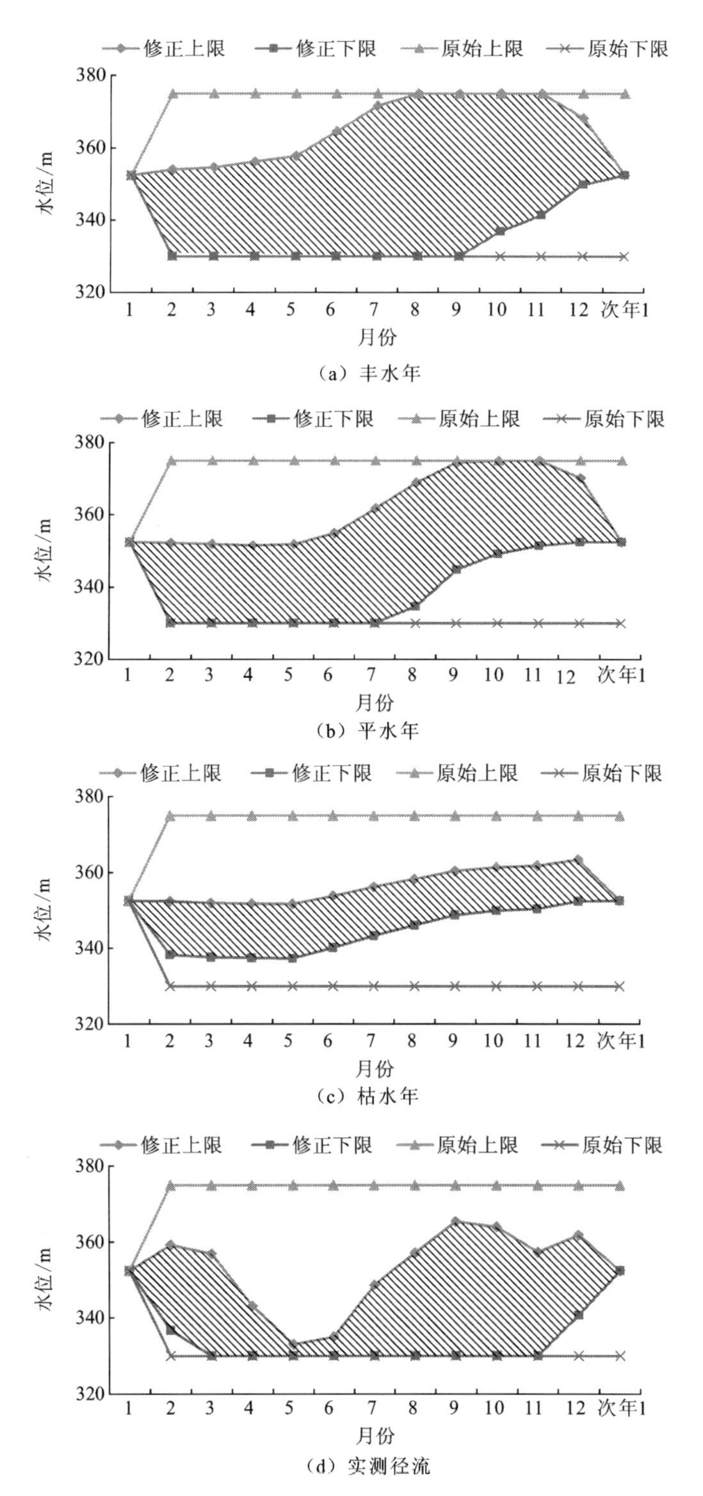


图 3.5　水电站 A 在不同来水条件下的决策空间辨识结果

稳定性，还是最大、平均发电量所对应的寻优性能；②PSO-I 算法的计算耗时较 PSO 算法略有增加，但量级基本相同。原因分析如下：PSO-I 算法预先利用本章方法生成基本满足各类约束的决策空间，虽然在一定程度上增加了耗时，但是使种群在较小的空间内开展群体寻优，增大了各粒子与最优解的贴近程度，明显改善了算法的收敛性；PSO 算法在原始水位范围内寻优，不可行解数目较多，降低了种群质量，不利于算法的迭代搜索，计算结果较差；此外，由于两算法参数一致，适应度函数的调用次数基本相同，耗时相差不大。因此，将本章策略耦合至传统 PSO 算法，协助 PSO 算法在缩小后的可行区域内寻优，能够进一步细化状态变量精度，有效提升算法的寻优质量。

**表 3.4 PSO 算法与 PSO-I 算法计算结果对比**

| 算法 | 发电量/（$10^8$ kW·h） | | | | | 计算耗时/ms |
|---|---|---|---|---|---|---|
| | 最大 | 最小 | 极差 | 平均 | 标准差 | |
| PSO 算法 | 38.13 | 33.25 | 4.88 | 35.62 | 3.55 | 641 |
| PSO-I 算法 | 39.25 | 37.68 | 1.57 | 38.75 | 0.72 | 655 |

### 3.3.3 水电站群优化调度

为验证本章方法在梯级水电站群优化调度中的应用效果，将 DP 作为基础优化方法，并把 DP 与所提方法相耦合的方法称为 DP-I。将某年实测区间径流作为系统输入，并将系统在调度期始、末的水位状态向量均设置为$(352.5,217.5,154.0)^T$；总计算时段数为 2，此时只需优化各水电站在单一时段的变量值。表 3.5 为两方法计算结果的对比，图 3.6 为两方法决策变量的分布示意图。可以看出，两方法能够获得相同的计算结果，但 DP-I 决策变量的数目与计算耗时约占 DP 的 19.9%和 20.5%。主要原因在于两者在构造决策变量集合时存在一定的差异：DP-I 利用本章方法剔除了大量无效组合，使得所选决策变量的分布相对稀疏，显著提升了计算效率；而标准 DP 需要遍历搜索计算时段所有可能的状态组合，使得决策变量在空间中分布密集，计算量与存储量明显高于 DP-I。因此，本章技术可以改善传统方法的性能，在特大流域水电站群优化调度领域具有良好的应用前景。

**表 3.5 DP 与 DP-I 计算结果对比**

| 方法 | 决策变量数目 | 发电量/（$10^8$ kW·h） | 计算耗时/ms |
|---|---|---|---|
| DP | 828 | 18.23 | 78 |
| DP-I | 165 | 18.23 | 16 |

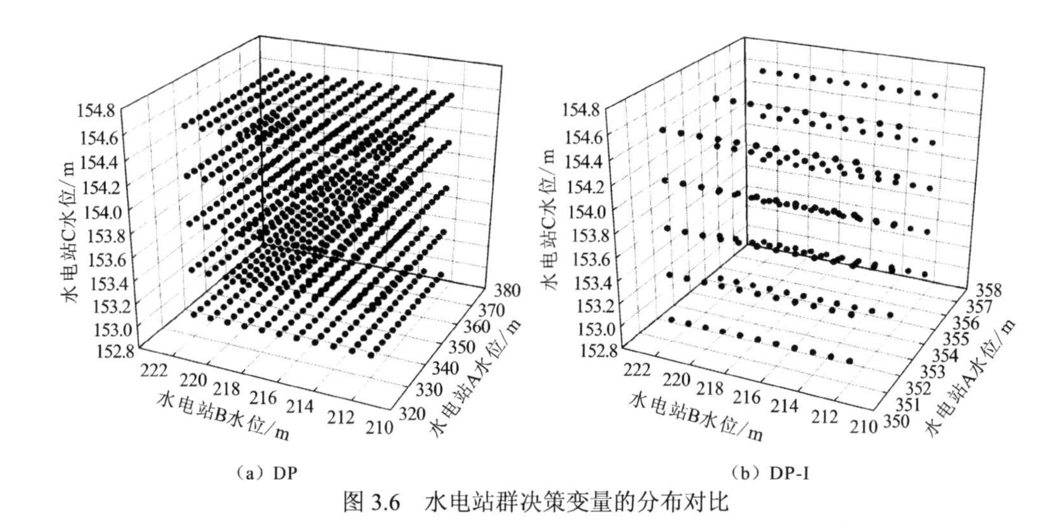


（a）DP　　（b）DP-I

图 3.6　水电站群决策变量的分布对比

## 3.4 本章小结

作为多重功能集于一身的综合性工程设施，水电站需要统筹兼顾水利、电力、环保等部门的利益诉求，导致特大流域水电站群在开展优化调度时通常要处理大量的复杂时空耦合约束条件，加剧了建模求解的难度。为此，从约束问题的可行域着手，利用数学集合运算理论，提出了有机集成人工经验与知识管理的知识规则降维方法。通过理论分析与工程实践获得如下结论。

（1）对水电调度问题而言，可行搜索空间是水位、流量、出力等相关限制运行条件集合的交集，与待优化目标函数的形式、内容等无直接关系。

（2）由于受到径流输入、始末水位、出力限制、水位限制等多种外部因素的综合影响，水电调度问题的决策空间表现形态复杂多变，这就要求算法能够在时变环境下开展快速、科学地优化计算。

（3）本章首先详细阐述了单一水电站在单阶段、两阶段和多阶段的可行域辨识方法，利用知识规则与数学集合运算理论制订合理的约束转换机制，在水电站尺度上有机集成多重复杂约束；然后以此为基础，通过水电站群的有机协调，动态生成满足工程实际需求的水电系统可行搜索空间，在全局尺度上实现可行域的有效压缩。

（4）本章方法能够快速、科学地响应水电调度实际工况，有利于传统方法在可行决策空间内开展搜索，大幅减少在非可行区域内的冗余计算与存储消耗，可以保障水电调度的计算效率与结果质量，有效缓解维数灾问题。

## 参考文献

[1] YEH W W G. Reservoir management and operations models: A state-of-the-art review[J]. Water resources research,1985, 21(12):1797-1818.

[2] 钟德钰，王永强，吴保生，等. 梯级水库群联合航运关键问题研究 I:水陆耦合集散交通系统的概念和框架[J]. 中国科学(技术科学), 2015, 45(10): 1080-1088.
[3] 陈森林. 水电站水库运行与调度[M]. 北京：中国电力出版社, 2008.
[4] SIMONOVIC S P. Reservoir systems analysis: Closing gap between theory and practice[J]. Journal of water resources planning and management, 1992, 118(3): 262-280.
[5] 申建建，程春田，程雄，等. 大型梯级水电站群调度混合非线性优化方法[J]. 中国科学(技术科学), 2014, 44(3): 306-314.
[6] 郭生练，陈炯宏，刘攀，等. 水库群联合优化调度研究进展与展望[J]. 水科学进展，2010, 21(4): 496-503.
[7] LABADIE J W.Optimal operation of multireservoir system:State-of-the-art review[J].Journal of water resources planning and management, 2004, 130(2): 93-111.
[8] 梅亚东，熊莹，陈立华. 梯级水库综合利用调度的动态规划方法研究[J].水力发电学报，2007(2): 1-4.
[9] 王森，程春田，武新宇，等. 梯级水电站群长期发电优化调度多核并行随机动态规划方法[J]. 中国科学(技术科学), 2014, 44(2): 209-218.
[10] 明波，黄强，王义民，等. 梯级水库发电优化调度搜索空间缩减法及其应用[J]. 水力发电学报，2015, 34(10): 51-59.
[11] ZHANG R, ZHOU J Z, OUYANG S, et al. Optimal operation of multi-reservoir system by multi-elite guide particle swarm optimization[J]. International journal of electrical power and energy systems, 2013, 48(6): 58-68.
[12] 祝杰，陈森林，万飚，等. 漳河水库多目标中长期优化调度研究[J]. 中国农村水利水电，2013(9): 60-62, 66.
[13] 白涛，畅建霞，黄强，等. 基于可行搜索空间优化的电力市场下梯级水电站短期调峰运行研究[J]. 水力发电学报, 2012, 31(5): 90-95, 70.
[14] 周建中，李英海，肖舸，等. 基于混合粒子群算法的梯级水电站多目标优化调度[J]. 水利学报，2010, 41(10): 1212-1219.
[15] BARROS M T L, TSAI F T C, YANG S L, et al. Optimization of large-scale hydropower system operations[J]. Journal of water resources planning and management, 2003, 129(3): 178-188.
[16] 张楚汉，王光谦. 我国水安全和水利科技热点与前沿[J]. 中国科学(技术科学), 2015, 45(10): 1007-1012.
[17] 马超. 耦合航运要求的三峡-葛洲坝梯级水电站短期调度快速优化决策[J]. 系统工程理论与实践，2013, 33(5): 1345-1350.
[18] MOUSAVI S J, KARAMOUZ M. Computational improvement for dynamic programming models by diagnosing infeasible storage combinations[J]. Advances in water resources, 2003, 26(8):851-859.
[19] 唐焕文，秦学志. 实用最优化方法[M]. 大连:大连理工大学出版社, 2004.
[20] 冯仲恺，廖胜利，牛文静，等.改进量子粒子群算法在水电站群优化调度中的应用[J]. 水科学进展，2015, 26(3): 413-422.
[21] 冯仲恺,牛文静,程春田,等. 水库群联合优化调度知识规则降维方法[J]. 中国科学(技术科学), 2017, 47(2): 210-220.

# 第4章

# 特大流域水电站群优化调度等蓄能线降维方法

# 4.1 引　言

近年来中国极端干旱气候现象频发，西南五省更是连续数年旱情肆虐，乌江、红水河等流域一度面临断流困境，大型梯级水电站无电可发导致电力缺口持续扩大，迎峰度夏期间尤其艰难，流域发电效益和蓄能储备矛盾愈发突出[1]。因此，为积极应对和适应持续干旱、旱涝反转等极端气候，特大流域水电站群在制订调度方案时需要兼顾当前决策方案和未来潜在风险，合理分配电网现在和未来的水能资源，这对于云南、四川等水电富集电网的安全、优质、高效运行尤为重要[2]。传统建模方法以期末水位控制和梯级总出力控制方式居多，其中发电量最大[3-7]和期末蓄能最大[8-10]等模型往往只追求单一目标最优，很难同时兼顾发电效益和蓄能控制要求，与实际需求不相适应，需要研究切实有效、实用的精细化模型与方法。为此，本章结合澜沧江中下游梯级水电站群及其在云南电网中承担的任务，重点关注蓄能控制条件下的水电调度方法，目的是充分利用和挖掘梯级补偿作用，确保电网供电的连续性、稳定性，并防范极端气候条件下的供电破坏。依托上述工程背景，本章提出了特大流域水电站群优化调度等蓄能线降维方法，该方法首先运用可行域预压缩策略，将水位搜索范围由传统方法的死水位到正常高水位精简至小尺度局部空间；然后构建表征梯级水位状态与蓄能控制指标非线性映射关系的等蓄能线，据此逐时段建立梯级可行状态空间曲面，从而将复杂的约束问题转换为梯级蓄能变动轨迹下的无约束优化问题；最后构建 DP 递归方程以快速获得优质调度方案。应用实例表明，所提方法可以在满足梯级蓄能控制要求的前提下，快速获得梯级水电站群总发电量最大的调度方案，为突破强耦合运行约束综合作用下蓄能控制目标的失效、失真瓶颈提供了有力支撑。

# 4.2 梯级蓄能控制

为防范未来的极端气候，本章所关心的目标是在满足梯级蓄能整体控制要求的前提下实现总发电量最大，即目标函数为式（2.1），此时除需满足 2.2.2 小节所示的水位限制、流量限制、出力限制等相关约束外，还需要确保调度期内各时段的梯级蓄能计算值与设定值相等。

$$\sum_{i=1}^{N} \mathrm{ES}_{i,j} = \mathrm{FG}_j, \quad j = 1,2,\cdots,T \tag{4.1}$$

$$\mathrm{ES}_{i,j} = \{[V_{i,j} + \mathrm{WT}(i)] / \eta_i\} \tag{4.2}$$

$$\mathrm{WT}(i) = \sum_{m_i \in \Omega_i} [V_{m_i,j} + \mathrm{WT}(m_i)] \tag{4.3}$$

式中：$\mathrm{ES}_{i,j}$ 为水电站 $i$ 在时段 $j$ 的计算蓄能值，kW·h；$\mathrm{FG}_j$ 为时段 $j$ 的设定梯级蓄能值，kW·h；$\mathrm{WT}(i)$为水电站 $i$ 所有上游水电站调度期末死水位以上的蓄水量，$\mathrm{m}^3$；$\eta_i$ 为水电

站 $i$ 的平均耗水率，$m^3/(kW·h)$；$V_{m_i,j}$ 为水电站 $i$ 第 $m_i$ 个直接上游水电站在时段 $j$ 的库容，$m^3$。

## 4.3　等蓄能线原理

从优化角度看，梯级蓄能控制要求属于刚性约束条件，常用的求解方法主要有 DP 与惩罚函数法的耦合方法[11-13]和 LR 法[14-16]。DP 需对各水库的状态变量进行离散并构造状态组合，然后采用惩罚函数法处理梯级蓄能控制约束，通过递归寻优获取最优轨迹，但计算过程涉及大量不满足梯级蓄能的无效状态组合，易造成计算资源的浪费与搜索效率的降低。LR 法是对梯级蓄能控制约束进行松弛并构建对偶问题，通过反复更新、迭代松弛因子逐次逼近最优解，但拉格朗日乘子初值的确定十分困难，且在迭代后期易出现震荡现象，影响搜索精度与计算效率；同时，由于对偶间隙的存在，一般难以严格满足梯级蓄能的控制要求。因此，需要通过一定的方法构造满足各时段设定的梯级蓄能的状态组合，以便有效缩减搜索空间，降低计算测度[17-18]，提升求解效率。

为此，本章提出等蓄能线的概念，依蓄能控制指标建立各时段梯级水库可行水位的组合曲面，实现可行域预压缩，然后采用 DP 进行求解。下面首先介绍可行域预压缩策略，然后阐述等蓄能线原理、性质及计算方法，最后给出优化调度方案的求解步骤及总体求解框架。

### 4.3.1　可行域预压缩策略

在处理梯级蓄能控制约束时，常规 DP 要计算大量无效梯级水库水位组合来确定总发电量最大方案。参照 3.2.3 小节的方法，利用水量平衡方程将发电流量与出库流量约束转换为等效水位约束，以初步缩减各水电站在不同时段的水位搜索区间。以水电站 $i$ 时段 $j$ 为例，首先将其出库流量下限 $O_{i,j}^{\min}$ 和发电流量下限 $Q_{i,j}^{\min}$ 中的较大值作为可能的最小出库流量 $\tilde{O}_{i,j}^{\min}$，将其出库流量上限 $O_{i,j}^{\max}$ 作为可能的最大出库流量 $\tilde{O}_{i,j}^{\max}$。然后考虑到梯级水力联系，在获得水电站区间入库流量 $q_{i,j}$ 后，按照直接上游水电站集合 $\Omega_i=\varnothing$ 和 $\Omega_i\neq\varnothing$ 两种情况计算其入库流量：当 $\Omega_i=\varnothing$ 时，入库流量即区间流量；当 $\Omega_i\neq\varnothing$ 时，取其区间流量与所有直接上游水电站的 $\tilde{O}_{i,j}^{\max}$、$\tilde{O}_{i,j}^{\min}$ 之和作为可能的最大、最小入库流量 $\tilde{I}_{i,j}^{\max}$ 与 $\tilde{I}_{i,j}^{\min}$。最后将 $\tilde{I}_{i,j}^{\max}$、$\tilde{O}_{i,j}^{\min}$ 输入水量平衡方程，获得时段末水位，取该值与水位上限 $Z_{i,j}^{\max}$ 中的较小值作为可能的最高水位 $\tilde{Z}_{i,j}^{\max}$；同理，根据 $\tilde{I}_{i,j}^{\min}$、$\tilde{O}_{i,j}^{\max}$ 获得时段末水位，取该值与水位下限 $Z_{i,j}^{\min}$ 中的较大值作为可能的最低水位 $\tilde{Z}_{i,j}^{\min}$，并将 $[\tilde{Z}_{i,j}^{\min},\tilde{Z}_{i,j}^{\max}]$ 作为修正后的可行水位区间。计算公式为

$$
\begin{cases}
\tilde{O}_{i,j}^{\min} = \max\{O_{i,j}^{\min}, Q_{i,j}^{\min}\} \\
\tilde{I}_{i,j}^{\min} = \begin{cases} q_{i,j}, & \Omega_i = \varnothing \\ q_{i,j} + \sum\limits_{m_i \in \Omega_i} \tilde{O}_{m_i,j}^{\min}, & \Omega_i \neq \varnothing \end{cases} \\
\tilde{O}_{i,j}^{\max} = O_{i,j}^{\max} \\
\tilde{I}_{i,j}^{\max} = \begin{cases} q_{i,j}, & \Omega_i = \varnothing \\ q_{i,j} + \sum\limits_{m_i \in \Omega_i} \tilde{O}_{m_i,t}^{\max}, & \Omega_i \neq \varnothing \end{cases}
\end{cases} \tag{4.4}
$$

$$
\tilde{Z}_{i,j}^{\max} = \begin{cases} \min\{Z_{i,j}^{\max}, f_{i,ZV}^{-1}[f_{i,ZV}(Z_i^{\text{beg}}) + 3\,600 \cdot t_j \cdot (\tilde{I}_{i,j}^{\max} - \tilde{O}_{i,j}^{\min})]\}, & j = 1 \\ \min\{Z_{i,j}^{\max}, f_{i,ZV}^{-1}[f_{i,ZV}(\tilde{Z}_{i,j-1}^{\max}) + 3\,600 \cdot t_j \cdot (\tilde{I}_{i,j}^{\max} - \tilde{O}_{i,j}^{\min})]\}, & j > 1 \end{cases} \tag{4.5}
$$

$$
\tilde{Z}_{i,j}^{\min} = \begin{cases} \max\{Z_{i,j}^{\min}, f_{i,ZV}^{-1}[f_{i,ZV}(Z_i^{\text{beg}}) + 3\,600 \cdot t_j \cdot (\tilde{I}_{i,j}^{\min} - \tilde{O}_{i,j}^{\max})]\}, & j = 1 \\ \max\{Z_{i,j}^{\min}, f_{i,ZV}^{-1}[f_{i,ZV}(\tilde{Z}_{i,j-1}^{\min}) + 3\,600 \cdot t_j \cdot (\tilde{I}_{i,j}^{\min} - \tilde{O}_{i,j}^{\max})]\}, & j > 1 \end{cases} \tag{4.6}
$$

式中：$f_{i,ZV}^{-1}$ 为水电站 $i$ 水位-库容曲线的反函数。

以两水电站 A、B 为例，经过上述计算，水位组合搜索空间由原可行域矩形 $ABDC$，转化为新可行域矩形 $abdc$，计算测度由矩形面积 $S_{ABDC}$ 缩减为 $S_{abdc}$，如图 4.1 中阴影区域所示。但在梯级蓄能控制约束下，该可行域内仍存在大量不可行水位组合，需要进一步压缩可行域以提高计算效率。

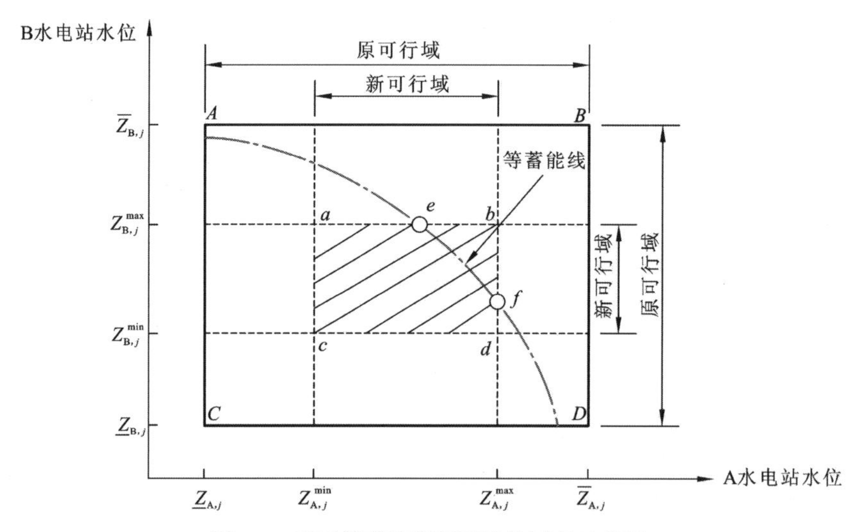

图 4.1　利用等蓄能线预降维的原理示意图

注：$\overline{Z}_{B,j}$ 为 B 水电站的原始水位上限；$Z_{B,j}^{\max}$ 为 B 水电站修正后的水位上限；$Z_{B,j}^{\min}$ 为 B 水电站修正后的水位下限；$\underline{Z}_{B,j}$ 为 B 水电站的原始水位下限；$\underline{Z}_{A,j}$ 为 A 水电站的原始水位下限；$Z_{A,j}^{\min}$ 为 A 水电站修正后的水位下限；$Z_{A,j}^{\max}$ 为 A 水电站修正后的水位上限；$\overline{Z}_{A,j}$ 为 A 水电站的原始水位上限

### 4.3.2　等蓄能线及其降维原理

为进一步缩减可行域，本章提出了等蓄能线的概念。等蓄能线是一种依梯级蓄能控制指标建立的各时段梯级水库可行水位组合曲面（线），表征不同水库水位组合与梯级总蓄能值的关系，是不同水位组合关系下梯级总蓄能值相同的所有点的集合，每一点代表一种满足梯级蓄能控制值 $F$ 的水位组合 $\boldsymbol{Z}=(Z_1,Z_2,\cdots,Z_N)^{\mathrm{T}}$，曲面（线）上的所有点构成满足时段 $j$ 设定蓄能值 $\mathrm{FG}_j$ 的水位状态组合集合 $\boldsymbol{S}_j$ 见式（4.7）。由图 4.1 可知，当离散水电站 A 的水位处于可行区间时，为满足梯级总蓄能控制要求，水电站 B 的水位可直接根据等蓄能线确定，进而获得水电站 A、B 的一种水位组合。等蓄能线与新可行域的交集即满足梯级蓄能控制要求的可行水位组合。此时，可行计算空间为线段 $ef$，计算测度为线段长度 $L_{ef}$。由此可见，利用数学组合思想和等蓄能线能够有效压缩可行域，剔除无效水位组合，将计算测度由平方降至一次方，进而提高运算效率。

$$\boldsymbol{S}_j=\left\{\boldsymbol{Z}_j \mid \sum_{i=1}^{N}\mathrm{ES}_{i,j}(\boldsymbol{Z}_j)=\mathrm{FG}_j\right\} \tag{4.7}$$

式中：$\boldsymbol{Z}_j=(Z_{1,j},Z_{2,j},\cdots,Z_{N,j})^{\mathrm{T}}$ 为 $N$ 个水电站在时段 $j$ 的水位组合。

由上述分析可以看出，等蓄能线可以为梯级整体控制要求下的水库调度提供有效工具。下面将首先介绍等蓄能线的性质，然后给出其应用步骤及计算方法。

从几何上看，2 座水电站的等蓄能线为平面坐标下的等值线；3 座水电站的等蓄能线扩展为三维欧氏空间中的一组曲面，即等蓄能面；$N$ 座水电站时，则为 $N$ 维空间坐标下的超平面。以 3 座水电站为例，图 4.2（a）中的 1、2、3 分别为三个等蓄能面，取其中一个进行投影，得到该等蓄能面下的一系列等蓄能线，如图 4.2（b）中的 $a_0$、$b_0$、$c_0$、$d_0$ 所示。

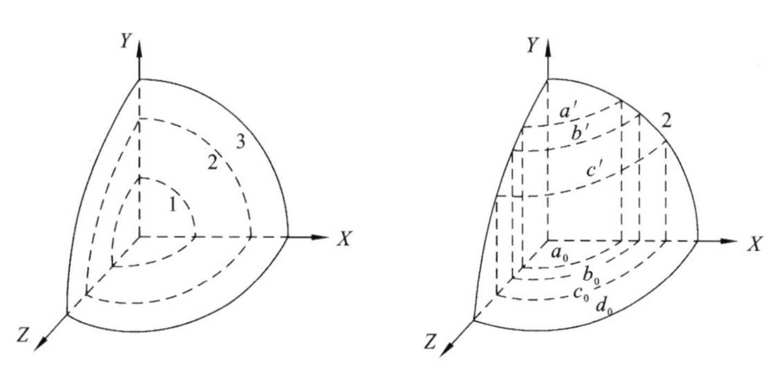


（a）空间系列等蓄能面　　（b）某一等蓄能面的空间投影示意图

图 4.2　3 座水电站的等蓄能面示意图

由等蓄能线的计算方法及空间结构可知，等蓄能线具有如下性质。

（1）等蓄能线上的每一点代表一种水位组合，同一条等蓄能线所有点的蓄能值相等，不同等蓄能线不能相交。

（2）相同水位离散区间长度下，等蓄能线越密集，表示梯级蓄能增幅越大；越稀疏，表示梯级蓄能增幅越小。

以两水电站等蓄能线为例，假定给定的蓄能值为 $c$，等蓄能线的应用步骤如下。

（1）假设已知 A 水电站水位（图 4.3 中点 1），由点 1 沿垂直方向引直线至蓄能值为 $c$ 的等蓄能线，交于点 2，再由点 2 沿水平方向引直线至 B 水电站水位坐标轴，交于点 3，由此得到 A、B 水电站的水位组合。

（2）变动 A 水电站水位，重复步骤（1），可得到 B 水电站水位，由此得到一系列 A、B 水电站在蓄能值为 $c$ 时的水位组合。

（3）采用传统优化调度方法寻优，确定调度期各时段梯级水电站的最优水位组合。

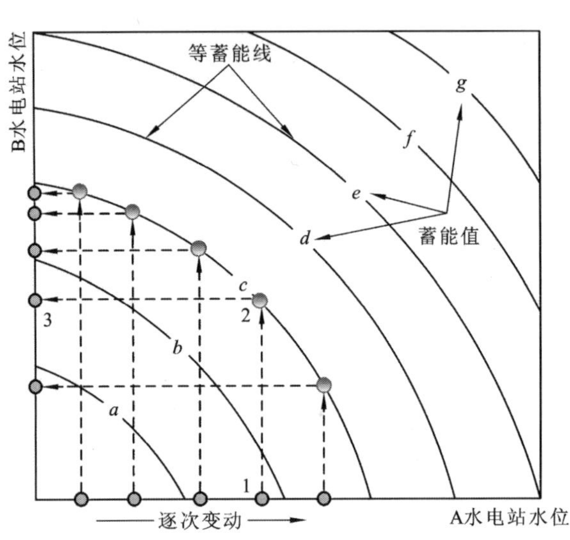

图 4.3　水电站等蓄能线示意图

## 4.3.3　等蓄能线计算

给定梯级蓄能值，结合式（4.2）、式（4.3）和试算法即可确定不同梯级蓄能值对应的水位组合关系，进而得到若干可行水位组合曲线，即等蓄能线，具体计算方法如下。

（1）梯级水电站分组：将梯级水电站自上游至下游划分为两组，将 1～$N$-1 号水电站记为第一组，其余水电站记为第二组，其中 $N$ 为梯级控制型水电站的个数。

（2）组间蓄能粗分：假设给定的蓄能值为 $F$，根据控制计算精度设定蓄能值的变化增量为 $\Delta$，则离散份数 $K = F / \Delta$；依次给定第一组蓄能值，为 $k\Delta\ (k = 0,1,\cdots,K)$，则第二组蓄能值为 $(K-k)\Delta$，根据式（4.2）试算确定第 $N$ 号水电站的水位。

（3）组内蓄能细分：判断 $N \geqslant 3$ 是否成立，若是，则令 $N$=$N$-1，重复步骤（1）进行组内划分，直至各子分组内仅有 1 个梯级控制型水电站，按照步骤（2）将第一组总蓄能值 $k\Delta$ 递归分配至各子分组；否则，直接试算，确定第一组内水电站的水位。

（4）获取水位组合：依次完成所有水电站的水位计算工作后，可得到给定蓄能下的等蓄能线（面），记为蓄能值-水位组合集合，并利用哈希表结构进行存储。

（5）改变梯级蓄能取值，重复步骤（1）～（4），即可获得不同取值下的等蓄能线（面）。

### 4.3.4　调度方案求解

本章方法的求解原理如图 4.4 所示。可以看出，在给定各时段梯级蓄能后，首先利用已有计算成果查找等蓄能线，以获得满足各时段蓄能控制要求的水位组合，然后利用 DP 在水位组合之间寻优，从而在满足蓄能控制运行约束的前提下获得发电量最大的调度方案。总体流程可分为两步[19]，即等蓄能线的预先确定和 DP 的调用求解，具体如下。

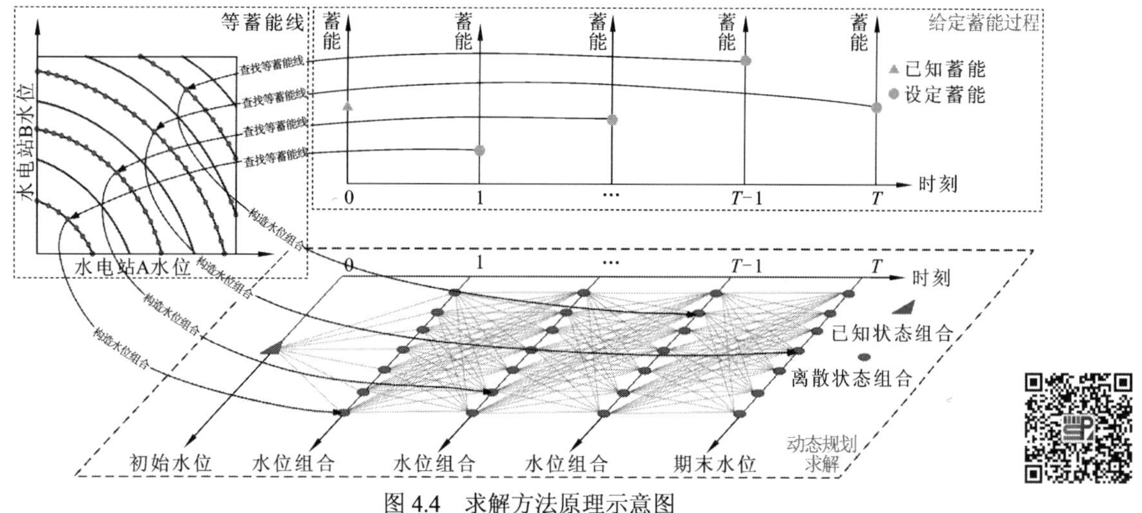


图 4.4　求解方法原理示意图

（1）根据调度需求，利用 4.3.3 小节的方法计算不同梯级蓄能值对应的所有梯级水位组合，同时利用哈希表结构存储相应的蓄能值-水位组合集合。

（2）设定计算步长、时段、梯级蓄能值，以及各水电站水位、出力等约束。

（3）根据各水电站的水位、流量等运行约束，利用 4.3.1 小节的方法确定不同时段下各水电站的水位运行区间，即 $\forall i, j, Z_{i,j} \in [Z_{i,j}^{\min}, Z_{i,j}^{\max}]$，实现搜索空间的预压缩。

（4）根据系统在不同时段的梯级蓄能控制值，分别查找步骤（1）所得到的哈希表，以确定相应的水位组合集合 $\boldsymbol{S}_j$，$j$=1,2,…,$T$，进而剔除各时段 $\boldsymbol{S}_j$ 中的不可行水位组合，以获得可行水位组合集合 $\boldsymbol{S}_j^1$。

（5）利用 DP 状态转移方程顺向递推，在各时段可行水位组合集合 $\boldsymbol{S}_j^1$ 中进行搜索，从中选取梯级水电站群总发电量最大的优化调度方案：

$$\begin{cases} F_j^*(\boldsymbol{Z}_j)=\max\limits_{\boldsymbol{Z}_{j-1}\in \boldsymbol{S}_{j-1}^1}\{f_j(\boldsymbol{Z}_{j-1},\boldsymbol{Z}_j)+F_{j-1}^*(\boldsymbol{Z}_{j-1})\}, \quad \boldsymbol{Z}_j\in \boldsymbol{S}_j^1 \\ F_j^*(\boldsymbol{Z}_0)=0 \end{cases} \tag{4.8}$$

式中：$F_j^*(\boldsymbol{Z}_j)$ 为时段 $j$ 至调度期初的最优目标函数；$f_j(\boldsymbol{Z}_{j-1},\boldsymbol{Z}_j)$ 为时段 $j$ 系统始、末状态组合分别为 $\boldsymbol{Z}_{j-1}$ 、$\boldsymbol{Z}_j$ 时的目标值；$\boldsymbol{Z}_0$ 为系统在调度期初的状态组合，$\boldsymbol{Z}_0=(Z_1^{\text{beg}},Z_2^{\text{beg}},\cdots,Z_N^{\text{beg}})^{\text{T}}$ 。

（6）根据 DP 计算数据进行逆向求解，获得各时段的最优水位组合及最大发电量。

# 4.4 工程应用

## 4.4.1 工程背景

澜沧江流域是中国 13 大水电基地之一，其在云南境内的干流整体规划“3 库 15 级”水电站。本章以澜沧江中下游小湾水电站、漫湾水电站、大朝山水电站、糯扎渡水电站和景洪水电站 5 座水电站的长期优化调度为计算实例对所提方法进行验证，各水电站的基础资料见表 4.1，可以看出，小湾水电站和糯扎渡水电站为多年调节水电站，调节库容远大于其他水电站，属于梯级控制型水电站。本章使用 Java 语言编程实现，测试机器为 DELL Latitude E6430-104T，CPU 类型为 Intel® Core™ i5-3210M 2.50GHz，内存容量为 4 GB。

**表 4.1 梯级水电站群基础资料汇总表**

| 序号 | 水电站名称 | 总库容/($10^8$ m$^3$) | 调节库容/($10^8$ m$^3$) | 装机容量/MW | 死水位/m | 正常高水位/m | 调节性能 |
|---|---|---|---|---|---|---|---|
| 1 | 小湾水电站 | 149.14 | 99.00 | 4 200 | 1 166.00 | 1 240.00 | 多年 |
| 2 | 漫湾水电站 | 10.60 | 2.60 | 1 550 | 982.00 | 994.00 | 不完全季 |
| 3 | 大朝山水电站 | 9.40 | 3.70 | 1 350 | 882.00 | 899.00 | 年 |
| 4 | 糯扎渡水电站 | 237.03 | 113.30 | 5 850 | 765.00 | 812.00 | 多年 |
| 5 | 景洪水电站 | 11.39 | 3.10 | 1 750 | 591.00 | 602.00 | 季 |

## 4.4.2 实例分析 1

为验证方法的有效性，选择小湾水电站和糯扎渡水电站参与联合优化调度，其他水电站在优化过程中定水位计算。首先根据梯级蓄能计算式（4.2）、式（4.3），利用 4.3.3 小节所述方法获得等蓄能线，参数设置如下：控制型水电站 $N$=2，蓄能变化增量 $\Delta$=0.01，单位为 $10^8$ kW·h。计算结果如图 4.5 所示，其中图 4.5（a）为伪色彩图，形象地展现出梯级等蓄能线随着水库水位的抬高而逐渐密集的分布规律；图 4.5（b）为平面分布图，清晰地展现出梯级蓄能与水库水位的变化过程，可以作为指导水库调度的有效工具。

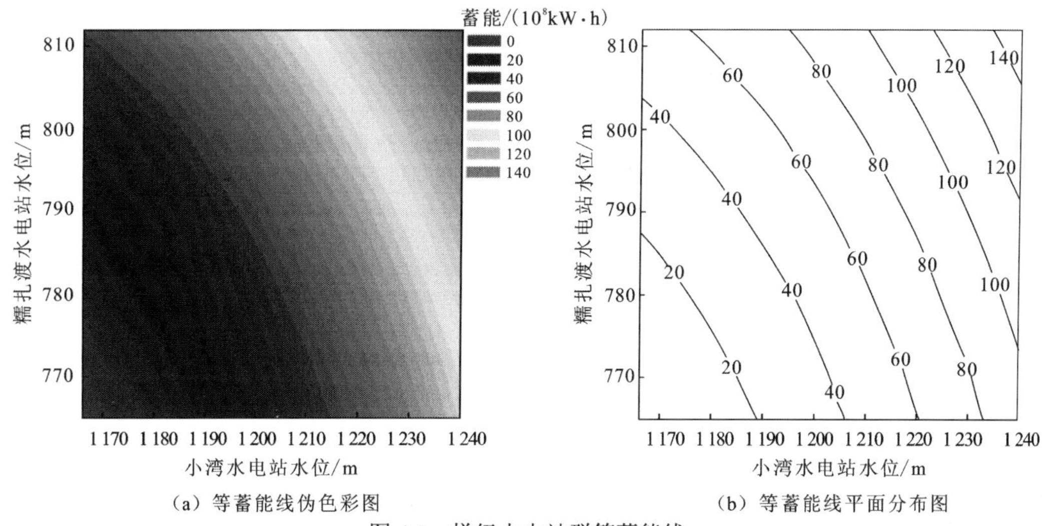


（a）等蓄能线伪色彩图　（b）等蓄能线平面分布图

图 4.5　梯级水电站群等蓄能线

采用澜沧江流域 1953～2010 年的历史径流资料统计获得水电站入库径流组合，分别选取丰水年（频率为 25%）、平水年（频率为 50%）和枯水年（频率为 75%）的区间径流开展水库群长期优化调度。各水平年设定的梯级蓄能过程见图 4.6，计算的梯级总出力过程对比见图 4.7。分别采用本章方法和 LR 法确定梯级水电站群发电量最大的调度方案，计算结果详见表 4.2，其中 ΔES 表示调度期内计算蓄能与设定蓄能差值百分比的最大值。可以看出，本章方法利用等蓄能线可以获得优于 LR 法的优化调度方案。①从发电量上看，本章方法的总电量略多于对比方法，与 LR 法相比，丰、平、枯三种水平年下分别增发了 $4.90\times10^8$ kW·h、$1.75\times10^8$ kW·h、$5.40\times10^8$ kW·h；②从计算蓄能与设定蓄能差值看，本章方法可以严格实现梯级蓄能控制目标，LR 法则由于对偶间隙影响分别存在 2.5%、5.0%、7.8%的相对差值；③从计算效率看，三种水平年下本章方法的计算耗时分别为 3.0 s、2.8 s、2.5 s，均明显低于对比方法，相对于 LR 法计算效率分别提高 10.4 倍、10.5 倍、10.7 倍。主要原因分析如下：①本章方法首先利用可行域预压缩策略大幅缩减搜索空间，然后采用等蓄能线获得切实满足各时段蓄能控制刚性要求的状态组合，最后引入 DP 从所选状态组合中优选调度方案。通过上述方法与策略的耦合嵌套，能够保证在可行空间内开展高效搜索，在保障解的可行性的前提下增大发电量指标，实现求解效率和计算结果的同步优化。②对于 LR 法，一方面其初始轨迹、乘子初值等初始条件的确定较为困难，另一方面 LR 法的乘子更新策略、更新系数相对复杂，易在迭代后期出现震荡现象，上述两方面原因不可避免地影响搜索精度与计算效率，引起较大的对偶间隙，使得各时段蓄能计算值与设定值之间存在较大的差值。综上可知，本章所提方法与策略具有良好的合理性和适用性。

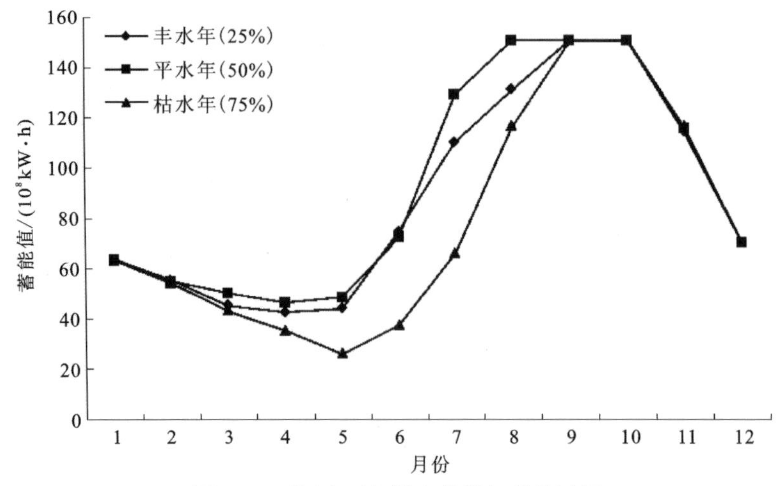


图 4.6　不同水平年设定的梯级蓄能过程

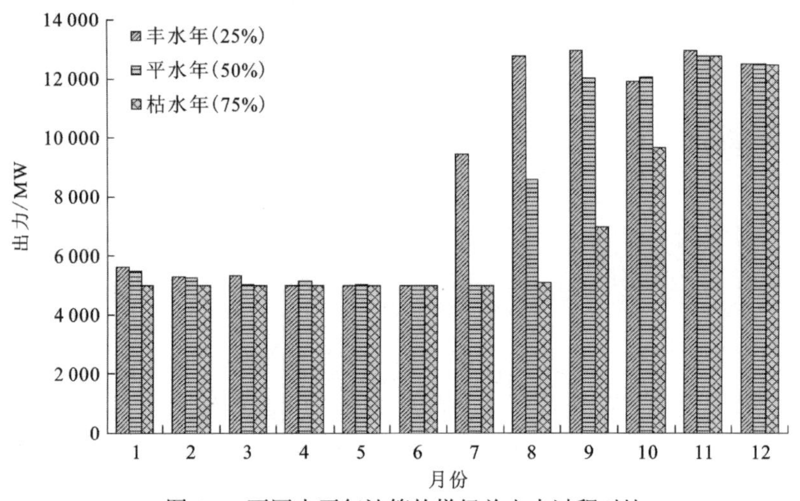


图 4.7　不同水平年计算的梯级总出力过程对比

**表 4.2　梯级水电站群典型年计算结果对比**

| 工况 | 计算方法 | 发电量/($10^8$kW·h) | | | | | | ΔES/% | 计算耗时/s |
|---|---|---|---|---|---|---|---|---|---|
| | | 小湾水电站 | 漫湾水电站 | 大朝山水电站 | 糯扎渡水电站 | 景洪水电站 | 合计 | | |
| 丰水年(25%) | 本章方法 | 200.21 | 94.69 | 87.40 | 300.46 | 77.79 | 760.55 | 0 | 3.0 |
| | LR 法 | 196.47 | 94.59 | 87.21 | 300.40 | 76.98 | 755.65 | 2.5 | 34.2 |
| 平水年(50%) | 本章方法 | 193.62 | 86.03 | 79.80 | 258.98 | 68.36 | 686.79 | 0 | 2.8 |
| | LR 法 | 192.64 | 85.98 | 79.64 | 258.27 | 68.51 | 685.04 | 5.0 | 32.3 |
| 枯水年(75%) | 本章方法 | 169.04 | 76.89 | 71.78 | 222.23 | 60.19 | 600.13 | 0 | 2.5 |
| | LR 法 | 165.62 | 76.86 | 71.56 | 220.71 | 59.98 | 594.73 | 7.8 | 29.2 |

进一步以多年平均入库流量为例计算各水电站调度期内的水位和出力过程，结果如图 4.8 所示。可以看出，多年调节水电站（小湾水电站和糯扎渡水电站）均表现为，汛期充分蓄水以抬高水位，枯期进行补偿以满足系统最小出力需求。但是由于所处梯级位置不同，其水位和出力过程又有所区别：小湾水电站作为龙头水电站，汛前腾库，将水位逐步放至最低，进入汛期则随着来水的增加逐步抬高至最高水位，枯期则充分发挥梯级补偿调节作用；而糯扎渡水电站汛期基本持续平稳蓄水，枯期始终维持在较高水头运行以降低梯级耗水，增加梯级发电量的同时保证梯级设定蓄能的控制。对于调节性能较差、库容较小的水电站（漫湾水电站、大朝山水电站、景洪水电站），则根据上游来水安排自身的发电过程。

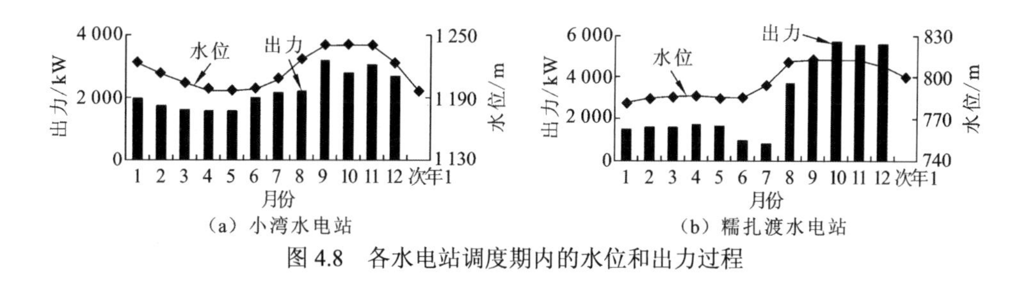

（a）小湾水电站　（b）糯扎渡水电站

图 4.8　各水电站调度期内的水位和出力过程

### 4.4.3　实例分析 2

为进一步验证本章方法的高效性，选择调节库容排名前三的小湾水电站、大朝山水电站与糯扎渡水电站参与计算，同时固定调节库容较小的漫湾水电站与景洪水电站 2 座水电站。为了直观展示等蓄能线的分布规律，分别设定梯级蓄能值为 $2.0\times10^9$ kW·h、$4.0\times10^9$ kW·h、$6.0\times10^9$ kW·h、$1.0\times10^{10}$ kW·h、$1.3\times10^{10}$ kW·h、$1.8\times10^{10}$ kW·h，采用 2.2 节的方法计算各蓄能值所对应的梯级水位组合并在三维空间中点绘出来，便可得到如图 4.9 所示的等蓄能面。可以看出：①不同的梯级水位组合可以具有相同的蓄能值 $F$，呈现出与水文模型类似的异参同效特性，且所有具有同一蓄能值的水位组合可以在三维空间上形成具有一定曲率的平面，即等蓄能面。②随着梯级蓄能取值 $F$ 的增大，各水电站逐步由较低水位抬升至较高水位。例如，当 $F$=20 时，3 座水电站均在较低水位徘徊；当 $F$=180 时，各水电站不断逼近正常高水位。③随着梯级蓄能的增大，等蓄能面所占范围会呈现先增大后减小的趋势，这是因为蓄能在双侧极限取值时，单一水电站的可行水位区间大幅缩减，进而使得梯级水位组合数目锐减，导致等蓄能面范围减小。例如，等蓄能面 $F$=100 在空间中所占的范围明显超过等蓄能面 $F$=20 与 $F$=180。

将某年实测来水作为输入径流，选择小湾水电站、大朝山水电站与糯扎渡水电站 3 座水电站参与优化调度，其他水电站在优化过程中定水位计算，并将如图 4.9 所示的等蓄能面作为本章方法的输入信息，两种方法的详细计算结果见表 4.3。可以看出：①从计算结果上看，本章方法比 LR 法增发约 1.86%的电量，这表明所提方法能够充分利用水电站调节性能的差异，合理控制梯级水电站的水位，进而实现系统效益的增加；②从运

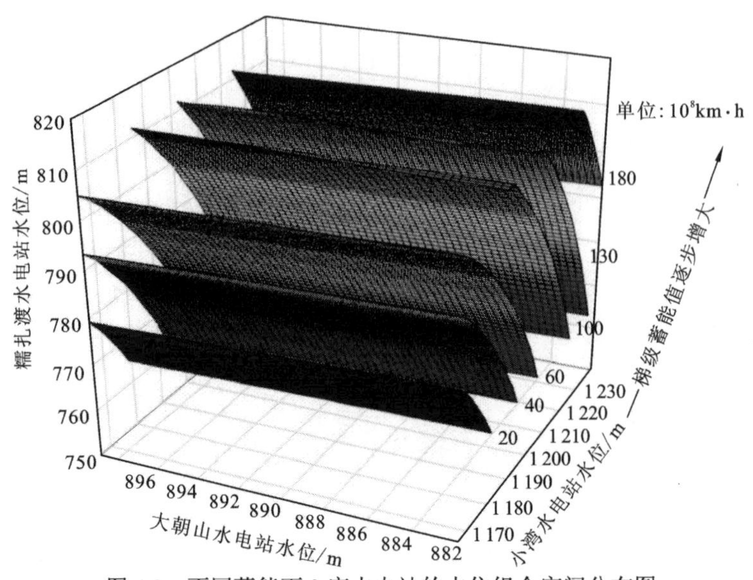

图 4.9　不同蓄能下 3 座水电站的水位组合空间分布图

行时间上看，LR 法耗时约为本章方法的 14.5 倍，这说明所提方法可以实现寻优空间的大幅缩减，有效提升搜索效率；③从控制精度上看，LR 法各时段均存在较大偏差，调度期平均偏差达到 6.55%，且最大偏差超过了 10%，而本章方法利用预先构造的等蓄能面确定梯级水位组合，规避无效状态组合的冗余计算，能够实现蓄能的精准控制。因此，本章方法在保障计算效率的同时，可以有效兼顾蓄能控制目标与梯级发电效益。

**表 4.3　某年实测来水条件下的计算结果对比**

| 计算方法 | 发电量/($10^8$ kW·h) | | | | | | ΔES /% | 计算耗时/s |
|---|---|---|---|---|---|---|---|---|
| | 小湾水电站 | 漫湾水电站 | 大朝山水电站 | 糯扎渡水电站 | 景洪水电站 | 合计 | | |
| 本章方法 | 138.75 | 54.49 | 49.40 | 194.56 | 62.47 | 499.67 | 0 | 5.1 |
| LR 法 | 137.79 | 54.37 | 48.08 | 188.06 | 62.26 | 490.56 | 10.33 | 73.8 |

## 4.5　本章小结

为适应持续干旱、旱涝反转等极端气候，本章首先将梯级蓄能控制指标纳入调度模型，保障调度方案兼顾梯级发电效益和蓄能储备；然后提出特大流域水电站群优化调度等蓄能线降维方法。等蓄能线根据蓄能控制指标建立了梯级水电站可行水位组合曲面（线），可以高效压缩蓄能控制约束下的可行搜索空间，进而将原问题转化为不同梯级蓄能轨迹下的约束优化问题，便于采用 DP 实现高效求解。工程应用结果表明：通过精细化控制梯级蓄能，所提方法能够在提高发电效益的同时降低供电破坏风险，且计算效率明显优于传统方法，为变化环境下特大流域水电站群的调度运行提供了有力支撑。

# 参考文献

[1] 程春田, 励刚, 程雄, 等. 大规模特高压直流水电消纳问题及应用实践[J]. 中国电机工程学报, 2015, 35(3): 549-560.

[2] 雷江群, 黄强, 王义民, 等. 基于可变模糊评价法的渭河流域综合干旱分区研究[J]. 水利学报, 2014, 45(5): 574-584.

[3] ZHANG R, ZHOU J Z, ZHANG H F, et al. Optimal operation of large-scale cascaded hydropower systems in the upper reaches of the Yangtze River, China[J]. Journal of water resources planning and management, 2014, 140(4): 480-495.

[4] 梅亚东. 梯级水库优化调度的有后效性动态规划模型及应用[J]. 水科学进展, 2000, 11(2): 194-198.

[5] 吴成国, 王义民, 黄强, 等. 基于加速遗传算法的梯级水电站联合优化调度研究[J]. 水力发电学报, 2011, 30(6): 171-177.

[6] 冯仲恺, 廖胜利, 牛文静, 等. 梯级水电站群中长期优化调度的正交离散微分动态规划方法[J]. 中国电机工程学报, 2015, 35(18): 4635-4644.

[7] CARPENTIER P L, GENDREAU M, BASTIN F. Long-term management of a hydroelectric multireservoir system under uncertainty using the progressive hedging algorithm[J]. Water resources research, 2013, 49(5): 2812-2827.

[8] 曾勇红, 姜铁兵, 张勇传. 三峡梯级水电站蓄能最大长期优化调度模型及分解算法[J]. 电网技术, 2004, 28(10): 5-8.

[9] BARROS M T L, TSAI F T C, YANG S L, et al. Optimization of large-scale hydropower system operations[J]. Journal of water resources planning and management, 2003, 129(3): 178-188.

[10] 郭壮志, 吴杰康, 孔繁镍, 等. 梯级水电站水库蓄能利用最大化的长期优化调度[J]. 中国电机工程学报, 2010, 30(1): 20-26.

[11] YEH W W G. Reservoir management and operations models: A state-of-the-art review[J]. Water resources research, 1985, 21(12): 1797-1818.

[12] LABADIE J W. Optimal operation of multireservoir systems: State-of-the-art review[J]. Journal of water resources planning and management, 2004, 130(2): 93-111.

[13] 陈森林. 水电站水库运行与调度[M]. 北京: 中国电力出版社, 2008.

[14] SALAM M S, NOR K M, HAMDAM A R. Hydrothermal scheduling based Lagrangian relaxation approach to hydrothermal coordination[J]. IEEE transactions on power systems, 1998, 13(1): 226-235.

[15] FINARDI E C, SCUZZIATO M R. A comparative analysis of different dual problems in the Lagrangian relaxation context for solving the hydro unit commitment problem[J]. Electric power systems research, 2014(107): 221-229.

[16] 邵成成, 王锡凡, 王秀丽. 发电成本最小化的电动汽车分布式充放电控制[J]. 电力自动化设备, 2014, 34(11): 22-26, 40.

[17] JARRY-BOLDUC D, COTE E. Hydro energy generation and instrumentation & measurement:

Hydropower plant efficiency testing[J]. IEEE instrumentation and measurement magazine, 2014, 17(2): 10-14.

[18] NEAGOE A, POPA R. Genetic algorithm calibration of the transient flow model for the water supply system of a hydropower plant[J]. UPB scientific bulletin, series a, 2013, 75(2): 107-120.

[19] 牛文静, 武新宇, 冯仲恺, 等. 梯级水电站群蓄能控制优化调度方法[J]. 中国电机工程学报, 2017, 37(11): 3139-3147, 3369.

# 第5章

# 特大流域水电站群优化调度混合非线性降维方法

## 5.1 引　言

伴随着经济的快速发展和生活水平的提升，世界各地对能源的需求日益旺盛。然而，部分地区常因电力容量不足等无法实时满足负荷需求，易引发重大安全事故，严重影响国民经济的健康有序发展[1-3]。针对此问题，可以通过新增电力装机容量或提升运营管理水平等方式进行处理，但前者通常涉及范围较广、规划周期长、建设资金大等问题，不可避免地受到一定的限制；后者充分挖掘电力系统现有电源运行效率，具有良好的可操作性和实用性，在实际工程中广受关注。相比于化石能源，水电具有机动灵活、低污染排放等优势，通常成为响应电网负荷需求、降低电力赤字的排头兵。然而，梯级水电站间复杂的水力与电力联系并存，面临水位、流量、出力等多种复杂时空约束[4-7]，形成了典型的多阶段多约束非线性最优控制问题，亟待构建适用的特大流域水电站群优化调度方法，切实保障水能资源的利用效率和电力系统的安全稳定运行。作为最早被系统研究的优化方法之一，NLP 具有计算复杂度低、求解方法众多等优势，但因水电站固有的复杂特征，通常很难直接采用 NLP 求解调度模型，甚至无法获得可行解。针对大规模非线性优化问题，大多需要动态调整模型特征来满足方法的使用要求，然后采用变尺度优化策略逐步逼近原问题。为此，本章利用约束集成、解耦和松弛等方式将复杂非线性水电调度问题简化成若干相对简单的标准 QP 子问题进行逐级优化，以便充分利用现有方法快速收敛至满意的调度方案。相比于常规方法，所提方法无须对水位-库容曲线做线性化处理，有效规避近似误差；而且，构造的子问题可以直接调用无维数灾困扰的非线性优化方法进行求解，能够快速收敛至局部或全局最优解，切实保障模型的解算精度，进而增强工程的应用效益。

## 5.2 标准 QP 模型

作为一种特殊的 NLP 问题，QP 的目标函数为决策变量的二次函数，等式约束或不等式约束均为决策变量的线性函数。QP 相对简单、易于求解、应用广泛，而且现实世界中许多复杂非线性优化问题可以转化为若干 QP 子问题进行近似求解，因而得到国内外学者的广泛关注，在 MATLAB 等商业软件集成了多种高效方法进行解算，有效促进了在实际工程中的应用[8-10]。QP 的标准形式如下：

$$\min F = \frac{1}{2}\boldsymbol{X}^{\mathrm{T}}\boldsymbol{H}\boldsymbol{X} + \boldsymbol{C}^{\mathrm{T}}\boldsymbol{X} \tag{5.1}$$

$$\text{s.t.}\begin{cases}\boldsymbol{A}\boldsymbol{X} \leqslant \boldsymbol{b} \\ \mathbf{Aeq}\cdot\boldsymbol{X} = \mathbf{beq} \\ \underline{\boldsymbol{X}} \leqslant \boldsymbol{X} \leqslant \bar{\boldsymbol{X}}\end{cases} \tag{5.2}$$

式中：$F$ 为目标函数；$\boldsymbol{X}$ 为 $n$ 维变量；$\bar{\boldsymbol{X}}$、$\underline{\boldsymbol{X}}$ 分别为决策变量上、下限；$\boldsymbol{H}$ 为 $n$ 阶对称方阵，表示目标函数中的二次项；$\boldsymbol{C}$ 为 $n$ 维列向量，表示目标函数中的一次项；$\boldsymbol{A}$ 为 $m\times n$ 矩阵；$\boldsymbol{b}$ 为 $m$ 维列向量，$m$ 为不等式约束数目；**Aeq** 为 $l\times n$ 矩阵；**beq** 为 $l$ 维列向量，$l$ 为等式约束数目。

## 5.3　固定水头下的非线性优化模型

通过分析目标函数与约束集合可知，水电调度为复杂的多变量非线性约束优化问题，目前尚无通用方法和软件直接进行求解，大多需要做特定的处理。为此，本章选择水电站的发电流量和弃水流量为优化变量，通过多变量集成转换等方式将目标函数和相关复杂约束转换为决策变量的二次与线性函数，进而构造电力短缺目标下定水头水电调度 QP 模型，以便采用现有非线性优化方法推求可行调度方案。

### 5.3.1　目标函数解析

本章旨在合理安排各水电站的发电流量和弃水流量，寻求满足相关物理约束集合的最佳调度过程，以便尽可能缓解电力短缺问题，目标函数的计算公式为

$$\min F=\frac{1}{2}\sum_{j=1}^{T}\left(D_j-\sum_{i=1}^{N}P_{i,j}\right)^2 \tag{5.3}$$

式中：$D_j$为系统在时段 $j$ 的负荷值；$T$为时段数目；$j$为时段序号，$j=1,2,\cdots,T$；$N$为水电站数目；$i$为水电站序号，$i=1,2,\cdots,N$；$P_{i,j}$为水电站 $i$ 在时段 $j$ 的出力。

在实际工作中，若水电站 $i$ 的调节库容较大、区间来水较小，或者水头变化远小于水头本身，发电水头可视为固定值，此时出力系数与发电水头的乘积变为常系数 $c_{i,j}=A_i\cdot H_{i,j}$，出力 $P_{i,j}$ 可视为发电流量 $Q_{i,j}$ 的线性函数，即

$$P_{i,j}=c_{i,j}\cdot Q_{i,j} \tag{5.4}$$

将式（5.4）代入式（5.3）后，可将目标函数展开为

$$\begin{aligned}F&=\frac{1}{2}\sum_{j=1}^{T}\left[D_j-\sum_{i=1}^{N}(c_{i,j}\cdot Q_{i,j})\right]^2=\frac{1}{2}\sum_{j=1}^{T}\left\{\left[\sum_{i=1}^{N}(c_{i,j}\cdot Q_{i,j})\right]^2-2\cdot D_j\cdot\sum_{i=1}^{N}(c_{i,j}\cdot Q_{i,j})+D_j^2\right\}\\&=\underbrace{\frac{1}{2}\sum_{j=1}^{T}\left[\sum_{i=1}^{N}c_{i,j}^2\cdot Q_{i,j}^2+2\sum_{i=1}^{N}\sum_{k=i+1}^{N}(c_{i,j}\cdot c_{k,j}\cdot Q_{i,j}\cdot Q_{k,j})\right]}_{\text{Item1}}-\underbrace{\sum_{j=1}^{T}\sum_{i=1}^{N}(c_{i,j}\cdot D_j\cdot Q_{i,j})}_{\text{Item2}}+\underbrace{\frac{1}{2}\sum_{j=1}^{T}D_j^2}_{\text{Item3}}\end{aligned} \tag{5.5}$$

式中：Item1 和 Item2 分别为发电流量的二次函数和线性函数；Item3 为常数项，只与给定的负荷过程有关，在求解过程中可不考虑。

### 5.3.2 水位约束解析

在实际中，水库下泄流量通常不能立刻达到下游，而是需要一定的传播时间，即存在水流时滞。在中长期调度中，通常以月、旬等为计算步长，水流时滞较小，可忽略不计；在短期调度中，该时间与计算步长的量级相当，需要在入库流量方程中加以考虑。为此，将式（2.7）改写为如下形式：

$$I_{i,j}=q_{i,j}+\sum_{m_i\in\Omega_i}(Q_{m_i,j-\tau_{m_i}}+s_{m_i,j-\tau_{m_i}}) \tag{5.6}$$

式中：$\tau_{m_i}$ 为水电站 $i$ 与其第 $m$ 个直接上游水电站的流量传播时段数；$Q_{m_i,j-\tau_{m_i}}$、$s_{m_i,j-\tau_{m_i}}$ 分别为水电站 $i$ 的第 $m$ 个直接上游水电站在时段 $j-\tau_{m_i}$ 的发电流量、弃水流量，$m^3/s$。特别地，若 $\forall i,m,\tau_{m_i}=0$，即不考虑所有水电站的水流时滞，式（5.6）等效于式（2.7）。

为叙述方便，令 $\tilde{t}_j=3\,600\cdot t_j$，表示时段 $j$ 的总秒数，并将式（5.6）和式（2.8）代入式（2.6），可以得到如下形式的水量平衡方程：

$$V_{i,j}=V_{i,j-1}+[q_{i,j}+\sum_{m_i\in\Omega_i}(Q_{m_i,j-\tau_{m_i}}+s_{m_i,j-\tau_{m_i}})-(Q_{i,j}+s_{i,j})]\cdot\tilde{t}_j \tag{5.7}$$

根据水电站$i$的水位-库容曲线 $f_{i,ZV}$，可将水电站 $i$ 的初始水位 $Z_i^{\text{beg}}$、期末水位 $Z_i^{\text{end}}$，以及在时段 $j$ 的水位上限 $Z_{i,j}^{\max}$、水位下限 $Z_{i,j}^{\min}$ 分别转换为对应的库容，令 $V_i^{\text{beg}}=f_{i,ZV}(Z_i^{\text{beg}})$，$V_i^{\text{end}}=f_{i,ZV}(Z_i^{\text{end}})$，$V_{i,j}^{\max}=f_{i,ZV}(Z_{i,j}^{\max})$，$V_{i,j}^{\min}=f_{i,ZV}(Z_{i,j}^{\min})$。基于此，通过逐时段递归调用式（5.7），水电站 $i$ 在时段 $j$ 的库容 $V_{i,j}$ 的计算公式变为

$$V_{i,j}=V_i^{\text{beg}}+\sum_{k=1}^{j}(q_{i,k}\cdot\tilde{t}_k)+\sum_{k=1}^{j}\sum_{m_i\in\Omega_i}[(Q_{m_i,k-\tau_{m_i}}+s_{m_i,k-\tau_{m_i}})\cdot\tilde{t}_k]-\sum_{k=1}^{j}[(Q_{i,k}+s_{i,k})\cdot\tilde{t}_k] \tag{5.8}$$

由式（2.12）所示的末水位约束，水电站 $i$ 在时段$T$的库容 $V_{i,T}$ 需要等于设定的期末库容 $V_i^{\text{end}}$，即

$$V_i^{\text{end}}=V_i^{\text{beg}}+\sum_{k=1}^{T}(q_{i,k}\cdot\tilde{t}_k)+\sum_{k=1}^{T}\sum_{m_i\in\Omega_i}[(Q_{m_i,k-\tau_{m_i}}+s_{m_i,k-\tau_{m_i}})\cdot\tilde{t}_k]-\sum_{k=1}^{T}[(Q_{i,k}+s_{i,k})\cdot\tilde{t}_k] \tag{5.9}$$

进一步，将式（5.8）代入式（2.9）所示的水位约束，可得

$$\begin{cases}V_i^{\text{beg}}+\sum_{k=1}^{j}(q_{i,k}\cdot\tilde{t}_k)+\sum_{k=1}^{j}\sum_{m_i\in\Omega_i}[(Q_{m_i,k-\tau_{m_i}}+s_{m_i,k-\tau_{m_i}})\cdot\tilde{t}_k]-\sum_{k=1}^{j}[(Q_{i,k}+s_{i,k})\cdot\tilde{t}_k]\leqslant V_{i,j}^{\max}\\ -\left\{V_i^{\text{beg}}+\sum_{k=1}^{j}(q_{i,k}\cdot\tilde{t}_k)+\sum_{k=1}^{j}\sum_{m_i\in\Omega_i}[(Q_{m_i,k-\tau_{m_i}}+s_{m_i,k-\tau_{m_i}})\cdot\tilde{t}_k]-\sum_{k=1}^{j}[(Q_{i,k}+s_{i,k})\cdot\tilde{t}_k]\right\}\leqslant -V_{i,j}^{\min}\end{cases} \tag{5.10}$$

### 5.3.3 出库流量约束解析

由于发电流量 $Q_{i,j}$ 和弃水流量 $s_{i,j}$ 为决策变量，可直接将式（2.8）代入式（2.11）所示的出库流量约束，从而得到：

$$-Q_{i,j}-s_{i,j}\leqslant -O_{i,j}^{\min} \tag{5.11}$$

$$Q_{i,j}+s_{i,j}\leqslant O_{i,j}^{\max} \tag{5.12}$$

## 5.3.4　出力约束解析

将式（5.4）所示的出力计算方程代入式（2.13）所示的出力约束，有

$$P_{i,j}^{\min}\leqslant P_{i,j}=c_{i,j}\cdot Q_{i,j}\leqslant P_{i,j}^{\max} \tag{5.13}$$

通过左、右移项处理，可将出力约束转换为对应的发电流量约束：

$$\frac{P_{i,j}^{\min}}{c_{i,j}}\leqslant Q_{i,j}\leqslant \frac{P_{i,j}^{\max}}{c_{i,j}} \tag{5.14}$$

进一步，与式（2.10）所示的发电流量约束上、下限分别取交集，即可获得修正后的发电流量约束范围，即

$$\max\left\{\frac{P_{i,j}^{\min}}{c_{i,j}},Q_{i,j}^{\min}\right\}\leqslant Q_{i,j}\leqslant \min\left\{\frac{P_{i,j}^{\max}}{c_{i,j}},Q_{i,j}^{\max}\right\} \tag{5.15}$$

同理，式（2.14）所示的水电系统总出力上、下限可以分别转化为

$$\sum_{i=1}^{N}P_{i,j}=\sum_{i=1}^{N}c_{i,j}\cdot Q_{i,j}\leqslant h_i^{\max} \tag{5.16}$$

$$-\sum_{i=1}^{N}P_{i,j}=-\sum_{i=1}^{N}c_{i,j}\cdot Q_{i,j}\leqslant -h_i^{\min} \tag{5.17}$$

## 5.3.5　QP 模型解析

通过分析5.3.1～5.3.4小节的内容可知，在发电流量和弃水流量被选为决策变量后，目标函数为决策变量的二次函数，相关约束条件均为决策变量的线性函数，显然待优化问题转换为式（5.1）、式（5.2）所示的标准QP模型，便于采用现有方法进行求解。下面将对相关元素进行详细说明。

（1）决策变量 $\boldsymbol{X}$ 由所有水电站在调度期内的发电流量和弃水流量组成，即

$$\boldsymbol{X}^{\mathrm{T}}=(\boldsymbol{Q}_1,\cdots,\boldsymbol{Q}_i,\cdots,\boldsymbol{Q}_N,\ \boldsymbol{s}_1,\cdots,\boldsymbol{s}_i,\cdots,\boldsymbol{s}_N)_{1\times(2\cdot N\cdot T)},\quad \boldsymbol{Q}_i=(Q_{i,j})_{1\times T},\ \boldsymbol{s}_i=(s_{i,j})_{1\times T} \tag{5.18}$$

发电流量上、下限可由式（5.15）直接确定；水电站在正常情况下不会发生弃水，但在面临出力受阻或者特大洪水等复杂工况时可能发生弃水，但相应的弃水不应超过最大出库流量，因而决策变量的上限 $\bar{\boldsymbol{X}}$ 与下限 $\underline{\boldsymbol{X}}$ 如式（5.19）、式（5.20）所示。另外，考虑到固定水头存在一定的误差，可在计算过程中对 $\bar{\boldsymbol{X}}$ 、$\underline{\boldsymbol{X}}$ 做一定的调整以增大搜索范围。

$$\bar{\boldsymbol{X}}^{\mathrm{T}}=(\bar{\boldsymbol{Q}}_1,\cdots,\bar{\boldsymbol{Q}}_i,\cdots,\bar{\boldsymbol{Q}}_N,\ \bar{\boldsymbol{s}}_1,\cdots,\bar{\boldsymbol{s}}_i,\cdots,\bar{\boldsymbol{s}}_N)_{1\times(2\cdot N\cdot T)},\quad \bar{\boldsymbol{Q}}_i=\left(\min\left\{\frac{P_{i,j}^{\max}}{c_{i,j}},Q_{i,j}^{\max}\right\}\right)_{1\times T},\quad \bar{\boldsymbol{s}}_i=(O_{i,j}^{\max})_{1\times T} \tag{5.19}$$

$$\underline{\boldsymbol{X}}^{\mathrm{T}}=(\underline{\boldsymbol{Q}}_1,\cdots,\underline{\boldsymbol{Q}}_i,\cdots,\underline{\boldsymbol{Q}}_N,\ \underline{\boldsymbol{s}}_1,\cdots,\underline{\boldsymbol{s}}_i,\cdots,\underline{\boldsymbol{s}}_N)_{1\times(2\cdot N\cdot T)},\quad \underline{\boldsymbol{Q}}_i=\left(\max\left\{\frac{P_{i,j}^{\min}}{c_{i,j}},Q_{i,j}^{\min}\right\}\right)_{1\times T},\quad \underline{\boldsymbol{s}}_i=(0)_{1\times T} \tag{5.20}$$

（2）目标函数中的矩阵$\boldsymbol{H}$为

$$\boldsymbol{H}=\begin{pmatrix}\boldsymbol{L}_1 & \boldsymbol{L}_2\\ \boldsymbol{L}_2 & \boldsymbol{L}_2\end{pmatrix}_{(2\cdot N\cdot T)\times(2\cdot N\cdot T)},\quad \boldsymbol{L}_1=\begin{pmatrix}\boldsymbol{H}_{1,1} & \boldsymbol{H}_{1,2} & \cdots & \boldsymbol{H}_{1,N}\\ \boldsymbol{H}_{2,1} & \boldsymbol{H}_{2,2} & \cdots & \boldsymbol{H}_{2,N}\\ \vdots & \vdots & \boldsymbol{H}_{i,l} & \vdots\\ \boldsymbol{H}_{N,1} & \boldsymbol{H}_{N,2} & \cdots & \boldsymbol{H}_{N,N}\end{pmatrix}_{(N\cdot T)\times(N\cdot T)},\quad \boldsymbol{L}_2=(0)_{(N\cdot T)\times(N\cdot T)} \tag{5.21}$$

式中：$\boldsymbol{H}_{i,l}=\mathrm{diag}(c_{i,j}\cdot c_{l,j})_{T\times T}$，为对角阵，即对角线上的元素取值为$c_{i,j}\cdot c_{l,j}$，其他元素均为 0。需要说明的是，$\boldsymbol{H}_{i,l}$受出力系数、发电水头等众多因素影响，会影响矩阵$\boldsymbol{H}$的正定特性：若$\boldsymbol{H}$为正定或半正定阵，该问题为凸 QP，任一局部最优解即全局最优解；否则，该问题为非凸 QP，一般有多个平稳点和局部极小值点，可能无法在有限时间内收敛。

目标函数中的向量$\boldsymbol{C}$为

$$\boldsymbol{C}=(\boldsymbol{C}_1,\cdots,\boldsymbol{C}_i,\cdots,\boldsymbol{C}_N,\ \boldsymbol{d}_1,\cdots,\boldsymbol{d}_i,\cdots,\boldsymbol{d}_N)_{1\times(2\cdot N\cdot T)},\quad \boldsymbol{C}_i=(-c_{i,j}\cdot D_j)_{1\times T},\quad \boldsymbol{d}_i=(0)_{1\times T} \tag{5.22}$$

（3）等式约束主要由式（5.9）所示的末库容组成，对应的矩阵分别为

$$\mathbf{Aeq}=(\mathbf{Aeq}_1,\ \mathbf{Aeq}_2)_{N\times(2\cdot N\cdot T)},\quad \mathbf{beq}^{\mathrm{T}}=(\mathrm{beq}_1,\cdots,\mathrm{beq}_i,\cdots,\mathrm{beq}_N)_{1\times N} \tag{5.23}$$

其中，

$$\mathbf{Aeq}_1=\mathbf{Aeq}_2=\begin{pmatrix}\mathbf{Aeq}_{1,1} & \mathbf{Aeq}_{1,2} & \cdots & \mathbf{Aeq}_{1,N}\\ \mathbf{Aeq}_{2,1} & \mathbf{Aeq}_{2,2} & \cdots & \mathbf{Aeq}_{2,N}\\ \vdots & \vdots & \mathbf{Aeq}_{i,l} & \vdots\\ \mathbf{Aeq}_{N,1} & \mathbf{Aeq}_{N,2} & \cdots & \mathbf{Aeq}_{N,N}\end{pmatrix}_{N\times(N\cdot T)},\quad \mathrm{beq}_i=V_i^{\mathrm{beg}}+\sum_{k=1}^{T}(q_{i,k}\cdot\tilde{t}_k)-V_i^{\mathrm{end}} \tag{5.24}$$

$$\mathbf{Aeq}_{i,l}=\begin{cases}(a_1,\cdots,a_j,\cdots,a_T)_{1\times T}, & l\in\Omega_i\\ (\tilde{t}_1,\cdots,\tilde{t}_j,\cdots,\tilde{t}_T)_{1\times T}, & i=l\\ (0,\cdots,0,\cdots,0)_{1\times T}, & \text{其他}\end{cases},\quad a_j=\begin{cases}-\tilde{t}_{j+\tau_{l_i}}, & j>\tau_{l_i}\\ 0, & \text{其他}\end{cases} \tag{5.25}$$

（4）不等式约束主要由水位上限($\boldsymbol{A}^1$和$\boldsymbol{b}^1$)、下限($\boldsymbol{A}^2$和$\boldsymbol{b}^2$)，出库流量上限($\boldsymbol{A}^3$和$\boldsymbol{b}^3$)、下限($\boldsymbol{A}^4$和$\boldsymbol{b}^4$)，水电系统总出力上限($\boldsymbol{A}^5$和$\boldsymbol{b}^5$)、下限($\boldsymbol{A}^6$和$\boldsymbol{b}^6$)构成，对应的矩阵为

$$\boldsymbol{A}^{\mathrm{T}}=(\boldsymbol{A}^1,\boldsymbol{A}^2,\boldsymbol{A}^3,\boldsymbol{A}^4,\boldsymbol{A}^5,\boldsymbol{A}^6),\qquad \boldsymbol{b}^{\mathrm{T}}=(\boldsymbol{b}^1,\boldsymbol{b}^2,\boldsymbol{b}^3,\boldsymbol{b}^4,\boldsymbol{b}^5,\boldsymbol{b}^6) \tag{5.26}$$

各水电站水位上限对应的矩阵为

$$\boldsymbol{A}^1=\begin{pmatrix}\boldsymbol{A}^{1,1} & \boldsymbol{A}^{1,1}\\ \vdots & \vdots\\ \boldsymbol{A}^{1,i} & \boldsymbol{A}^{1,i}\\ \vdots & \vdots\\ \boldsymbol{A}^{1,N} & \boldsymbol{A}^{1,N}\end{pmatrix}_{(N\cdot T)\times(2\cdot N\cdot T)},\quad \boldsymbol{b}^1=\begin{pmatrix}\boldsymbol{b}^{1,1}\\ \vdots\\ \boldsymbol{b}^{1,i}\\ \vdots\\ \boldsymbol{b}^{1,N}\end{pmatrix}_{(N\cdot T)\times 1},$$

$$\boldsymbol{A}^{1,i}=\begin{pmatrix}\boldsymbol{A}^{1,i}_{1,1} & \boldsymbol{A}^{1,i}_{1,2} & \cdots & \boldsymbol{A}^{1,i}_{1,N}\\ \boldsymbol{A}^{1,i}_{2,1} & \boldsymbol{A}^{1,i}_{2,2} & \cdots & \boldsymbol{A}^{1,i}_{2,N}\\ \vdots & \vdots & \boldsymbol{A}^{1,i}_{j,l} & \vdots\\ \boldsymbol{A}^{1,i}_{T,1} & \boldsymbol{A}^{1,i}_{T,2} & \cdots & \boldsymbol{A}^{1,i}_{T,N}\end{pmatrix}_{T\times(N\cdot T)},\quad \boldsymbol{b}^{1,i}=\begin{pmatrix}b^{1,i}_1\\ \vdots\\ b^{1,i}_j\\ \vdots\\ b^{1,i}_T\end{pmatrix}_{T\times 1} \tag{5.27}$$

其中，

$$\boldsymbol{A}^{1,i}_{j,l}=(a_h)_{1\times T},\quad a_h=\begin{cases}-\tilde{t}_j, & h\leqslant j,\ l=i\\ \tilde{t}_{j+\tau_{l_i}}, & h\in[1+\tau_{l_i},j],\ l\in\Omega_i,\\ 0, & \text{其他}\end{cases}\quad b^{1,i}_j=V^{\max}_{i,j}-V^{\text{beg}}_i-\sum_{k=1}^{j}q_{i,j}\cdot\tilde{t}_k \tag{5.28}$$

各水电站水位下限对应的矩阵为

$$\boldsymbol{A}^2=-\boldsymbol{A}^1,\quad \boldsymbol{b}^2=\begin{pmatrix}\boldsymbol{b}^{2,1}\\ \vdots\\ \boldsymbol{b}^{2,i}\\ \vdots\\ \boldsymbol{b}^{2,N}\end{pmatrix}_{(N\cdot T)\times 1},\quad \boldsymbol{b}^{2,i}=\begin{pmatrix}b^{2,i}_1\\ \vdots\\ b^{2,i}_j\\ \vdots\\ b^{2,i}_T\end{pmatrix}_{T\times 1},\quad b^{2,i}_j=V^{\text{beg}}_i+\sum_{k=1}^{j}q_{i,j}\cdot\tilde{t}_k-V^{\min}_{i,j} \tag{5.29}$$

各水电站出库流量上限对应的矩阵为

$$\boldsymbol{A}^3=(\boldsymbol{A}^{3,1},\ \boldsymbol{A}^{3,1})_{(N\cdot T)\times(2\cdot N\cdot T)},\quad \boldsymbol{A}^{3,1}=\begin{pmatrix}\boldsymbol{A}^3_{1,1} & \boldsymbol{A}^3_{1,2} & \cdots & \boldsymbol{A}^3_{1,N}\\ \boldsymbol{A}^3_{2,1} & \boldsymbol{A}^3_{2,2} & \cdots & \boldsymbol{A}^3_{2,N}\\ \vdots & \vdots & \boldsymbol{A}^3_{j,i} & \vdots\\ \boldsymbol{A}^3_{T,1} & \boldsymbol{A}^3_{T,2} & \cdots & \boldsymbol{A}^3_{T,N}\end{pmatrix}_{(N\cdot T)\times(N\cdot T)},$$

$$\boldsymbol{A}^3_{j,i}=(a_h)_{1\times T},\quad a_h=\begin{cases}1, & h=j\\ 0, & h\neq j\end{cases} \tag{5.30}$$

$$\boldsymbol{b}^3=(\boldsymbol{b}^3_1,\cdots,\boldsymbol{b}^3_i,\cdots,\boldsymbol{b}^3_N),\quad \boldsymbol{b}^3_i=(O^{\max}_{i,j})_{1\times T} \tag{5.31}$$

各水电站出库流量下限对应的矩阵为

$$\boldsymbol{A}^4=-\boldsymbol{A}^3,\quad \boldsymbol{b}^4=(\boldsymbol{b}^4_1,\cdots,\boldsymbol{b}^4_i,\cdots,\boldsymbol{b}^4_N),\quad \boldsymbol{b}^4_i=(-O^{\min}_{i,j})_{1\times T} \tag{5.32}$$

水电系统总出力上限对应的矩阵为

$$A^5=(A^{5,1},\ A^{5,2})_{T\times(2\cdot N\cdot T)},\quad A^{5,1}=\begin{pmatrix} A^5_{1,1} & A^5_{1,2} & \cdots & A^5_{1,N} \\ A^5_{2,1} & A^5_{2,2} & \cdots & A^5_{2,N} \\ \vdots & \vdots & A^5_{j,i} & \vdots \\ A^5_{T,1} & A^5_{T,2} & \cdots & A^5_{T,N} \end{pmatrix}_{T\times(N\cdot T)},\quad A^{5,2}=(0)_{T\times(N\cdot T)},\quad b^5=\begin{pmatrix} h_1^{\max} \\ \vdots \\ h_j^{\max} \\ \vdots \\ h_T^{\max} \end{pmatrix}_{T\times 1} \tag{5.33}$$

其中，

$$A^5_{j,i}=(a_h)_{1\times T},\quad a_h=\begin{cases} c_{i,j}, & h=j \\ 0, & h\neq j \end{cases} \tag{5.34}$$

水电系统总出力下限对应的矩阵为

$$A^6=-A^5,\quad b^6=\begin{pmatrix} -h_1^{\min} \\ \vdots \\ -h_j^{\min} \\ \vdots \\ -h_T^{\min} \end{pmatrix}_{T\times 1} \tag{5.35}$$

# 5.4 变动水头下的混合非线性优化模型

## 5.4.1 领域知识估算初始水头

从上述分析可知，水头对 QP 模型优化结果有重要影响。因此，为提高算法收敛速度，利用领域知识从上游到下游依次生成所有水电站的初始水头，具体方式如下。

首先计算各水电站在调度期内的总下泄水量，公式如下：

$$W_i=\begin{cases} V_i^{\text{beg}}+\sum_{k=1}^{T}(q_{i,k}\cdot\tilde{t}_k)-V_i^{\text{end}}, & \Omega_i=\varnothing \\ V_i^{\text{beg}}+\sum_{k=1}^{T}(q_{i,k}\cdot\tilde{t}_k)-V_i^{\text{end}}+\sum_{m_i\in\Omega_i}W_{m_i}, & \Omega_i\neq\varnothing \end{cases},\quad i\in[1,N] \tag{5.36}$$

式中：$W_i$ 为水电站 $i$ 的总下泄水量，$m^3$；$W_{m_i}$ 为水电站 $i$ 的第 $m$ 个直接上游水电站的总下泄水量，$m^3$。

然后将各水电站的总出库水量在调度期内均匀下泄，计算公式如下：

$$\bar{O}_i=W_i\Big/\sum_{j=1}^{T}\tilde{t}_j,\quad i\in[1,N] \tag{5.37}$$

式中：$\bar{O}_i$ 为水电站 $i$ 的平均下泄流量，$m^3/s$。

最后采用式（5.38）逐时段快速估算各水电站的初始水头：

$$\overline{h}_{i,j} = \frac{Z_i^{\text{beg}} + Z_i^{\text{end}}}{2} - f_{i,ZQ}(\overline{O}_i), \quad i \in [1, N], \quad j \in [1, T] \tag{5.38}$$

式中：$f_{i,ZQ}$ 为水电站 $i$ 的尾水位-下泄流量曲线；$\overline{h}_{i,j}$ 为水电站 $i$ 在时段 $j$ 的初始水头，m。

## 5.4.2　逐次逼近 QP

在实际工程中，如图 5.1 所示的逐次逼近方法常用于解决大规模复杂优化问题，其基本思路是，在给定初始方案 $\boldsymbol{x}^0$ 后，按照一定的规则 $\varphi$ 在邻域范围寻优得到新的方案，相应的搜索过程可抽象为 $\boldsymbol{x}^k = \varphi(\boldsymbol{x}^{k-1})$，其中 $\boldsymbol{x}^k$ 表示第 $k$ 次迭代时的调度方案，然后不断重复上述过程直至满足收敛条件。受此启发，本章将水电调度问题视为受发电流量 $\boldsymbol{Q}$、弃水流量 $\boldsymbol{s}$ 和水头 $\boldsymbol{H}$ 综合影响的优化问题 $\min F(\boldsymbol{Q}, \boldsymbol{s}, \boldsymbol{H})$：首先运用领域知识确定初始调度方案，并将关联变量（水头 $\boldsymbol{H}$ ）设为固定值，然后通过多变量集成转换等方式将复杂调度问题转化为标准 QP 子问题，优化得到发电流量 $\boldsymbol{Q}$、弃水流量 $\boldsymbol{s}$ 后便可进一步更新水头，通过多轮次寻优便可逐步逼近最佳调度方案[11-12]。相应的计算流程如下。

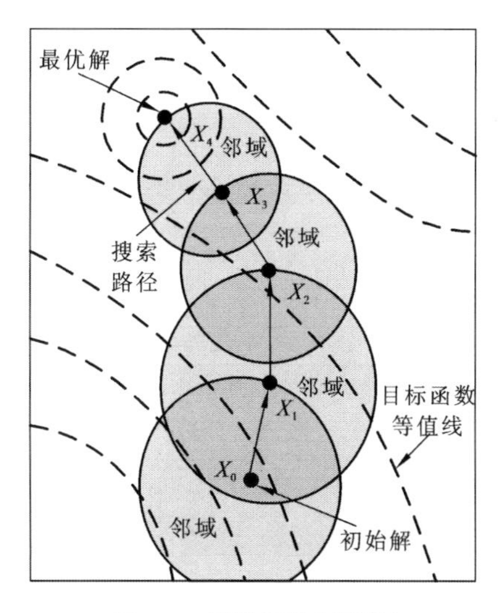


图 5.1　逐次逼近示意图

（1）设置最大搜索次数 $k^{\max}$、收敛精度 $\varepsilon$ 等计算参数。

（2）设置计数器 $k=1$，采用 5.4.1 小节的方法计算得到各水电站的初始水头 $\boldsymbol{H}^k$。

（3）令 $k=k+1$，采用 5.3.5 小节的方法构造得到标准 QP 模型，并求解得到对应的发电流量 $\boldsymbol{Q}$、弃水流量 $\boldsymbol{s}$，进而利用以水定电方式从上游到下游逐时段更新水头 $\boldsymbol{H}^k$。

（4）若 $\left\|\boldsymbol{H}^{k+1} - \boldsymbol{H}^k\right\| \leqslant \varepsilon$ 或 $k \geqslant k^{\max}$，则停止计算；否则，返回步骤（3）。

# 5.5 工程应用

## 5.5.1 实例分析 1

首先针对经典混联水电站群检验所提方法的有效性，拓扑结构见图 5.2，特征参数见表 5.1，各水电站区间流量和负荷需求见表 5.2。为简化计算，假定水位-库容曲线为直线 $y=x$，即库容与水位相同；各水电站出库流量全部用于发电，即无弃水流量；采用固定水头计算出力，即出力为流量的线性函数。

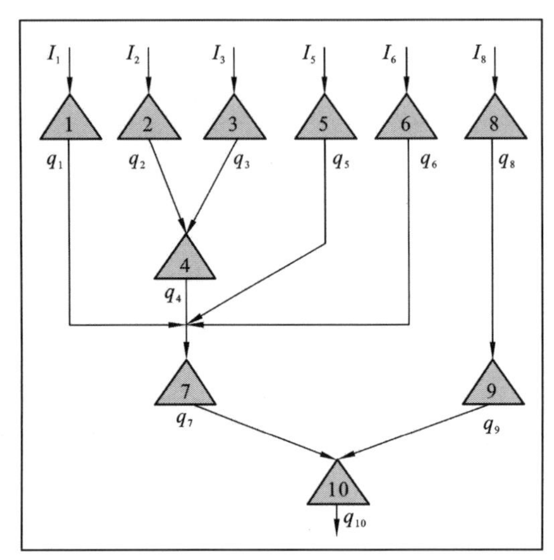


图 5.2 梯级拓扑结构

注：$I_1$～$I_8$ 为水电站 1～8 的区间流量；$q_1$～$q_{10}$ 为水电站 1～10 的出库流量

**表 5.1 各水电站特征参数**

| 特征参数 | 水电站 | | | | | | | | | |
|---|---|---|---|---|---|---|---|---|---|---|
| | 1 | 2 | 3 | 4 | 5 | 6 | 7 | 8 | 9 | 10 |
| 最大库容 $V^{max}$ | 12.00 | 17.00 | 6.00 | 19.00 | 19.10 | 14.00 | 30.10 | 13.16 | 7.90 | 30.00 |
| 最小库容 $V^{min}$ | 1.00 | 1.00 | 0.30 | 1.00 | 1.00 | 1.00 | 1.00 | 1.00 | 0.50 | 1.00 |
| 最大流量 $O^{max}$ | 4.000 | 4.500 | 2.120 | 7.000 | 6.430 | 4.210 | 17.100 | 3.100 | 4.200 | 18.900 |
| 最小流量 $O^{min}$ | 0.005 | 0.005 | 0.005 | 0.005 | 0.006 | 0.006 | 0.010 | 0.008 | 0.008 | 0.010 |
| 出力系数 $C$ | 1.1 | 1.4 | 1.0 | 1.1 | 1.0 | 1.4 | 2.6 | 1.0 | 1.0 | 2.7 |
| 初始库容 $V^{beg}$ | 6.0 | 6.0 | 3.0 | 8.0 | 8.0 | 7.0 | 15.0 | 6.0 | 5.0 | 15.0 |

表 5.2　各水电站区间流量和负荷需求

| 时段 | 区间流量 | | | | | | 负荷 |
|---|---|---|---|---|---|---|---|
| | $q_1$ | $q_2$ | $q_3$ | $q_5$ | $q_6$ | $q_8$ | |
| 1 | 0.50 | 0.40 | 0.80 | 1.50 | 0.32 | 0.71 | 80 |
| 2 | 1.00 | 0.70 | 0.80 | 2.00 | 0.81 | 0.83 | 90 |
| 3 | 2.00 | 2.00 | 0.80 | 2.50 | 1.53 | 1.00 | 100 |
| 4 | 3.00 | 2.00 | 0.80 | 2.50 | 2.16 | 1.25 | 90 |
| 5 | 3.50 | 4.00 | 0.80 | 3.00 | 2.31 | 1.67 | 80 |
| 6 | 2.50 | 3.50 | 0.80 | 3.50 | 4.32 | 2.50 | 70 |
| 7 | 2.00 | 3.00 | 0.80 | 3.50 | 4.81 | 2.80 | 60 |
| 8 | 1.25 | 2.50 | 0.80 | 3.00 | 2.24 | 1.87 | 50 |
| 9 | 1.25 | 1.30 | 0.80 | 2.50 | 1.63 | 1.45 | 40 |
| 10 | 0.75 | 1.20 | 0.80 | 2.50 | 1.91 | 1.20 | 50 |
| 11 | 1.75 | 1.00 | 0.80 | 2.00 | 0.80 | 0.93 | 60 |
| 12 | 1.00 | 0.70 | 0.80 | 1.50 | 0.46 | 0.81 | 70 |
| 13 | 0.50 | 0.40 | 0.80 | 1.50 | 0.32 | 0.71 | 80 |
| 14 | 1.00 | 0.70 | 0.80 | 2.00 | 0.81 | 0.83 | 90 |
| 15 | 2.00 | 2.00 | 0.80 | 2.50 | 1.53 | 1.00 | 100 |
| 16 | 3.00 | 2.00 | 0.80 | 2.50 | 2.16 | 1.25 | 90 |
| 17 | 3.50 | 4.00 | 0.80 | 3.00 | 2.31 | 1.67 | 80 |
| 18 | 2.50 | 3.50 | 0.80 | 3.50 | 4.32 | 2.50 | 70 |
| 19 | 2.00 | 3.00 | 0.80 | 3.50 | 4.81 | 2.80 | 60 |
| 20 | 1.25 | 2.50 | 0.80 | 3.00 | 2.24 | 1.87 | 50 |

为检验方法的有效性，工况 1 将各水电站末库容设置为 $V^{\text{end}}$=(6,6,3,8,8,7,15,6,5,15)。表 5.3 列出了不同方法的计算结果，其中 DE、PSO 算法和精英导向粒子群优化（multi-elite guide particle swarm optimization，MGPSO）算法的计算结果源自文献[10]。图 5.3 给出了各水电站库容的变化过程。可以看出，本章方法可以发现更为优越的调度方案，其目标函数值较 DE 和 PSO 算法分别减小 126.51、20.20，能够有效缓解电力系统的缺电难题。由图 5.3 可知，各水电站库容均在预设区间内运行，表明该方法能够有效处理复杂的水电调度问题。

表 5.3　不同方法在工况 1 的计算结果对比

| 方法 | DE | PSO 算法 | MGPSO 算法 | 本章方法 |
|---|---|---|---|---|
| 最优目标函数 | 190.56 | 84.25 | 64.35 | 64.05 |
| 平均缺电量 | 2.53 | 2.53 | 2.53 | 2.53 |

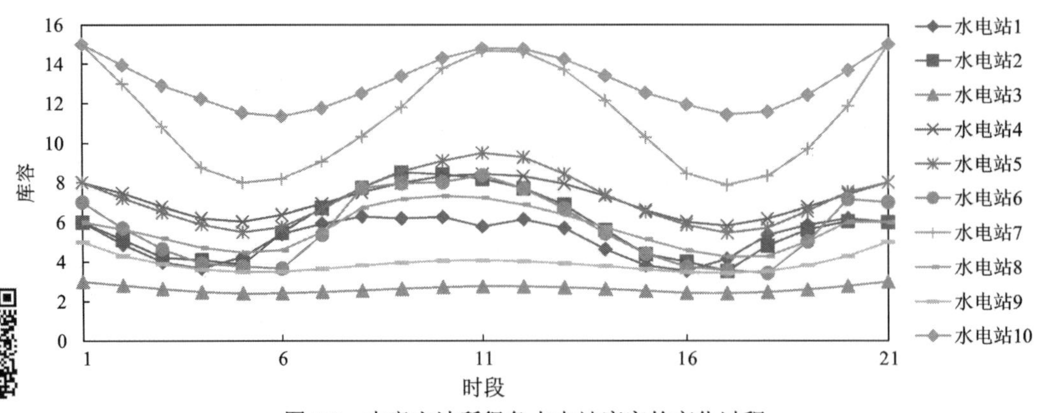


图 5.3　本章方法所得各水电站库容的变化过程

为进一步检验方法的适用性，工况 2 将各水电站的期末库容分别设置为 $V^{\text{end}}$=(5.98, 5.98,2.98,7.98,7.98,6.98,14.99,5.99,4.99,14.99)。表 5.4 列出了不同方法的计算结果，其中包括 DE、PSO 算法、MGPSO 算法[10]、增强拉格朗日规划神经网络（augmented Lagrange programming neural network，ALPNN）[13]和离散最大值原理（discrete maximum principle，DMP）[14]。表 5.5 给出了各水电站出力的变化过程。可以看出，本章方法的性能明显优于对比方法，其目标函数值较 DE 和 PSO 算法分别降低 37.97、11.07，缺电量比 MGPSO 算法、DMP 和 ALPNN 少 0.02；且水电总出力能够很好地响应负荷的动态变化，使得各时段的负荷的缺额基本相同，为火电等能源提供了更为平滑的剩余负荷，有利于提高电力系统不同能源之间的协调运行效率。

**表 5.4　不同方法在工况 2 的计算结果对比**

| 方法 | DE | PSO 算法 | MGPSO 算法 | ALPNN | DMP | 本章方法 |
|---|---|---|---|---|---|---|
| 最优目标函数 | 99.55 | 72.65 | 63.40 | 62.50 | 62.50 | 61.58 |
| 平均缺电量 | 2.50 | 2.50 | 2.50 | 2.50 | 2.50 | 2.48 |

**表 5.5　本章方法在工况 2 的调度结果**

| 时段 | 水电站 1 | 水电站 2 | 水电站 3 | 水电站 4 | 水电站 5 | 水电站 6 | 水电站 7 | 水电站 8 | 水电站 9 | 水电站 10 | 总出力 | 负荷 | 缺电量 |
|---|---|---|---|---|---|---|---|---|---|---|---|---|---|
| 1 | 1.78 | 1.80 | 0.98 | 3.09 | 2.30 | 2.27 | 26.91 | 1.07 | 1.75 | 35.58 | 77.52 | 80 | 2.48 |
| 2 | 2.08 | 2.24 | 0.96 | 3.57 | 2.70 | 2.61 | 30.90 | 1.28 | 1.69 | 39.48 | 87.52 | 90 | 2.48 |
| 3 | 2.53 | 2.97 | 0.95 | 4.01 | 3.10 | 3.14 | 34.86 | 1.47 | 1.74 | 42.75 | 97.52 | 100 | 2.48 |
| 4 | 2.65 | 3.09 | 0.86 | 3.56 | 2.89 | 3.23 | 30.31 | 1.49 | 1.61 | 37.82 | 87.52 | 90 | 2.48 |
| 5 | 2.55 | 3.35 | 0.79 | 3.13 | 2.75 | 3.38 | 26.40 | 1.54 | 1.53 | 32.10 | 77.52 | 80 | 2.48 |
| 6 | 2.18 | 3.14 | 0.75 | 2.71 | 2.61 | 3.64 | 22.84 | 1.60 | 1.47 | 26.57 | 67.52 | 70 | 2.48 |
| 7 | 1.81 | 2.80 | 0.73 | 2.38 | 2.41 | 3.45 | 19.27 | 1.57 | 1.39 | 21.72 | 57.52 | 60 | 2.48 |

续表

| 时段 | 水电站 1 | 水电站 2 | 水电站 3 | 水电站 4 | 水电站 5 | 水电站 6 | 水电站 7 | 水电站 8 | 水电站 9 | 水电站 10 | 总出力 | 负荷 | 缺电量 |
|---|---|---|---|---|---|---|---|---|---|---|---|---|---|
| 8 | 1.50 | 2.41 | 0.72 | 2.16 | 2.18 | 2.80 | 15.64 | 1.44 | 1.31 | 17.37 | 47.52 | 50 | 2.48 |
| 9 | 1.31 | 2.00 | 0.72 | 2.00 | 1.97 | 2.23 | 11.80 | 1.30 | 1.21 | 12.99 | 37.52 | 40 | 2.48 |
| 10 | 1.37 | 2.02 | 0.76 | 2.29 | 2.10 | 2.18 | 15.79 | 1.29 | 1.27 | 18.44 | 47.52 | 50 | 2.48 |
| 11 | 1.53 | 2.07 | 0.81 | 2.65 | 2.22 | 2.07 | 19.56 | 1.29 | 1.34 | 23.99 | 57.52 | 60 | 2.48 |
| 12 | 1.60 | 2.16 | 0.85 | 3.05 | 2.35 | 2.07 | 23.30 | 1.31 | 1.41 | 29.42 | 67.52 | 70 | 2.48 |
| 13 | 1.72 | 2.33 | 0.88 | 3.46 | 2.56 | 2.21 | 27.07 | 1.35 | 1.49 | 34.45 | 77.52 | 80 | 2.48 |
| 14 | 2.01 | 2.68 | 0.89 | 3.86 | 2.84 | 2.55 | 30.90 | 1.43 | 1.59 | 38.77 | 87.52 | 90 | 2.48 |
| 15 | 2.48 | 3.32 | 0.90 | 4.25 | 3.16 | 3.09 | 34.75 | 1.56 | 1.70 | 42.31 | 97.52 | 100 | 2.48 |
| 16 | 2.62 | 3.44 | 0.82 | 3.81 | 2.90 | 3.24 | 30.30 | 1.57 | 1.61 | 37.21 | 87.52 | 90 | 2.48 |
| 17 | 2.53 | 3.81 | 0.74 | 3.42 | 2.75 | 3.44 | 26.42 | 1.64 | 1.54 | 31.22 | 77.52 | 80 | 2.48 |
| 18 | 2.18 | 3.76 | 0.68 | 3.07 | 2.65 | 3.82 | 22.82 | 1.75 | 1.47 | 25.33 | 67.52 | 70 | 2.48 |
| 19 | 1.85 | 3.64 | 0.64 | 2.86 | 2.56 | 3.76 | 19.05 | 1.82 | 1.36 | 19.98 | 57.52 | 60 | 2.48 |
| 20 | 1.62 | 3.57 | 0.60 | 2.80 | 2.52 | 3.38 | 14.92 | 1.89 | 1.19 | 15.04 | 47.52 | 50 | 2.48 |

## 5.5.2　实例分析 2

为进一步验证算法的效率，以某流域 7 座水电站为研究对象，调度周期选为 1 d，计算步长为 1 h。选用夏季和冬季两种典型日负荷过程开展计算。表 5.6 给出了原始负荷和本章方法所得剩余负荷的统计指标，包括峰荷、谷荷、峰谷差、平均负荷和标准差。可以看出，相比于夏季原始负荷，本章方法剩余负荷更为平滑，其峰值和平均值分别减少 4 941.10 MW 和 2 611.46 MW，标准差降低了 84.25%。图 5.4 给出了所提方法在冬季典型日的调度结果。可以看出，各水电站能够在负荷高峰时段增加出力，在低谷时段抬升水位，使得水电系统总出力与电网负荷过程具有良好的一致性，有效平滑了各时段剩余负荷，保障了其他电源生产过程的稳定性。由此可知，本章方法能够通过合理安排水电出力过程来获得满意的调度结果，从而达到减少电力短缺的目的。

**表 5.6　本章方法在不同典型日的计算结果统计**

| 典型日 | 方法 | 峰荷 | 谷荷 | 峰谷差 | 平均负荷 | 标准差 |
|---|---|---|---|---|---|---|
| 夏季 | 原始负荷/MW | 14 394.00 | 9 644.00 | 4 750.00 | 11 779.10 | 1 644.27 |
|  | 剩余负荷/MW | 9 452.90 | 8 744.50 | 708.40 | 9 167.64 | 258.94 |
|  | 削减值/MW | 4 941.10 | 899.50 | 4041.60 | 2 611.46 | 1 385.33 |
|  | 改善率/% | 34.33 | 9.33 | 85.09 | 22.17 | 84.25 |

续表

| 典型日 | 方法 | 峰荷 | 谷荷 | 峰谷差 | 平均负荷 | 标准差 |
| --- | --- | --- | --- | --- | --- | --- |
| 冬季 | 原始负荷/MW | 11 964.00 | 7 657.00 | 4 307.00 | 9 566.23 | 1 375.22 |
| | 剩余负荷/MW | 7 231.70 | 6 651.00 | 580.70 | 6 951.69 | 155.98 |
| | 削减值/MW | 4 732.30 | 1 006.00 | 3 726.30 | 2 614.54 | 1 219.24 |
| | 改善率/% | 39.55 | 13.14 | 86.52 | 27.33 | 88.66 |

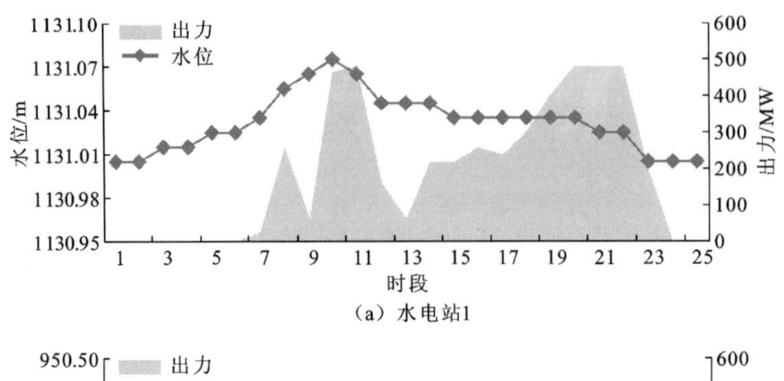

(a) 水电站1

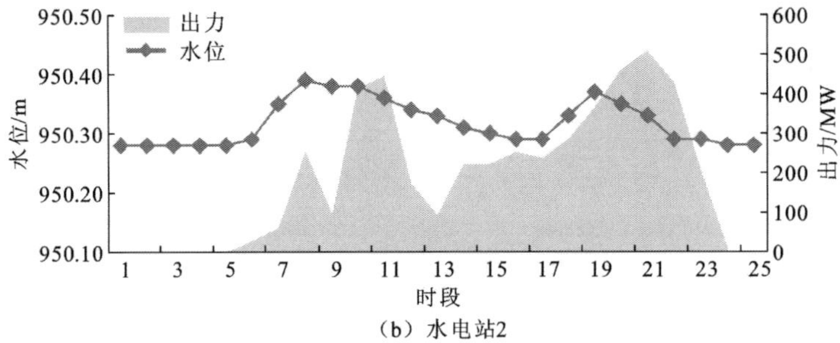

(b) 水电站2

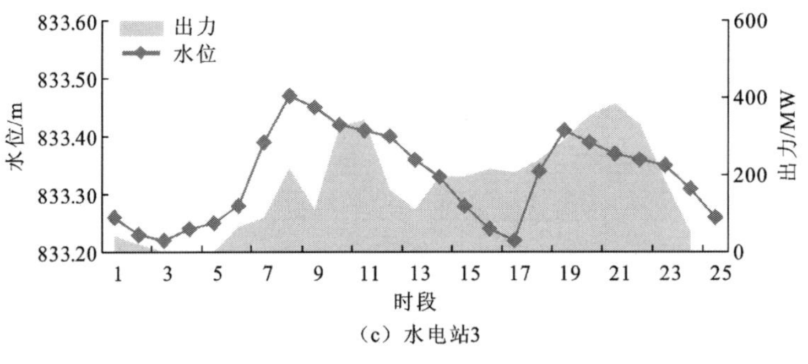

(c) 水电站3

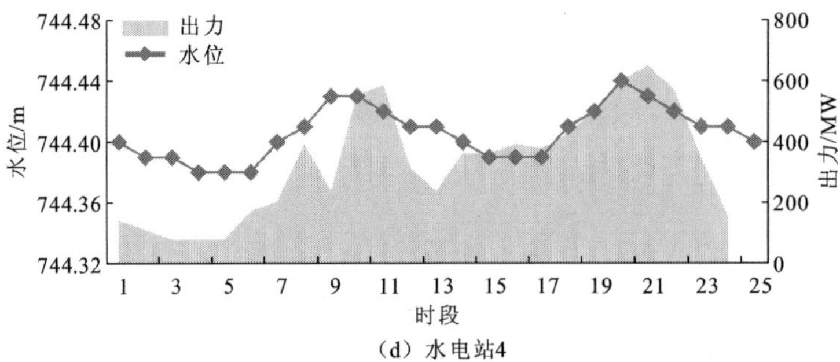

(d) 水电站4

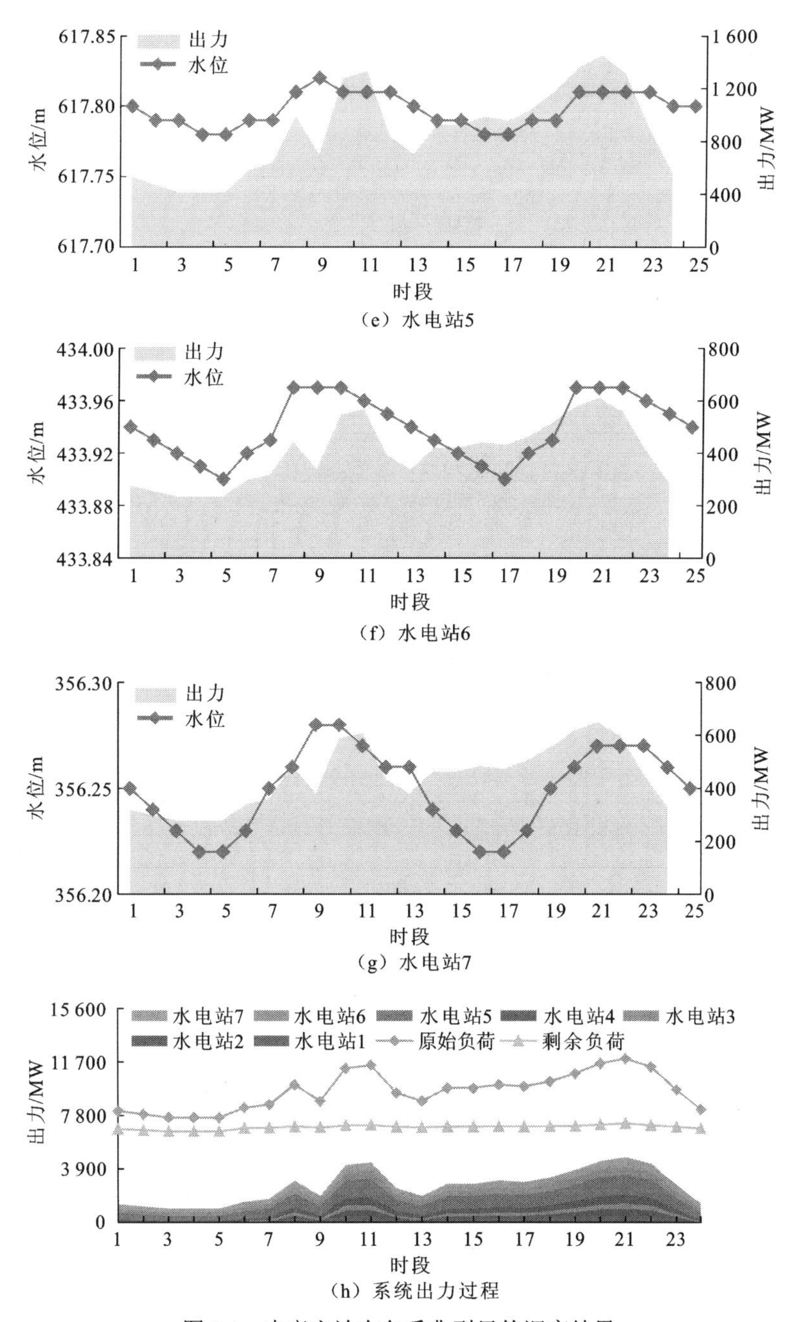

图 5.4　本章方法在冬季典型日的调度结果

相比于 GA、PSO 算法等智能算法，本章方法采用逐次逼近理论和 QP 模型，搜索机制较为稳定，能够很好地保证所得调度方案的一致性。传统 LP（NLP）方法通常需要对水电站基础特性曲线进行（分段）线性化处理，不可避免地增加了近似误差，而本章方法使用动态更新发电水头的策略，能够较为准确地刻画非线性特性，有效保证结果的可靠性。此外，本章方法无须对水电站状态进行离散化和枚举操作，可以有效规避 DP

的维数灾问题。综上，本章方法可以为特大流域水电站群的调度运行提供一种行之有效的解决思路。

## 5.6 本章小结

我国水电急剧扩张的规模极大地增加了系统的复杂程度，使得水电调度的建模与求解面临前所未有的挑战；同时，多元利益主体的综合利用需求也给水电调度增加了更加复杂的约束，加剧了寻优难度。为科学处理复杂时空耦合约束集合，本章提出了特大流域水电站群优化调度混合非线性降维方法。该方法运用领域知识确定初始调度方案，通过多变量集成转换等方式将复杂调度问题转化为若干标准 QP 子问题，进而动态更新发电水头，逐步逼近原问题的满意方案。工程实践结果表明，所提方法可以快速得到合理的调度方案，有效缓解电力系统的缺电问题，且性能表现明显优于传统方法，为电力短缺目标下特大流域水电站群的调度运行提供了一种有效方法。

## 参考文献


[1] BARROS M T L, TSAI F T C, YANG S L,et al. Optimization of large-scale hydropower system operations[J]. Journal of water resources planning and management, 2003, 129(3): 178-188.

[2] GU Y J, XU J, CHEN D C, et al. Overall review of peak shaving for coal-fired power units in China[J]. Renewable and sustainable energy reviews, 2016(54): 723-731.

[3] BASU M. Hopfield neural networks for optimal scheduling of fixed head hydro-thermal power systems[J]. Electric power systems research, 2003, 64(1): 11-15.

[4] BASU M. A simulated annealing-based goal-attainment method for economic emission load dispatch of fixed head hydrothermal power systems[J]. International journal of electrical power and energy systems, 2005, 27(2): 147-153.

[5] CAI X M, MCKINNEY D C, LASDON L S. Piece-by-piece approach to solving large nonlinear water resources management models[J]. Journal of water resources planning and management, 2001, 127(6): 363-368.

[6] NEEDHAM J T, WATKINS D W, LUND J R, et al. Linear programming for flood control in the Iowa and Des Moines Rivers[J]. Journal of water resources planning and management, 2000, 126(3): 118-127.

[7] CATALÃO J P S, POUSINHO H M I, MENDES V M F. Mixed-integer nonlinear approach for the optimal scheduling of a head-dependent hydro chain[J]. Electric power systems research, 2010, 80(8):935-942.

[8] CATALÃO J P S, POUSINHO H M I, MENDES V M F. Hydro energy systems management in Portugal: Profit-based evaluation of a mixed-integer nonlinear approach[J]. Energy, 2011, 36(1): 500-507.

[9] YOO J H. Maximization of hydropower generation through the application of a linear programming model[J]. Journal of hydrology, 2009, 376(1/2): 182-187.

[10] ZHANG R, ZHOU J Z, OUYANG S, et al. Optimal operation of multi-reservoir system by multi-elite guide particle swarm optimization[J]. International journal of electrical power and energy systems, 2013(48): 58-68.

[11] FENG Z K, NIU W J, CHENG C T. A quadratic programming approach for fixed head hydropower system operation optimization considering power shortage aspect[J]. Journal of water resources planning and management, 2017, 143(10): 06017005.

[12] NIU W J, FENG Z K, CHENG C T. Optimization of variable-head hydropower system operation considering power shortage aspect with quadratic programming and successive approximation[J]. Energy, 2018(143): 1020-1028.

[13] SHARMA V, JHA R, NARESH R. Optimal multi-reservoir network control by augmented Lagrange programming neural network[J]. Applied soft computing, 2007, 7(3): 783-790.

[14] PAPAGEORGIOU M. Optimal multireservoir network control by the discrete maximum principle[J]. Water resources research, 1985, 21(21): 1824-1830.

# 第6章

# 特大流域水电站群优化调度并行计算降维方法

## 6.1 引　言

大水电系统水力、电力联系日趋复杂，其运行与管理的互动性和时效性要求不断提升。DP 及 POA 能够有效处理水电优化调度问题中形式多变的目标函数与约束条件，在水文水资源、电力系统等领域得到了广泛应用。然而，受限于方法的机理性缺陷，DP 与 POA 的计算耗时均随系统规模的增大呈指数增长，这极大限制了两者在水电系统工程实际中的推广应用[1-3]。与此同时，伴随着近年来计算机技术的迅猛发展，高性能多核 CPU 及 GPU 逐渐成为标准配置，无论是个人计算机，还是工作站，抑或是服务器。传统的串行编程也逐步向并行、分布式编程模式转变，充分利用现有硬件资源开展并行计算，加速、改善算法性能，已经成为计算科学、水电调度等诸多领域的前沿方向[4-6]。但是，传统的 DP 与 POA 均采用串行计算模式，一方面，对各子任务顺序开展计算，难以在合理时间内获得满意的优化结果，较难满足水电计划编制的时效性要求；另一方面，总计算任务积压在单个计算单元，无法充分利用已有多核 CPU，造成资源的闲置浪费和利用效率的降低。因此，本章利用多核并行技术对标准 DP 与 POA 实施改进，以降低其计算耗时，保证水电优化调度的计算效率与求解质量。

为突破单核及串行算法的限制，一些学者相继利用多核与分布式并行计算技术来缓解 DP 和 POA 的维数灾问题。①在 DP 方面，成果较为丰硕，主要有：Cheng 等[7]基于 Fork/Join 框架提出的并行 DDDP，主要在组合层面实施并行改进，该方法在澜沧江流域长期优化调度问题中取得了良好的效果；Zhang 等[8]利用组合状态相关计算的独立性实现了 PDP，将其和 GA 用于求解水库优化调度问题；万新宇等[9]构建了基于主从模式的 PDP 模型，着重在状态层进行并行改进，并通过了水布垭水库发电优化调度的检验；Li 等[10]利用高性能计算机，在状态层面实现了 DP 求解多库优化调度问题的并行化；孙平等[11]提出了组合遍历多维 DP 和多层嵌套多维 DP 两种 DP，并利用时段内状态离散点间计算任务的独立性实现了并行计算；蒋志强[12]分别构建了时段间、时段内离散组合间及两者混合模式下的 3 种并行多维 DP。②在 POA 方面，成果较少，且主要集中在多初始解并行模式。例如，申俊华[13]采用启发式策略获得多个初始解，并将其分配到多核处理器上实现并行运算，各子任务利用 POA 实施寻优，并成功应用于中期火电开机优化问题的求解；郑慧涛[14]从阶段相对独立性和 POA 对初始解较为敏感两方面着手，提出了基于阶段关系独立性和多初始解的 PPOA，两者分别将不同阶段子问题的数据执行、单一初始解的迭代寻优过程视为子任务，并在水电站群优化调度问题中得到了应用。

然而，现有研究大多从单一策略或部分层面开展并行改进，虽然在不同程度上提高了方法的计算效率，但是未能深入、细致地对标准方法的计算流程开展研究。为此，在已有研究基础上，本章首先分别采用标准 DP 描述第 2 章所构建的 4 种水电调度模型，并进一步抽象出较为通用的 DP 和 POA 模型；然后深入分析两种方法的计算流程，发现 DP 在 4 个层面（组合、阶段、状态、决策）、POA 在状态组合级别分别具有良好的并行性；最后提出了 PDP 和 PPOA，并利用 Fork/Join 框架在多核环境下编程实现。实例结果表明，并行技术可有效缩短传统方法的计算耗时，能够在一定程度上缓解维数灾问题。

# 6.2　DP 串行计算

## 6.2.1　标准 DP

根据贝尔曼最优化原理，采用 DP 求解包含 $N$ 座水电站 $T$ 个时段的水电系统优化调度问题，可详细描述如下。

（1）阶段与阶段变量。对于水电站，可将调度周期按月（旬、日等）划分为 $T$ 个阶段，取 $j$ 为阶段变量，则 $j$ 表示面临时段，$j$+1～$T$ 表示余留时段。需要说明的是，由于串联水电站间具有水流联系，在时段较小（日、时等）时一般存在水流滞后现象，无法满足 DP 递推无后效性的要求。

（2）状态变量。系统在阶段 $j$ 的状态变量 $\boldsymbol{Z}_j$ 为各水电站水位值所构成的状态向量，即 $\boldsymbol{Z}_j=(Z_{1,j}, Z_{2,j},\cdots, Z_{N,j})^{\mathrm{T}}$。

（3）决策变量。系统在阶段 $j$ 的决策变量 $\boldsymbol{O}_j$ 为各水电站出库流量值所构成的决策向量，即 $\boldsymbol{O}_j=(O_{1,j}, O_{2,j},\cdots, O_{N,j})^{\mathrm{T}}$。

（4）状态转移方程。水量平衡方程即相邻时段间水电系统的状态转移方程。

（5）指标函数。将第 $j$ 阶段的系统目标函数值作为指标函数 $E$，其中，$E$ 在 2.2.1 小节所述模型 $F_1$、$F_2$ 和 $F_3$ 中分别为所有水电站在第 $j$ 阶段的发电效益、发电量与出力之和，在 $F_4$ 中为系统负荷在扣除所有水电站出力之和后的剩余负荷，应为非负值，具体公式如下。

模型 $F_1$ 为

$$E(\boldsymbol{Z}_j^k,\boldsymbol{O}_j^l)=\sum_{i=1}^{N}P_{i,j}(\boldsymbol{Z}_j^k,\boldsymbol{O}_j^l)\cdot t_j \tag{6.1}$$

模型 $F_2$ 为

$$E(\boldsymbol{Z}_j^k,\boldsymbol{O}_j^l)=\sum_{i=1}^{N}r_{i,j}\cdot P_{i,j}(\boldsymbol{Z}_j^k,\boldsymbol{O}_j^l)\cdot t_j \tag{6.2}$$

模型 $F_3$ 为

$$E(\boldsymbol{Z}_j^k,\boldsymbol{O}_j^l)=\sum_{i=1}^{N}P_{i,j}(\boldsymbol{Z}_j^k,\boldsymbol{O}_j^l) \tag{6.3}$$

模型 $F_4$ 为

$$E(\boldsymbol{Z}_j^k,\boldsymbol{O}_j^l)=D_j-\sum_{i=1}^{N}P_{i,j}(\boldsymbol{Z}_j^k,\boldsymbol{O}_j^l) \tag{6.4}$$

式中：$P_{i,j}(\boldsymbol{Z}_j^k,\boldsymbol{O}_j^l)$ 为系统在第 $j$ 阶段的状态变量为 $\boldsymbol{Z}_j^k$、决策变量为 $\boldsymbol{O}_j^l$ 时水电站 $i$ 的出力；$E(\boldsymbol{Z}_j^k,\boldsymbol{O}_j^l)$ 为系统在第 $j$ 阶段的状态变量为 $\boldsymbol{Z}_j^k$、决策变量为 $\boldsymbol{O}_j^l$ 时的指标函数。

（6）递推方程。根据多阶段决策原理，各模型的顺序递推方程如下。

模型 $F_1$ 和 $F_2$ 为

$$\begin{cases} E_j^*(\boldsymbol{Z}_j^k) = \max\limits_{\boldsymbol{O}_j^l \in \boldsymbol{S}_j^O} \{E(\boldsymbol{Z}_j^k, \boldsymbol{O}_j^l) + E_{j-1}^*[\boldsymbol{Z}_{j-1}(\boldsymbol{Z}_j^k, \boldsymbol{O}_j^l)]\}, \quad \boldsymbol{Z}_j^k \in \boldsymbol{S}_j^Z \\ E_0^*(\boldsymbol{Z}_0) = 0 \end{cases} \tag{6.5}$$

模型 $F_3$ 为

$$\begin{cases} E_j^*(\boldsymbol{Z}_j^k) = \max\limits_{\boldsymbol{O}_j^l \in \boldsymbol{S}_j^O} \{\min\{E(\boldsymbol{Z}_j^k, \boldsymbol{O}_j^l), E_{j-1}^*[\boldsymbol{Z}_{j-1}(\boldsymbol{Z}_j^k, \boldsymbol{O}_j^l)]\}\}, \quad \boldsymbol{Z}_j^k \in \boldsymbol{S}_j^Z \\ E_0^*(\boldsymbol{Z}_0) = +\infty \end{cases} \tag{6.6}$$

模型 $F_4$ 为

$$\begin{cases} E_j^*(\boldsymbol{Z}_j^k) = \min\limits_{\boldsymbol{O}_j^l \in \boldsymbol{S}_j^O} \{\max\{E(\boldsymbol{Z}_j^k, \boldsymbol{O}_j^l), E_{j-1}^*[\boldsymbol{Z}_{j-1}(\boldsymbol{Z}_j^k, \boldsymbol{O}_j^l)]\}\}, \quad \boldsymbol{Z}_j^k \in \boldsymbol{S}_j^Z \\ E_0^*(\boldsymbol{Z}_0) = -\infty \end{cases} \tag{6.7}$$

式中：$E_j^*(\boldsymbol{Z}_j^k)$ 为系统在阶段 $j$ 的状态变量 $\boldsymbol{Z}_j$ 在调度期初始时段的最优指标；$\boldsymbol{Z}_{j-1}(\boldsymbol{Z}_j^k, \boldsymbol{O}_j^l)$ 为系统在第 $j$ 阶段的状态变量为 $\boldsymbol{Z}_j^k$ 时，经决策变量 $\boldsymbol{O}_j^l$ 作用后，在第 $j$-1 阶段的状态；$\boldsymbol{S}_j^Z$、$\boldsymbol{S}_j^O$ 分别为阶段 $j$ 的状态变量集合与决策变量集合；$\boldsymbol{Z}_0$ 为调度期初各水电站初始水位构成的状态向量。

由式（6.5）～式（6.7）可知，4 种模型仅在调度期初边界条件的设定，以及各阶段最优指标函数的更新上略有差异，其他处理方式基本相同。因此，可以进一步抽象出通用的数学公式进行表述：

$$\begin{cases} E_j^*(\boldsymbol{Z}_j^k) = \operatorname*{opt}\limits_{\boldsymbol{O}_j^l \in \boldsymbol{S}_j^O} \{E(\boldsymbol{Z}_j^k, \boldsymbol{O}_j^l) \oplus E_{j-1}^*[\boldsymbol{Z}_{j-1}(\boldsymbol{Z}_j^k, \boldsymbol{O}_j^l)]\}, \quad \boldsymbol{Z}_j^k \in \boldsymbol{S}_j^Z \\ E_0^*(\boldsymbol{Z}_0) = C_0 \end{cases} \tag{6.8}$$

式中：opt 为最优函数，可以是 min 或 max；⊕ 为系统运算符号，可以根据实际问题取+、−、×、÷等运算操作，或者取大、取小等比较操作；$C_0$ 为初始边界条件，为已知值。

## 6.2.2　标准 POA

POA 作为经典的 DP 改进方法，将复杂多阶段问题转换为若干两阶段子问题，能够有效降低单次计算的工作量。将状态变量作为各水电站不同时段水位，决策变量取为相应的出库流量，则 POA 某次寻优过程如图 6.1 所示，计算流程如下。

（1）由人工经验或常规调度等确定各水电站在不同时刻的初始轨迹。

（2）设 $t$=$T$−1，固定其余阶段各水电站的状态，离散时段 $t$ 各水电站水位并构造相应的状态组合集合 $\boldsymbol{S}_j^Z$，采用式（6.9）从中优选状态组合，使得时段 $t$−1 和时段 $t$+1 内的系统目标函数 $E(\boldsymbol{Z}_{t-1}^0, \boldsymbol{Z}_{t+1}^0)$ 达到最优；然后将时段 $t$ 的状态更新为所得最优状态的组合。同理，对下一阶段进行寻优，直至获得当前轮次各计算时段所有水电站的最优状态组合。

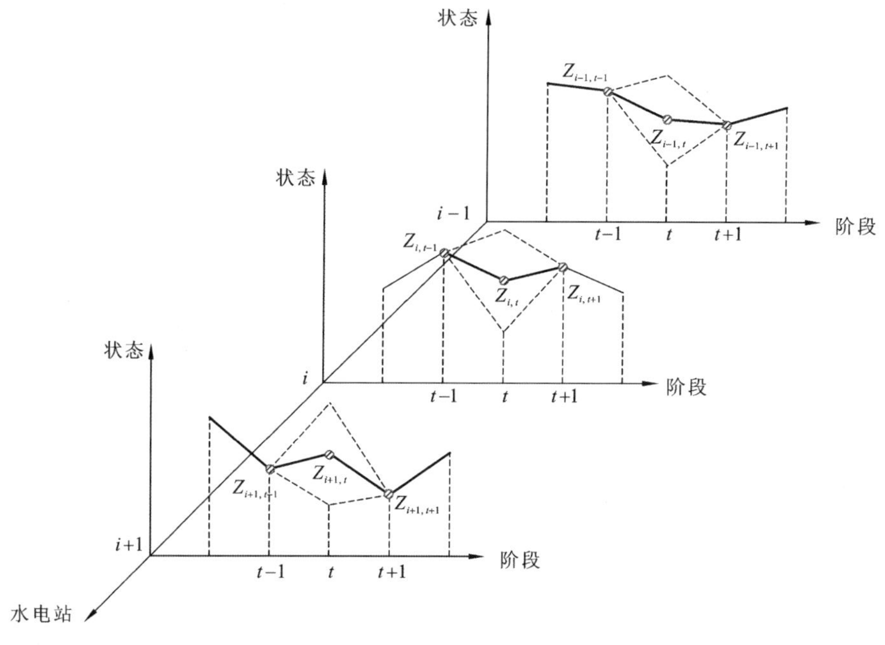


图 6.1　POA 寻优过程示意图

$$E(\boldsymbol{Z}_{t-1}^0,\boldsymbol{Z}_{t+1}^0)=\underset{\boldsymbol{Z}_t^k\in\boldsymbol{S}_t^Z}{\text{opt}}\{E(\boldsymbol{Z}_{t-1}^0,\boldsymbol{Z}_t^k)\oplus E(\boldsymbol{Z}_t^k,\boldsymbol{Z}_{t+1}^0)\} \tag{6.9}$$

式中：$\boldsymbol{Z}_{t-1}^0$、$\boldsymbol{Z}_{t+1}^0$分别为上一轮次所得最优轨迹在第 $t$-1、$t$+1 阶段的状态。

（3）将本次迭代求得的最优轨迹作为下次迭代的初始轨迹，重复步骤（2）直至相邻两次迭代的最优轨迹完全相同，此时停止计算并输出最优轨迹。

# 6.3　DP 并行性分析

## 6.3.1　标准 DP

从式（6.5）～式（6.8）可以看出，DP 求解水电调度问题的步骤可大致分为顺序求解和逆序递推两部分内容，计算伪代码如图 6.2 所示，详细描述如下。

（1）第一部分采用递推方程顺时序获得各阶段所有状态变量对应的最优决策与最优余留期效益，共包含阶段—状态—决策三重循环：阶段层是对调度周期内所有阶段的循环；状态层是对当前计算时段所有状态变量的循环；决策层是对所选状态变量下所有决策变量的循环。

（2）第二部分逆时序获取调度期内的最优指标与调度策略，此时各时段不同状态变量的最优决策及余留期效益已知，只需对计算阶段循环。

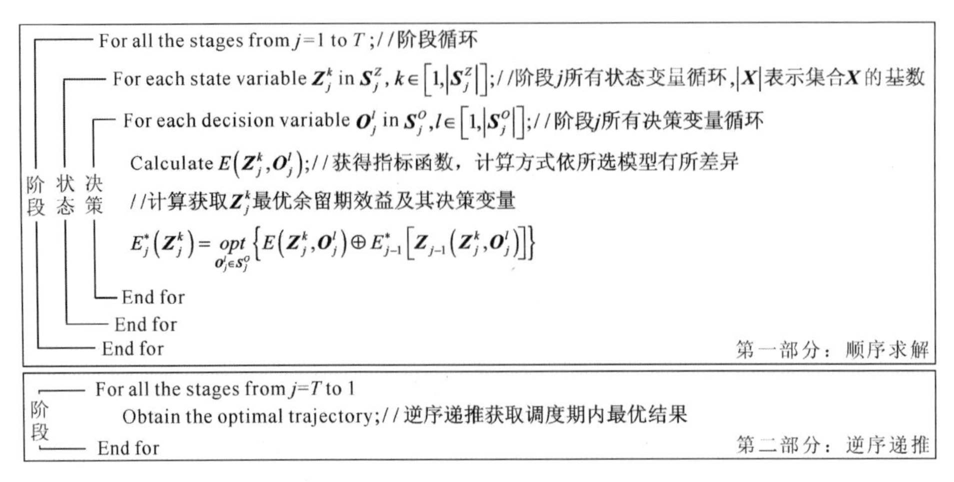


图 6.2　DP 计算流程伪代码

时间复杂度是计算科学复杂度理论中衡量算法效率的重要指标，因此十分有必要对其展开分析。在应用 DP 求解多阶段决策问题时，第一部分中涉及系统状态转移及指标函数计算的递推方程的计算量最大，单次计算所需时间记为 $\tau$。假设 $N$ 座水电站不同时段的状态值与决策值均离散 $k$ 份，则单时段状态变量与决策变量的数目皆为 $k^N$，共需调用 $k^N\times k^N=k^{2N}$ 次递推方程，相应的耗时为 $k^{2N}\tau$；DP 计算 $T$ 个时段共需 $Tk^{2N}\tau$ 单位耗时。由此可见，DP 的时间复杂度为 $O(Tk^{2N}\tau)$，所需耗时与水电站数目、状态离散数目呈指数增长关系。假定系统只计算 1 个时段，各水电站状态值与决策值均离散 200 份，则 1 座水电站时仅需计算 $200\times200=200^2$ 次即可获得最优决策；2 座水电站时需进行全面组合，状态变量与决策变量的数目均为 $200^2$，选优次数高达 $200^2\times200^2=200^4$。显然，DP 的计算任务呈指数级迅猛增长，维数灾问题极为突出。因此，亟须对 DP 开展并行性分析，以便采用有效的并行计算技术缩短运行时间，改善其性能表现。

在并行计算中，要求同时参与计算的子任务之间必须彼此独立、互不影响。下面根据式（6.8）对 DP 开展并行性分析。

（1）组合并行性：假定状态变量及决策变量构成了组合 $\boldsymbol{d}=(\boldsymbol{Z}_j^k,\boldsymbol{O}_j^l)$，调度期内所有的组合共同构成了组合层，可将 DP 计算流程分解为组合指标函数 $E(\boldsymbol{Z}_j^k,\boldsymbol{O}_j^l)$ 的计算与递推计算两个主要步骤。首先令调度期内不同阶段的所有组合 $\boldsymbol{d}$ 构成集合 **Sd**，然后将 **Sd** 内各元素交付多个处理单元开展并行计算，以快速获取各组合的指标值 $E(\boldsymbol{d})$，最后顺序递推获取不同状态变量对应的最优决策与余留期效益。综上，DP 通过一定的策略可在组合层巧妙实现并行计算。

（2）阶段并行性：在 DP 逐时段顺序递推时，任意给定当前计算时段状态变量 $\boldsymbol{Z}_j^k$ 和决策变量 $\boldsymbol{O}_j^l$ 后，对水电系统开展调节计算，得到余留期状态 $\boldsymbol{Z}_{j-1}(\boldsymbol{Z}_j^k,\boldsymbol{O}_j^l)$，此时需查找前一时段的计算结果以获得余留期效益 $E_{j-1}^*[\boldsymbol{Z}_{j-1}(\boldsymbol{Z}_j^k,\boldsymbol{O}_j^l)]$，即两相邻阶段具有顺序依赖性，无法直接采用传统的并行模式。因此，可采用与组合层类似的方法，将 $T$ 个时段视为总任务，将若干阶段内相关组合的计算视为子任务，将子任务交付给不同处理单元进行并行计算。需要说明的是，阶段层、组合层并行的组合对象并不相同，分别是 $T$ 个阶段、调度期内所有组合构成的集合 **Sd**。

（3）状态并行性：对状态层循环时，任意状态变量 $\boldsymbol{Z}_j^k$ 的最优决策 $\boldsymbol{O}_j^*$ 仅与当前时段的决策变量集合 $\boldsymbol{S}_j^O$ 有关，与同时段其他状态变量 $\boldsymbol{Z}_j^m$ $(k\neq m, \boldsymbol{Z}_j^m \in \boldsymbol{S}_j^Z)$并无关系，故阶段层具有天然并行性。可将所求阶段所有状态变量的计算划分为若干子任务，交由多个处理单元同步求解，从而实现阶段层的并行计算。

（4）决策并行性：对决策层循环时，状态变量已经给定，任意两个决策变量 $\boldsymbol{O}_j^l$ 和 $\boldsymbol{O}_j^n$ $(l\neq n, \boldsymbol{O}_j^n \in \boldsymbol{S}_j^O)$之间并无任何联系，故决策层也具有良好的并行性，可由不同处理单元并行计算各决策变量的指标函数及余留效益，计算完成后由主线程优选最优余留期效益及相应的决策变量。

## 6.3.2　标准 POA

从 6.2.2 小节可知，POA 子问题计算量的最大部分在于对所求时段各水电站的状态进行离散并加以组合，从中获取最优状态组合。假设系统共涉及 $N$ 座水电站，各水电站的状态离散数目均为 $k$，由排列组合原理可知，所求时段 $t$ 的状态组合数目 $a_t$ 为

$$a_t = \prod_{i=1}^{N} k = k^N \tag{6.10}$$

假定系统任意两相邻时段的状态组合需要单次调节计算。此时，时段 $t$−1 和 $t$+1 均有 1 个状态组合，两相邻时段（$t$−1 和 $t$、$t$ 和 $t$+1）均需进行 $a_t$ 次状态组合的调节计算，子问题的计算过程如图 6.3 所示，所涉及的计算量为

$$1\times a_t + a_t \times 1 = 2k^N \tag{6.11}$$

| 阶段 | 各水电站不同时刻的离散状态 | | | | | 状态组合 | |
|---|---|---|---|---|---|---|---|
| | 1 | … | $i$ | … | $N$ | 集合 | 数目 |
| $t-1$ | $Z_{1,t-1}$ | … | $Z_{i,t-1}$ | … | $Z_{N,t-1}$ | $\{Z_{1,t-1},\cdots,Z_{i,t-1},\cdots,Z_{N,t-1}\}$ | 1 |
| $t$ | $\{Z_{1,t}^1,\cdots,Z_{1,t}^k\}$ | … | $\{Z_{i,t}^1,\cdots,Z_{i,t}^k\}$ | … | $\{Z_{N,t}^1,\cdots,Z_{N,t}^k\}$ | $\{(Z_{1,t}^1,\cdots,Z_{i,t}^1,\cdots,Z_{N,t}^1)^{\mathrm{T}},\cdots,(Z_{1,t}^k,\cdots,Z_{i,t}^k,\cdots,Z_{N,t}^k)^{\mathrm{T}}\}$ | $k^N$ |
| $t+1$ | $Z_{1,t+1}$ | … | $Z_{i,t+1}$ | … | $Z_{N,t+1}$ | $\{Z_{1,t+1},\cdots,Z_{i,t+1},\cdots,Z_{N,t+1}\}$ | 1 |

图 6.3　POA 子问题组合示意图

显然，单个子问题共涉及 $2k^N$ 次调节计算，即 POA 的时间复杂度为 $O(k^N)$，其运算耗时将随水电站与状态离散数目的增多呈指数增长。假定水电站数目为 $N$ 座，若各水电站的状态变量均离散 3 份，则状态组合数目高达 $3^N$，每增加 1 座水电站，计算量约增加 3 倍。此时，庞大的运算量积压于单个处理器，将造成其他处理器计算资源的无益浪费和求解效率的大幅降低。因此，标准 POA 难以满足大规模水电系统发电调度计划编制的时效性要求。

常规 POA 采用传统串行计算模式，依次对时段 $t$ 各状态组合进行调节计算，如图 6.4 所示，各状态组合分别代表一种调度决策过程，任意两状态组合之间相互独立、无直接联系，改变各状态组合的计算次序并不影响最终结果。因此，POA 具有良好的并行性，具备数据驱动并行计算模式的特点，能够在状态组合级别上实现同步计算。因此，本章提出在多核环境下将 POA 子问题的状态组合分配至不同计算单元实现并行求解，以期充分利用现有资源，在较短时间内完成优化计算，提高水电调度计划编制的效率。

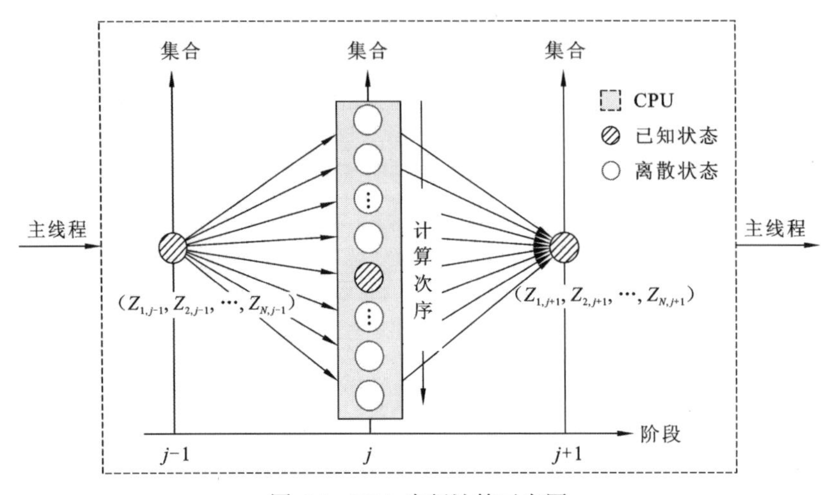


图 6.4　POA 串行计算示意图

# 6.4　并行计算框架及评价指标

选择合适的并行计算框架有利于快速推进方法的编程实现。目前常见的并行框架主要有 MPI、OpenMP 和 Fork/Join 等，其中 Fork/Join 完全由 Java 语言编程实现，并已作为标准并行计算框架集成到 Java 开发包中。考虑到本章方法均采用 Java 语言实现，故选用 Fork/Join 框架实现对 DP 与 POA 的并行化编程。

## 6.4.1　Fork/Join 多核并行框架

Fork/Join 框架是一种利用分治策略进行海量数据计算、充分利用多核 CPU 计算能力的并行执行框架[15-16]。它通过问题分解、并行计算、结果合并 3 个步骤实现并行求解，其基本思想是，首先采用分治法将难以直接求解的大规模复杂问题分解为数个规模较小、相互独立且可直接求解的子问题，然后对各子问题展开并行计算以获取各自的优化结果，最后递归合并各子问题的解得到原问题的解。Fork/Join 框架在任务分解过程中定义阈值来控制子问题规模，其并行执行过程如图 6.5 所示。原问题为难以直接进行求解的大规模复杂问题，采用分治思想将其划分为多个子问题，若子问题规模大于阈值，则继续划分为更小规模的子问题，否则，提交给内核线程池执行；上级任务依赖于其所划分的子任务，只有将所有子任务的计算结果合并后才能获得相应的结果。阈值的大小对并行效率影响较大：若阈值过大，则子任务数目较少，无法充分利用多核资源；若阈值偏小，则子任务数目较多，任务管理开销加大。因此，为充分利用资源，提高计算效率，按式（6.12）确定阈值 $w$：

$$w = \left\lceil e/L \right\rceil \tag{6.12}$$

式中：$\lceil x \rceil$ 为不小于 $x$ 的最小整数；$e$ 为任务计算规模；$L$ 为 CPU 核数。

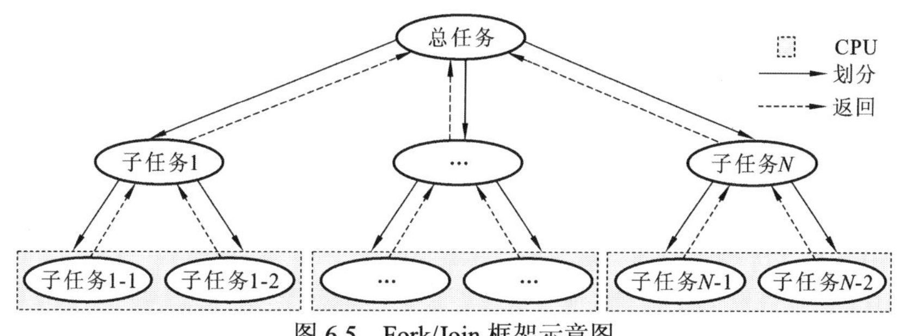


图 6.5　Fork/Join 框架示意图

## 6.4.2　并行计算评价指标

本章将优化结果、计算耗时、加速比与效率 4 个指标作为性能评价的基础指标。

（1）优化结果：并行计算必须保证优化精度，主要体现在，在同等时间内，并行方法能够获得不劣于串行方法的计算结果；或者，并行计算获得同一精度结果所需的时间不高于串行方法。由于本章主要对确定性环境下的 DP 和 POA 两种方法加以改进，故重点关注串行、并行方法计算结果的一致性。

（2）计算耗时：主要是指算法在实施并行化后，$P$ 个计算单元同步运算所需的耗时一般要少于串行计算时间，以便评价程序的并行计算速度。

（3）加速比：指相同任务在并行、串行计算中运行所需时间的比率，用来衡量并行系统或程序并行化的性能和效果，计算公式如下：

$$S_P = T_1 / T_P \tag{6.13}$$

式中：$T_1$ 为串行计算耗时；$T_P$ 为并行方法在 $P$ 个计算单元上的时间；$S_P$ 为加速比，通常情况下，$S_P \in [0, P]$，特别地，若 $S_P = P$，则将其称为理想加速比，若 $S_P > P$，则称为超线性加速比，此类现象出现的可能性较低。

（4）效率：用来评价并行方法对单一处理器计算能力的利用比率。效率 $E_P$ 的计算公式如下：

$$E_P = S_P / P \tag{6.14}$$

由式（6.14）可知，通常 $E_P \in [0,1]$。在理想加速比时，$E_P = 1$；在超线性加速比时，$E_P > 1$。

## 6.5 并行算法实现及其降维性能分析

### 6.5.1 PDP

基于上述分析，本章提出了 4 种 PDP，即组合 PDP（PDP-I）、阶段 PDP（PDP-II）、状态 PDP（PDP-III）和决策 PDP（PDP-IV），分别在组合层、阶段层、状态层和决策层实现并行计算，相应对比见表 6.1，计算示意图见图 6.6。需要说明的是，PDP-III 与 PDP-IV 均在 DP 递推方程内部循环中直接实现并行计算。PDP-I 与 PDP-II 均采用两阶段的思想实现并行，第一阶段为并行预处理阶段，将最耗时的组合 $\boldsymbol{d}$ 的计算剥离出来，采用并行技术获得各组合指标 $E(\boldsymbol{Z}_j^k,\boldsymbol{O}_j^l)$ 并加以存储；第二阶段为寻优计算阶段，此时利用 DP 递推方程调用预处理所得计算结果，以获得最优方案。为便于理解，图 6.7 列出了 PDP-I 与 PDP-II 的计算伪代码。

**表 6.1　多重 DP 并行方法对比**

| 并行方法 | 并行层级 | 并行原理 | 并行对象 | 并行策略 |
|---|---|---|---|---|
| PDP-I | 组合层 | 任意两个组合的调节计算互不影响 | 调度期内所有组合构成的集合 **Sd** | 并行计算 **Sd** 内各元素对应的指标函数，然后顺序递推，获得各状态变量的最优结果 |
| PDP-II | 阶段层 | 不同阶段内的组合计算互不干扰 | 对 $T$ 个时段分解，子任务为若干阶段内组合 $\boldsymbol{d}$ 的相应计算 | 同步计算不同阶段组合对应的指标函数后，采用递推公式计算获得最优调度方案 |
| PDP-III | 状态层 | 不同状态变量的计算彼此独立 | 计算时段的状态变量集合 $\boldsymbol{S}_j^Z$ | 将当前计算阶段不同状态变量的递推公式计算交由多个计算单元并行开展 |
| PDP-IV | 决策层 | 当前状态变量下各决策变量之间无联系 | 当前状态变量所对应的决策变量集合 $\boldsymbol{S}_j^O$ | 并行计算给定状态变量下不同决策变量的指标函数 |

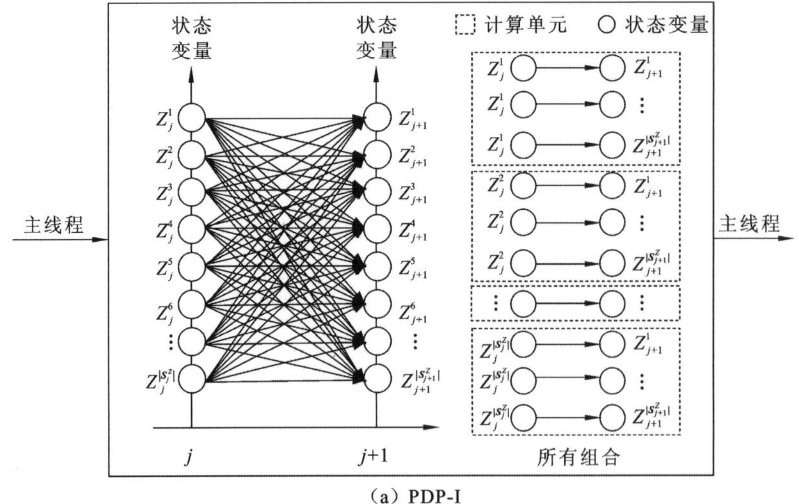


(a) PDP-I

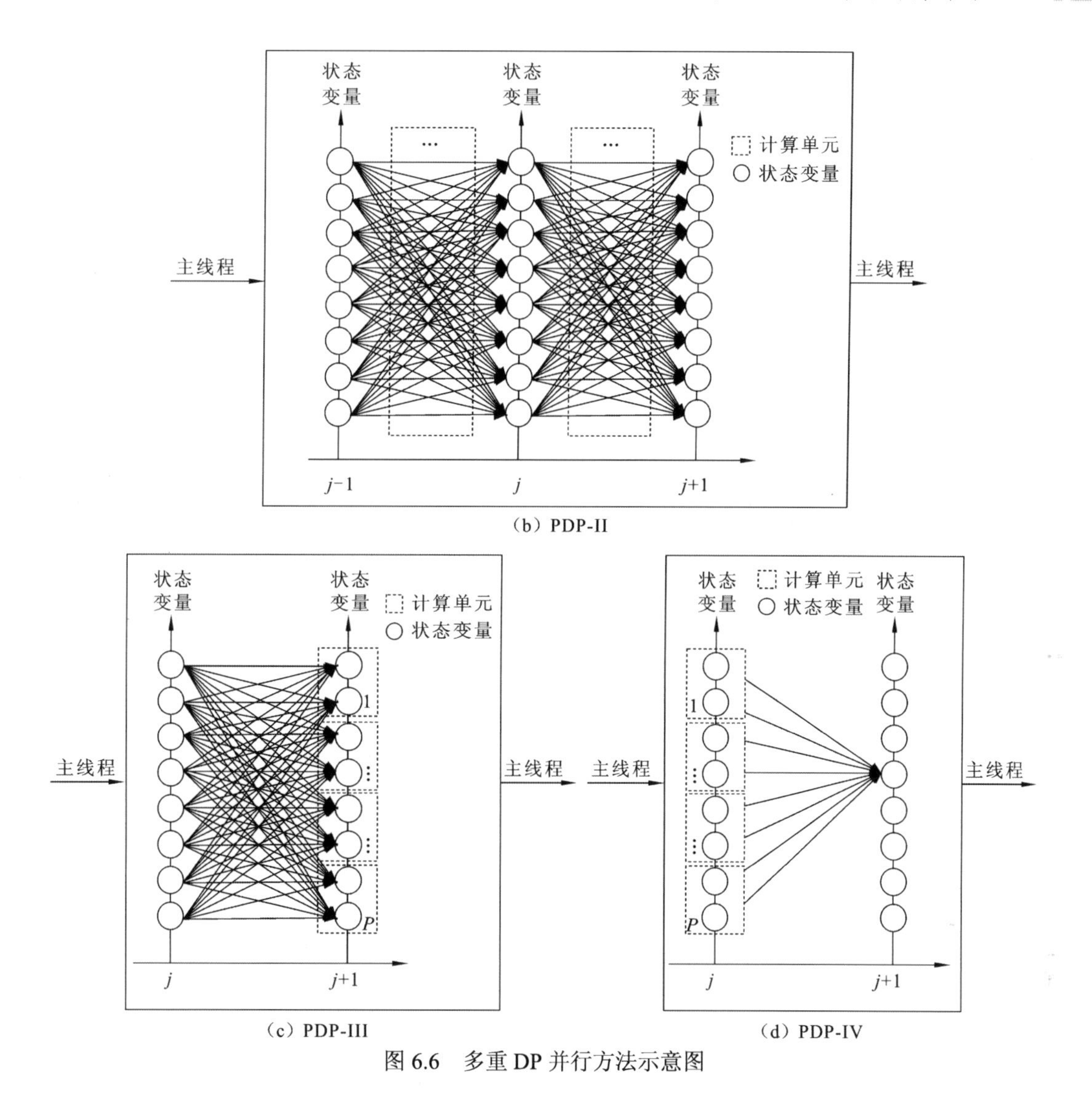


（b）PDP-II

（c）PDP-III

（d）PDP-IV

图 6.6　多重 DP 并行方法示意图

（1）PDP-I。该方法将调度期内所有状态、决策构成的组合 $\boldsymbol{d}$ 对应的指标值的计算视为总任务，然后分解至多个计算单元开展并行计算；在所有子任务完成计算后，利用递推方程快速获取调度期内不同状态变量的最优信息。并行计算伪代码见图 6.7（a），详细步骤如下：①主线程根据设置的状态离散数目及水电站规模，评估各阶段的组合及其数目；②令调度期内所有组合 $\boldsymbol{d}$ 构成式（6.15）所示的集合 **Sd**，依计算核数将其分解为若干子任务，在计算过程中根据预设的规则动态生成相应组合以降低存储量，并实时存储组合对应的指标函数值。

$$\mathbf{Sd}=\{(\boldsymbol{Z}_1^1,\boldsymbol{O}_1^1),(\boldsymbol{Z}_1^1,\boldsymbol{O}_1^2),\cdots,(\boldsymbol{Z}_1^1,\boldsymbol{O}_1^{|S_1^O|}),\cdots,(\boldsymbol{Z}_1^{|S_1^Z|},\boldsymbol{O}_1^1),\cdots,(\boldsymbol{Z}_1^{|S_1^Z|},\boldsymbol{O}_1^{|S_1^O|}),\cdots,(\boldsymbol{Z}_T^{|S_T^Z|},\boldsymbol{O}_T^1),\cdots,(\boldsymbol{Z}_T^{|S_T^Z|},\boldsymbol{O}_T^{|S_T^O|})\} \tag{6.15}$$

式中：$\boldsymbol{Z}$ 为 $N$ 个水电站的状态变量构成的集合；$\boldsymbol{O}$ 为 $N$ 个水电站的决策变量构成的集合。

```
threshold= ⌈|Sd|/P⌉;//|Sd|为集合Sd的基数;P为处理器核数
if(endInd-startInd ≤threshold){//startInd和endInd为开始与结束组合下标
    For all the combination from m=startInd to endInd;//组合循环
        U_m = E(d_m);//存储第m个组合的指标函数U_m
    End for
}else{//递归划分为子任务
    midInd=(endInd+startInd)/2;//任务划分
    Left=(startInd,midInd);//子任务1
    Right=(midInd,endInd);//子任务2
    invokeAll(Left, Right);//子任务的递归分解及并行执行
}
//串行计算获得最优解
For all the stages from j=1 to T;//阶段循环
 For each state variable Z_j^k in S_j^Z, k∈[1,|S_j^Z|];//时段j状态变量循环
   For each decision variable O_j^l in S_j^O, l∈[1,|S_j^O|];//时段j决策变量循环
     f_{j,k,l} ← {U_1,U_2,…,U_{|Sd|}};//按照特定规则找出相应的指标函数
     E_j^*(Z_j^k) = opt_{O_j^l∈S_j^O} {f_{j,k,l} ⊕ E_{j-1}^*[Z_{j-1}(Z_j^k,O_j^l)]};
   End for
 End for
End for
```

（a）PDP-I

```
threshold=⌈T/P⌉; //T为阶段数目;P为处理器核数
if(endInd-startInd ≤threshold){//startInd和endInd为开始与结束时段下标
    For all the stages from j=startInd to endInd;//阶段循环
      For each state variable Z_j^k in S_j^Z, k∈[1,|S_j^Z|];//阶段j状态变量循环
        For each decision variable O_j^l in S_j^O, l∈[1,|S_j^O|];//阶段j决策变量循环
          f_{j,k,l} = E(Z_j^k,O_j^l);//存储阶段j第k个状态变量下第l个决策变量对应的指标
        End for
      End for
}else{//递归划分为子任务
    midInd=(endInd+startInd)/2;//任务划分
    Left=(startInd,midInd);//子任务1
    Right=(midInd,endInd);//子任务2
    invokeAll(Left,Right);//子任务的递归分解及并行执行
}
For all the stages from j=1 to T;//阶段循环
 For each state variable Z_j^k in S_j^Z, k∈[1,|S_j^Z|];//时段j状态变量循环
   For each decision variable O_j^l in S_j^O, l∈[1,|S_j^O|];//时段j决策变量循环
     E_j^*(Z_j^k) = opt_{O_j^l∈S_j^O} {f_{j,k,l} ⊕ E_{j-1}^*[Z_{j-1}(Z_j^k,O_j^l)]};
   End for
 End for
End for
```

（b）PDP-II

图 6.7　PDP-I 与 PDP-II 的计算伪代码

（2）PDP-II。该方法将 DP 第一部分划分成指标函数并行计算和顺序递推获得各状态变量最优信息两部分。并行计算伪代码见图 6.7（b），详细步骤如下：①主线程根据问题规模在存储介质中开辟三维数组空间 $f_{j,k,l}$ 以储存相应的指标函数，$f_{j,k,l}$ 表示第 $j$ 个阶段的第 $k$ 个状态变量在第 $l$ 种决策变量下的目标函数值；②将所有阶段分成数个子任务并交由多个线程同时计算，各子任务负责若干阶段内的组合的相关计算，并存储各状态变量及决策变量组合对应的指标函数；③此时所有组合相应的指标函数已知，利用递推方程即可快速得到各时段不同状态变量的最优信息。

（3）PDP-III。该方法最外层为阶段层循环，在对当前阶段状态层循环时，利用时段内状态变量之间的相对独立性实现并行，将所有状态变量所涉及的递推方程分成若干子任务，各子任务仅负责部分状态变量相应最优决策变量及余留期效益的优选，并将计算结果返回主线程。所有子任务计算完成后，继续进行下一阶段状态层的并行计算，直至所有阶段优化完成。

（4）PDP-IV。该方法在外层仍依次对阶段层、状态层循环计算，但在对某一状态变量决策层循环时，主线程将所有决策变量分成若干相互独立的子任务，各子任务负责部分决策变量相应指标函数的计算并查找对应的余留期效益，主线程汇总各子任务计算结果，比较得到当前状态变量对应的最优决策及余留期效益；同理，对下一状态变量开展决策层并行计算，直至获得当前阶段所有状态变量的最优信息；重复上述过程，直至调度期末。

## 6.5.2　PPOA

PPOA 以 POA 为基础执行框架，首先将多阶段子问题分解为若干两阶段子问题，然后利用 Fork/Join 框架将子问题所有状态组合的调节计算分解为若干子任务，分别交由多个处理单元进行并行计算，子问题并行计算过程如图 6.8 所示，详细步骤如下。

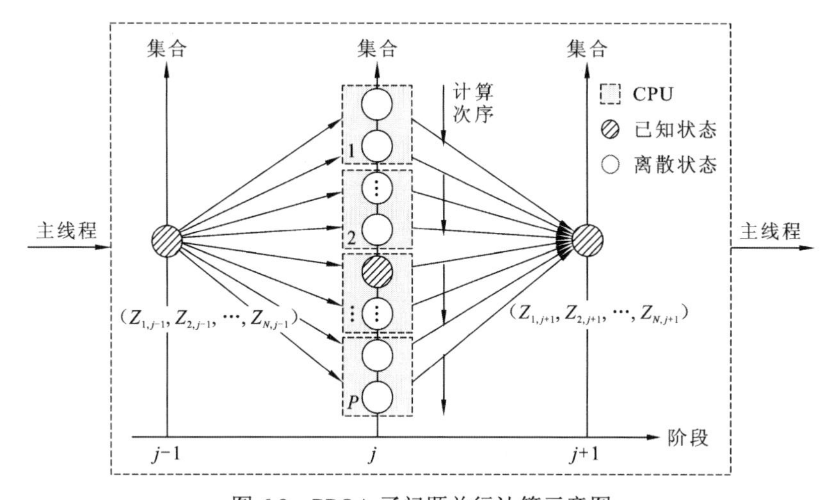

图 6.8　PPOA 子问题并行计算示意图

（1）设置终止精度 $\varepsilon$、状态离散数目 $k$ 等参数。

（2）由常规调度方法确定水位变化序列 $\boldsymbol{Z}^0$。

（3）令 $t$=$T$−1。

（4）由时段 $t$ 各水电站初始状态 $Z_{i,t}$ 及相应搜索步长 $h_{i,t}$ 构造状态组合。

（5）开展并行计算，获取最优状态组合 $\boldsymbol{Z}_t^1$ 及相应结果，具体步骤如下。

第一步，由主线程计算优化阶段状态组合总数目，并生成设定数量的线程池。

第二步，由式（6.12）计算阈值并确定子任务数目，将主线程中的状态组合分解至各线程池，直至各子任务的规模不大于设定阈值。

第三步，各子线程根据得到的状态组合及各水电站基础特性数据，对当前任务集合中的各状态组合进行目标函数及相应惩罚项的计算，然后将最优结果返回并存入主线程。

第四步，主线程合并各子线程计算结果，获取当前最优状态组合及相应的计算结果。

（6）判定是否满足式（6.16），若满足，则转至步骤（7）；否则，令 $\boldsymbol{Z}_t^0=\boldsymbol{Z}_t^1$，转至步骤（4）。

$$\max_{1\leqslant i\leqslant N}\left|Z_{i,t}^1-Z_{i,t}^0\right|\leqslant\varepsilon \tag{6.16}$$

（7）令 $t$=$t$−1，若 $t$>0，则转至步骤（4）；否则，转至步骤（8）。

（8）此时各水电站水位序列为 $\boldsymbol{Z}^1$，判定其是否满足式（6.17），若满足，则转至步骤（9）；否则，缩减搜索步长，然后转至步骤（3）。

$$\max_{1\leqslant i\leqslant N}\max_{1\leqslant j\leqslant T}\left|Z_{i,j}^0-Z_{i,j}^1\right|\leqslant\varepsilon \tag{6.17}$$

（9）停止计算，输出各水电站最优水位序列。

### 6.5.3 并行算法降维性能分析

本章采用并行技术对传统方法加以改进，可从以下几方面分析其降维性能。

（1）从计算模式上看，标准 DP 与 POA 仅能利用单个 CPU 进行串行计算，造成其他 CPU 资源的闲置；而本章 PDP 与 PPOA 将复杂问题分解至多个 CPU 开展并行计算，提升了资源使用效率，同时 Fork/Join 框架的工作窃取机制可有效提升工作线程的协同效应，实现负载均衡。

（2）从求解效率上看，PDP 与 PPOA 能够充分利用已有资源，大幅缩短运算时间，有效提升方法的执行效率，能够取得较为明显的计算加速效果。

（3）从计算规模上看，PDP 与 PPOA 的计算规模将随 CPU 内核数目的增多而提升，且在相同时间内能够完成的工作量更多，这为大规模复杂水电系统的调度提供了新的可能。

（4）从优化结果上看，PDP 与 PPOA 充分结合原有方法良好的搜索性能和并行技术的提速增效优点，能够保证水电调度计算的科学性和时效性。

（5）从时间复杂度上看，PDP 与 PPOA 在多核环境下实现并行计算，假设分配至 $P$ 个 CPU，则时间复杂度在理论上为原始串行方法的 1/$P$，有望在一定程度上缓解维数灾问题。然而，由于在实际计算中，不可避免地会涉及一定量的线程通信、阻塞等，增加了额外的时间开销，而且受到编程语言、运行环境、子任务规模、流程设计等多方面因素的影响，并行方法的计算加速效应不尽相同，一般都不能达到理想的效果。

（6）从空间复杂度上看，并行方法因机制差异会在内存消耗上不尽相同，但一般都会大于串行方法。例如，PPOA 增加了线程通信等操作，会在一定程度上增加内存占用；PDP 假定指标函数需要 $u$ 个存储单元，PDP-I 和 PDP-II 需要存储所有组合对应的指标函数，合计需要 $Tk^{2N}u$ 个存储单元，相应的空间复杂度约为 $O(Tk^{2N}u)$，但对 PDP-III 和 PDP-IV 而言，只需存储每个时段下 $k^N$ 个状态变量的指标函数，$T$ 个时段共需 $Tk^Nu$ 个存储单元，相应的空间复杂度约为 $O(Tk^Nu)$。由此可知，并行方法可能会以额外的内存消耗换取计算效率的提升，对传统的空间复杂度并无明显改进，甚至略有加重。

综上，在实际应用时，需要根据求解问题的特点、模型设计、编程语言、运行机器等具体情况来选定适用的并行化策略与计算框架，以便实现问题的高效建模求解和计算效率的最大化提升。

# 6.6 工程应用

## 6.6.1 PDP

由于 DP 求解 3 座及以上水电站时已存在维数障碍，故本章仅选取洪家渡水电站、东风水电站两级水电站让 DP 参与计算。选取调度周期为 1 年，时段为 1 月，总时段数 $T=12$。将目标函数选为发电量最大模型 $F_1$，分别设定不同的状态离散数目与内核数进行计算，其中内核数选择 1 核（串行）、2 核、3 核和 4 核，状态离散数目取为 20、50 和 100，计算结果详见表 6.2。

表 6.2　不同情境下串并行结果对比

| 状态离散数目 $k$ | | 20 | | | | 50 | | | | 100 | | | |
|---|---|---|---|---|---|---|---|---|---|---|---|---|---|
| 发电量/（$10^4$ kW·h） | | 329 369.26 | | | | 330 471.77 | | | | 330 570.98 | | | |
| 内核数 $P$ | | 1 | 2 | 3 | 4 | 1 | 2 | 3 | 4 | 1 | 2 | 3 | 4 |
| 耗时/s | 串行 | 5.4 | — | — | — | 464 | — | — | — | 24 373 | — | — | — |
| | PDP-I | 5.4 | 7.3 | 8.1 | 8.4 | 464 | 324 | 249 | 169 | 24 373 | 13 770 | 9 338 | 7 190 |
| | PDP-II | 5.4 | 7.4 | 8.2 | 8.5 | 464 | 329 | 256 | 170 | 24 373 | 13 904 | 9 410 | 7 305 |
| | PDP-III | 5.4 | 7.6 | 8.4 | 8.7 | 464 | 353 | 299 | 240 | 24 373 | 15 016 | 10 268 | 7 895 |
| | PDP-IV | 5.4 | 7.9 | 8.5 | 9.1 | 464 | 364 | 321 | 283 | 24 373 | 15 565 | 10 638 | 8 384 |

续表

| 状态离散数目 $k$ | | 20 | | | | 50 | | | | 100 | | | |
|---|---|---|---|---|---|---|---|---|---|---|---|---|---|
| 发电量/（$10^4$ kW·h） | | 329 369.26 | | | | 330 471.77 | | | | 330 570.98 | | | |
| 内核数 $P$ | | 1 | 2 | 3 | 4 | 1 | 2 | 3 | 4 | 1 | 2 | 3 | 4 |
| 加速比 | PDP-I | 1.00 | 0.73 | 0.66 | 0.64 | 1.00 | 1.43 | 1.86 | 2.75 | 1.00 | 1.77 | 2.61 | 3.39 |
| | PDP-II | 1.00 | 0.72 | 0.66 | 0.63 | 1.00 | 1.41 | 1.81 | 2.73 | 1.00 | 1.75 | 2.59 | 3.34 |
| | PDP-III | 1.00 | 0.71 | 0.64 | 0.62 | 1.00 | 1.31 | 1.55 | 1.93 | 1.00 | 1.62 | 2.37 | 3.09 |
| | PDP-IV | 1.00 | 0.68 | 0.63 | 0.59 | 1.00 | 1.28 | 1.44 | 1.64 | 1.00 | 1.57 | 2.29 | 2.91 |
| 效率 | PDP-I | 1.00 | 0.36 | 0.22 | 0.16 | 1.00 | 0.72 | 0.62 | 0.69 | 1.00 | 0.89 | 0.87 | 0.85 |
| | PDP-II | 1.00 | 0.36 | 0.22 | 0.16 | 1.00 | 0.71 | 0.60 | 0.68 | 1.00 | 0.88 | 0.86 | 0.83 |
| | PDP-III | 1.00 | 0.35 | 0.21 | 0.15 | 1.00 | 0.66 | 0.52 | 0.48 | 1.00 | 0.81 | 0.79 | 0.77 |
| | PDP-IV | 1.00 | 0.34 | 0.21 | 0.15 | 1.00 | 0.64 | 0.48 | 0.41 | 1.00 | 0.78 | 0.76 | 0.73 |

由表 6.2 可以看出如下结论：

（1）DP 发电量、计算耗时与状态变量离散数目 $k$ 均呈正相关，随着 $k$ 取值的增大，发电量逐渐收敛至全局最优解，增幅有所下降，而耗时呈指数增长趋势，维数灾凸显。$k$ 由 20 增至 50，发电量约增加 $1.1\times10^7$ kW·h，耗时增加 458.6 s；$k$ 由 50 增至 100，发电量仅增加 $1.0\times10^6$ kW·h，但耗时增加 51.5 倍，增幅显著。

（2）计算规模较小时，采用并行技术反而增加计算耗时。$k$ 取 20 时，单时段状态变量数目仅为 400，计算任务偏少，并行方法需递归划分，额外加大协调管理消耗，进而增加计算耗时，如 3 核环境下 4 种并行方法的耗时较串行的增幅均超过 50%。随着计算任务的逐步增多，并行技术显著降低串行方法的耗时，性能优势突出：在 4 核环境下，$k$=50 时，PDP-I、PDP-II、PDP-III 和 PDP-IV 分别比串行计算减少耗时 295 s、294 s、224 s 和 181 s；$k$=100 时分别减少 17 183 s、17 068 s、16 478 s 和 15 989 s。

（3）相同计算任务下，耗时随内核数目的增加明显减少，加速比也随之增加，但由于多个计算内核间的工作线程通信及数据同步等，在一定程度上降低了计算效率。$k$=50 时，3 核环境下 4 种方法的加速比分别比 2 核增加 0.43、0.40、0.24 和 0.16，但较多的逻辑线程数加大了线程池的管理消耗，同时各子线程动态数据占用较多内存，使得算法性能有所下降，效率分别降低 0.10、0.11、0.14 和 0.16。

（4）相同并行环境下，加速比和效率随着计算规模的增大而增大，且逐渐接近于理想取值。2 核环境下，$k$ 由 20 增至 50，4 种方法的加速比的增幅均超过 0.6，此时与理想加速比的差均超过 0.5；$k$ 取 100 时，各方法的加速比与理想加速比的差均有所减小，分别相差 0.23、0.25、0.38 和 0.43。

（5）各种并行环境下，PDP-I 与 PDP-II 的性能表现不相上下、均为最优，PDP-III 次之，PDP-IV 相对最差。这是由于各方法分别在组合层、阶段层、状态层和决策层实现并行，PDP-I 与 PDP-II 的子任务规模较大，PDP-III 与 PDP-IV 较小；需要指出的是，PDP-I 与 PDP-II 需存储各组合相应的指标函数，内存消耗远高于其他方法。因此，当处理小规模问题时，建议采用 PDP-I 与 PDP-II，否则，选用 PDP-III 和 PDP-IV。

为进一步检验所提方法的适用性，选取某年实测径流为系统输入，分别选用最小出力最大模型 $F_3$ 和调峰电量最大模型 $F_4$ 为目标函数，并在 4 核环境下进行测试，结果详见表 6.3，调度过程见图 6.9 和图 6.10。可以看出，各方法相比于串行 DP，均取得了较好的计算加速效果，可以有效缩短运算耗时，计算效率的增幅均超过了 65%，加速比也大都在 3.0 附近；模型 $F_3$ 充分利用了水电站特性的差异，洪家渡水电站发挥自身的龙头水电站作用，汛期降低出力，枯期加大补偿作用，联合东风水电站共同提升了梯级保证电能；模型 $F_4$ 将原始负荷峰谷差由 1 278 MW 降低至 291 MW，剩余负荷平坦光滑，取

**表 6.3　4 核环境下串并行结果对比**

| 模型 | 目标函数值/MW | 各方法耗时/s | | | | | 并行方法加速比 | | | |
|---|---|---|---|---|---|---|---|---|---|---|
| | | DP | PDP-I | PDP-II | PDP-III | PDP-IV | PDP-I | PDP-II | PDP-III | PDP-IV |
| $F_3$ | 543.5 | 24 192 | 7 094 | 7 136 | 7 804 | 8 091 | 3.41 | 3.39 | 3.10 | 2.99 |
| $F_4$ | 1214.1 | 24 217 | 7 123 | 7 186 | 7 888 | 8 046 | 3.40 | 3.37 | 3.07 | 3.01 |

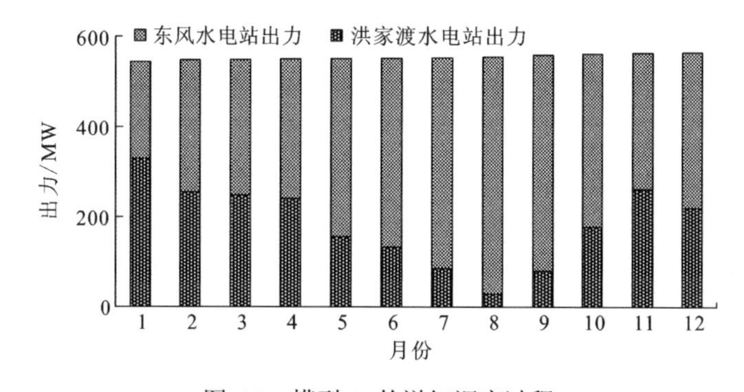


图 6.9　模型 $F_3$ 的详细调度过程

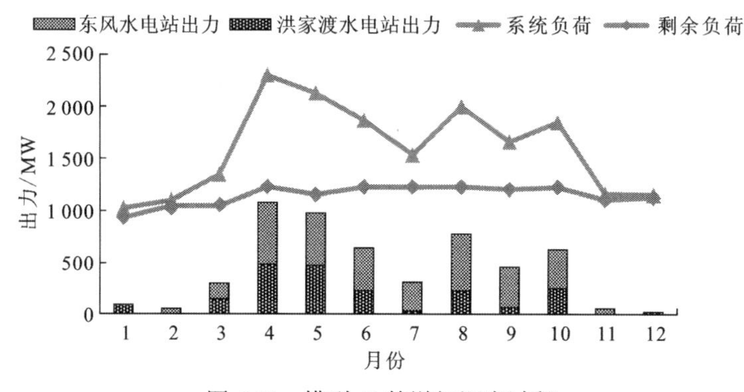


图 6.10　模型 $F_4$ 的详细调度过程

得了较为显著的调峰效果。由此可知，在适宜的计算环境下，采用并行技术能够充分利用计算机已有的内核资源，避免已有资源的闲置与浪费，从而有效缩短算法的执行耗时，提升运行效率。

### 6.6.2 PPOA

为检验 PPOA 在不同系统约束下的性能表现，选用某年实测来水为输入径流，并采取多种水电出力限制约束加以验证。表 6.4 列出了 PPOA 详细的计算结果，可以看出，通过引入水电系统总出力约束，能有效实现水能资源的均衡分布；系统出力限制的增加虽然在一定程度上降低了发电量，但是枯水期的总出力得到提升，如方案 5 的总发电量较方案 1 降低了 1.3%，但相应的系统最小出力增加了 3 倍，实现了水能资源的合理蓄放，有利于水能与风能、光伏能等间歇性能源的互补联合调度。

**表 6.4 PPOA 在不同系统约束下的结果对比**

| 名称 | 总出力限制/MW | 发电量/($10^4$ kW·h) | 耗时/ms |
|---|---|---|---|
| 方案 1 | 500 | 2 769 744.67 | 6 232 |
| 方案 2 | 800 | 2 766 568.97 | 6 306 |
| 方案 3 | 1 000 | 2 754 502.12 | 6 357 |
| 方案 4 | 1 500 | 2 735 831.82 | 6 351 |
| 方案 5 | 2 000 | 2 733 551.12 | 6 413 |

选取丰、平、枯 3 种不同频率来水开展性能测试，分别采用本章方法与 DPSA 进行求解，其中 PPOA 采用 8 核进行并行计算，计算结果详见表 6.5。从耗时上看，3 种典型年来水条件下，PPOA 约需 POA 耗时的 15%即可收敛，明显缩短求解时间；总时间与 DPSA 类似，都不足 8 s，这在水电系统长期优化调度中是可以接受的。从发电量上看，

**表 6.5 不同来水情况下各方法的计算结果**

| 来水 | 算法 | 发电量/($10^8$ kW·h) | | | | | | | 耗时/ms | |
|---|---|---|---|---|---|---|---|---|---|---|
| | | 普定水电站 | 洪家渡水电站 | 东风水电站 | 乌江渡水电站 | 构皮滩水电站 | 其他 | 合计 | 串行 | 并行 |
| 丰水年 | DPSA | 4.12 | 14.89 | 35.41 | 45.69 | 117.72 | 131.87 | 349.70 | 6 594 | — |
| | POA | 4.16 | 16.30 | 34.38 | 45.81 | 116.67 | 137.49 | 354.81 | 47 247 | 7 015 |
| 平水年 | DPSA | 2.87 | 14.18 | 29.05 | 35.35 | 87.49 | 105.71 | 274.65 | 6 393 | — |
| | POA | 2.88 | 13.10 | 30.24 | 35.98 | 87.08 | 107.92 | 277.20 | 41 437 | 6 241 |
| 枯水年 | DPSA | 3.69 | 10.21 | 22.60 | 25.95 | 58.76 | 80.24 | 201.45 | 6 250 | — |
| | POA | 3.67 | 9.13 | 23.39 | 26.36 | 59.31 | 80.51 | 202.37 | 38 129 | 5 786 |

相比于 DPSA，不同情境下的 PPOA 与 POA 的优化结果均有较大幅度的提升，如丰水年条件下约增发 $5\times10^8$ kW·h 电量，这是由于 DPSA 依次对各水电站进行求解，未能有效考虑梯级水电站间的协调效应，其搜索性能在一定程度上受到了限制；POA 可保证收敛至总体最优解，搜索性能良好；而 PPOA 未改变 POA 的寻优机制，优化结果与其完全一致。综上，DPSA 以牺牲优化结果换取计算效率的提升，而 PPOA 结合了并行计算与 POA 的优点，有效保证了求解精度与运算效率。

表 6.6 列出了在平水年来水条件下，POA 与 PPOA 不同状态离散数目的计算结果对比。①从耗时和发电量上看，随着状态离散数目的增加，两方法的搜索能力得到增强，发电量均逐渐增大，但增幅并不明显，而计算规模呈指数增长，POA 耗时显著增大：$k$ 由 3 增加至 5 时，发电量仅增加 $4.6\times10^7$ kW·h，但 POA 耗时大约增加了 1.4 倍；$k$ 由 7 增加至 9，发电量不再增加，而 POA 耗时的增幅高达 2 060 s，显然已无法满足工程实际问题的时效性需求。PPOA 与串行方法相比，大幅缩减计算耗时，且随着 CPU 核数的增加，性能优势更加显著：当 $k$=3 时，串行耗时分别为 2 核、4 核和 8 核环境下并行计算的 1.83 倍、3.41 倍和 6.64 倍；当 $k$=9 时，2 核、4 核和 8 核环境下并行计算耗时分别减少 1 223 s、1 833 s 和 2 176 s。②从加速比上看，PPOA 在不同内核环境下均获得了良好的加速比，且加速比与内核呈正相关关系。在相同内核环境下，计算任务越大，加速比越大，且越接近于理想加速比：当 $k$=5 时，2 核、4 核和 8 核环境下的加速比分别为 1.89、3.53 和 6.80；在 2 核环境下，$k$ 取 3、5、7 时，加速比分别达到 1.83、1.89 和 1.91，与理想加速比（$S_P$=2）的差值逐渐缩小。③从效率上看，在计算任务相同时，并行效率随内核增加呈下降趋势：当 $k$=5 时，2 核、4 核和 8 核环境下的并行效率分别为 0.94、0.88 和 0.85，下降趋势明显。这是由于在相同计算任务下，随着 CPU 数目的增加，内核间通信逐渐增多，同时线程池对各子线程的调度管理消耗增加，计算效率降低。综上，PPOA

**表 6.6　两方法在不同情景下的计算结果对比**

| 状态离散数目 | 发电量/($10^4$ kW·h) | POA 耗时/ms | PPOA | | | | | |
|---|---|---|---|---|---|---|---|---|
| | | | 内核数 | 耗时/ms | 加速比 | 理想加速比 | 与理想加速比的差值 | 效率 |
| 3 | 2 772 025.1 | 41 437 | 2 | 22 643 | 1.83 | 2 | 0.17 | 0.92 |
| | | | 4 | 12 152 | 3.41 | 4 | 0.59 | 0.85 |
| | | | 8 | 6 241 | 6.64 | 8 | 1.36 | 0.83 |
| 5 | 2 776 643.2 | 97 437 | 2 | 51 554 | 1.89 | 2 | 0.11 | 0.94 |
| | | | 4 | 27 603 | 3.53 | 4 | 0.47 | 0.88 |
| | | | 8 | 14 329 | 6.80 | 8 | 1.20 | 0.85 |
| 7 | 2 776 974.6 | 464 750 | 2 | 243 325 | 1.91 | 2 | 0.09 | 0.95 |
| | | | 4 | 129 097 | 3.60 | 4 | 0.40 | 0.90 |
| | | | 8 | 65 182 | 7.13 | 8 | 0.87 | 0.89 |
| 9 | 2 776 974.6 | 2 524 750 | 2 | 1 301 418 | 1.94 | 2 | 0.06 | 0.97 |
| | | | 4 | 691 712 | 3.65 | 4 | 0.35 | 0.91 |
| | | | 8 | 348 722 | 7.24 | 8 | 0.76 | 0.91 |

结合了并行技术与POA的优点，有效保证了水电调度计算的时效性和结果的准确性，且计算规模越大，效率优势越突出；此外，随着计算机硬件资源的提升，PPOA在相同时间内能够完成更多的工作量。

## 6.7 本章小结

本章立足智能电网精细化调度需求与高性能计算发展趋势，依托水电系统常用的优化模型，抽象出较为通用的DP与POA方程；在对两者计算流程展开深入分析后，提出了4种分别在组合层（PDP-I）、阶段层（PDP-II）、状态层（PDP-III）及决策层（PDP-IV）实施改进的PDP，以及在状态组合级别实现计算加速的PPOA。主要结论如下。

（1）对POA与DP而言，无论是串行还是并行，通过增加状态离散数目均会在一定程度上提升算法的寻优能力，进而改善目标函数；但是，由于各阶段状态组合与系统规模呈指数增长，算法所需耗时也将急剧增加。

（2）当求解计算密集型的水电调度问题时，并行方法均可在不增加硬件投资的前提下，充分利用现有多核处理器的计算资源，有效缩短算法的执行时间，大幅提高计算效率，表明并行技术可在一定程度上缓解时间维数灾问题，可为大规模水电站群联合调度问题的高效求解提供新的可能。

（3）并行方法在不同特点的计算任务下的性能表现不尽相同：若任务规模较小，采用并行方法可能会在某种程度上增加额外消耗，反而会延长计算时间；若任务规模较大，采用并行方法一般会缩短计算耗时。因此，需要综合问题规模及其特点、运行环境与机器配置等因素，选取合适的并行策略以最大化提升方法的性能。以DP为例，若计算任务较小、内存容量充足，可优先在组合层与阶段层实施并行计算；反之，可在状态层和决策层开展并行计算。

（4）需要说明的是，由于标准DP与POA的计算规模相对受限，而本章所提的并行方法虽然能够在一定程度上提升算法的计算效率，但由于并未对算法机理做出根本改进，两者的最大解算规模仍然受到原始方法的限制。另外，未来可在并行机制分析的基础上，考虑结合GPU并行计算、云计算等高性能并行技术进一步改善算法的性能。

## 参考文献

[1] 梅亚东. 梯级水库优化调度的有后效性动态规划模型及应用[J]. 水科学进展, 2000, 11(2): 194-198.

[2] 刘红岭, 张焰, 蒋传文, 等. 采用动态风险管理方法的水电站短期优化调度[J]. 中国电机工程学报, 2012, 32(19): 74-80,188.

[3] 陈立华, 梅亚东, 麻荣永. 并行遗传算法在雅砻江梯级水库群优化调度中的应用[J]. 水力发电学报, 2010, 29(6): 66-70.

[4] 王森, 武新宇, 程春田, 等. 梯级水电站群长期发电优化调度多核并行机会约束动态规划方法[J]. 中

国电机工程学报, 2015, 35(10): 2417-2427.

[5] PICCARDI C, SONCINI-SESSA R. Stochastic dynamic programming for reservoir optimal control: Dense discretization and inflow correlation assumption made possible by parallel computing[J]. Water resources research, 1991, 27(5): 729-741.

[6] DIAS B H, TOMIM M A, MARCATO A L M, et al. Parallel computing applied to the stochastic dynamic programming for long term operation planning of hydrothermal power systems[J]. European journal of operational research, 2013, 229(1): 212-222.

[7] CHENG C T, WANG S, CHAU K W, et al. Parallel discrete differential dynamic programming for multireservoir operation[J]. Environmental modelling and software, 2014(57): 152-164.

[8] ZHANG Z B, ZHANG S H, WANG Y H, et al. Use of parallel deterministic dynamic programming and hierarchical adaptive genetic algorithm for reservoir operation optimization[J]. Computers and industrial engineering, 2013, 65(2): 310-321.

[9] 万新宇, 王光谦. 基于并行动态规划的水库发电优化[J]. 水力发电学报, 2011, 30(6): 166-170,182.

[10] LI X, WEI J H, LI T J, et al. A parallel dynamic programming algorithm for multi-reservoir system optimization[J]. Advances in water resources, 2014(67): 1-15.

[11] 孙平, 王丽萍, 蒋志强, 等. 两种多维动态规划算法在梯级水库优化调度中的应用[J]. 水利学报, 2014, 45(11): 1327-1335.

[12] 蒋志强. 嵌套结构并行多维动态规划算法及其应用研究[D]. 北京: 华北电力大学, 2015.

[13] 申俊华. 中期火电开机优化的多核并行算法及其应用[D]. 大连: 大连理工大学, 2010.

[14] 郑慧涛. 水电站群发电优化调度的并行求解方法研究与应用[D]. 武汉: 武汉大学, 2013.

[15] FENG Z K, NIU W J, ZHOU J Z, et al. Parallel multi-objective genetic algorithm for short-term economic environmental hydrothermal scheduling[J]. Energies, 2017, 10(2): 163.

[16] 冯仲恺, 牛文静, 廖胜利, 等. 水电系统中长期发电调度多核并行逐步优化方法[J]. 电力自动化设备, 2016, 36(11): 75-81.

# 第7章

# 特大流域水电站群优化调度试验设计降维方法

## 7.1 引　言

在前6章，在对DP计算流程深入分析的基础上，提出了基于Fork/Join多核框架的并行优化方法，有效缩短了计算耗时，虽然缓解了时间维数灾问题，但是空间维数灾问题并未得到解决。以水电优化调度为例，国内外研究与实践均表明：DP求解2座水电站时所需计算空间已十分庞大，必须有高超的优化求解技术和策略才可以处理3座及以上水电站[1-3]；而中国特大流域梯级水电站群动辄数十座，在处理此类大规模水电站群的调度问题时，采用传统DP会超出计算机的内存容量，引发内存溢出等问题，难以完成调度计算任务[4-6]。为此，国内外学者从多个方面开展了大量有益探索，相继提出了一系列以逐次逼近理论为核心的改进算法[7-9]，如旨在减少计算维数的DPSA、旨在减少离散状态的DDDP、旨在减少阶段数目的POA。上述方法分别在不同程度上取得了降维效果，但在求解大规模复杂问题时仍存在维数灾、局部收敛等不足[10-11]。为此，在已有成果基础上，对DP系列算法深入开展理论分析，研究发现：各计算阶段不同维度离散状态的全面组合是DP类算法维数灾问题的产生根源。从试验设计角度看，传统方法采用的是全面试验设计方法，该方法在因素数目及水平数目较少时，工作量相对不大，并能清晰地剖析、获取各因素与试验指标之间的关联关系；但是，伴随试验规模的扩张，组合数目将呈指数增长，所需成本与耗时将为天文数字，实际生产对此难以承受。在这样的情况下，新型高效的试验设计方法便应运而生，正交试验设计与均匀试验设计便是两种典型的方法。不同于全面试验设计的全面组合，两者分别利用正交表、均匀表从全部方案中优选部分典型方案进行试验，能够在有效保障样本代表性的同时显著提升试验效率，在军事、化工等领域得到了广泛应用[12-14]。因此，本章从试验设计角度出发，将DP系列方法在各阶段状态变量的组合视为多因素多水平试验，利用特定的试验表在全部状态变量中进行状态抽样，规避传统方法的全面组合，进而减少相应的存储量与计算量；同时，通过迭代搜索不断改善解的质量，实现了试验设计与传统方法的深度嵌套，为克服DP维数灾难题提供了新的途径。理论分析表明，所提出的ODDDP与UDP将计算复杂度从指数增长降低至多项式增长，有效提升了求解规模和运算效率，其性能优势也通过了实际工程的检验。

## 7.2 DP系列算法原理分析

### 7.2.1 DP

1. 多维多阶段复杂决策问题的DP模型

根据6.2.1小节，在求解维度为$N$、阶段为$T$的复杂系统决策问题时，DP递推方程可进一步抽象为如下形式：

$$\begin{cases} F_j^*(\boldsymbol{X}_j) = \underset{\boldsymbol{D}_j \in \boldsymbol{S}_j^D}{\text{opt}} \{F(\boldsymbol{X}_j, \boldsymbol{D}_j) \oplus F_{j+1}^*[T_j(\boldsymbol{X}_j, \boldsymbol{D}_j)]\}, \quad \boldsymbol{X}_j \in \boldsymbol{S}_j^X \\ F_{T+1}^*(\boldsymbol{X}_{T+1}) = g(\boldsymbol{X}_{T+1}) \end{cases} \tag{7.1}$$

式中：$T_j(\boldsymbol{X}_j, \boldsymbol{D}_j)$ 为第 $j$ 阶段系统初始状态为 $\boldsymbol{X}_j$，经决策 $\boldsymbol{D}_j$ 作用后系统在第 $j+1$ 阶段的状态；$F(\boldsymbol{X}_j, \boldsymbol{D}_j)$ 为第 $j$ 阶段状态变量为 $\boldsymbol{X}_j$，决策变量为 $\boldsymbol{D}_j$ 时系统的指标值；$F_j^*(\boldsymbol{X}_j)$ 为阶段 $j$ 状态变量 $\boldsymbol{X}_j$ 在调度期末的最优指标值；opt 为最优函数，可以是 min 或 max；$\oplus$ 为系统运算符号，根据实际问题需求选择相应的操作；$\boldsymbol{S}_j^X$ 、$\boldsymbol{S}_j^D$ 分别为系统在阶段 $j$ 的状态变量集合与决策变量集合；$g(\boldsymbol{X}_{T+1})$ 为决策过程终端条件，为已知函数。

### 2. DP 复杂度分析

在计算科学中，通常将计算复杂度作为评估算法性能的重要指标。计算复杂度由时间复杂度和空间复杂度组成，分别指算法执行过程中所需的运算耗时和计算存储量。为便于分析，定义状态变量 $\boldsymbol{X}_j$ 与决策变量 $\boldsymbol{D}_j$ 均需单位存储单元；指标函数 $F(\boldsymbol{X}_j, \boldsymbol{D}_j)$ 所涉及的所有水电站的定水位调节计算、目标函数及惩罚函数计算称为单次计算。下面对 DP 的计算复杂度进行分析，为不失一般性，假设第 $i$ 维在阶段 $j$ 的状态值 $X_{i,j}$ 与决策值 $D_{i,j}$ 分别离散 $m_{i,j}$ 、$n_{i,j}$ 份，则根据排列组合原理，系统在阶段 $j$ 的状态变量集合 $\boldsymbol{S}_j^X$ 与决策变量集合 $\boldsymbol{S}_j^D$ 的基数分别为

$$\text{card}(\boldsymbol{S}_j^X) = \prod_{i=1}^{N} m_{i,j} \tag{7.2}$$

$$\text{card}(\boldsymbol{S}_j^D) = \prod_{i=1}^{N} n_{i,j} \tag{7.3}$$

式中：$\text{card}(\boldsymbol{S})$ 为集合 $\boldsymbol{S}$ 的基数，即集合 $\boldsymbol{S}$ 中的元素个数。

由图 7.1 所示的 DP 原理图与式（7.1）所示的 DP 递推方程可知，任一状态变量均需遍历当前阶段的所有决策变量并从中选取最优决策，合计需 $\text{card}(\boldsymbol{S}_j^D)$ 次计算；在阶段 $j$ 共有 $\text{card}(\boldsymbol{S}_j^X)$ 个状态变量，各状态变量均需 1 个基础存储单元与 $\text{card}(\boldsymbol{S}_j^D)$ 次计算，故阶段 $j$ 共需 $\text{card}(\boldsymbol{S}_j^D)$ 个存储单位与 $\text{card}(\boldsymbol{S}_j^X) \cdot \text{card}(\boldsymbol{S}_j^D)$ 次计算；$T$ 个阶段所需存储单位与计算规模分别达到了 $\sum_{j=1}^{T} \text{card}(\boldsymbol{S}_j^X)$ 和 $\sum_{j=1}^{T} [\text{card}(\boldsymbol{S}_j^X) \cdot \text{card}(\boldsymbol{S}_j^D)]$；$I$ 轮迭代存储规模不变，计算次数增加 $I$ 次，合计需要 $I\sum_{j=1}^{T} [\text{card}(\boldsymbol{S}_j^X) \cdot \text{card}(\boldsymbol{S}_j^D)]$ 次计算（对 DP 而言，$I$=1）。特别地，若 $\forall i, j, m_{i,j} = n_{i,j} = k$，则 DP 的总存储量与总计算量分别为 $Tk^N$ 和 $Tk^{2N}$，DP 的空间复杂度和时间复杂度分别为 $O(Tk^N)$ 、$O(Tk^{2N})$ 。由此可知，各阶段不同维度离散状态的全面组合是 DP 时空复杂度皆呈指数增长的根本原因，若能采取一定方法减少单阶段状态变量的集合基数，可有效缓解 DP 维数灾问题。

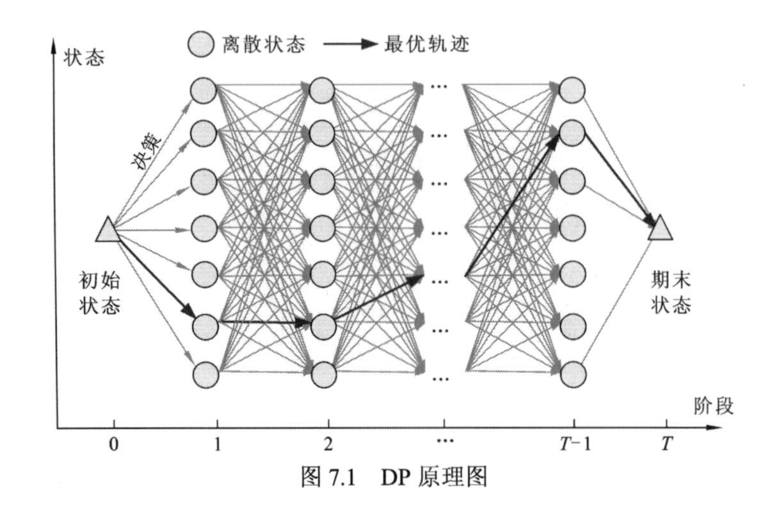

图 7.1　DP 原理图

## 7.2.2　DDDP

DDDP 是为解决 DP 维数灾问题提出的一种改进方法。它首先根据经验或其他方法获得满足约束条件和边界条件的初始试验轨迹，然后在该试验轨迹的邻域内对各水电站不同时段的状态值进行离散并加以组合形成廊道，采用 DP 递推方程在各时段离散状态构成的状态变量集合中寻找一条改善轨迹，将本次迭代获得的最优轨迹和相应的最优策略作为下次迭代的初始试验轨迹与试验策略，反复迭代直至满足收敛条件。图 7.2 为 DDDP 计算示意图，可以看出：与图 7.1 所示的 DP 相比，DDDP 无须在状态变量的整个可行域内寻优，仅在试验轨迹邻域内较少的离散状态点上发起搜索，有效降低了计算存储量和运算时间。

由 2.3.5 节可知，采用常规 DP 在初始轨迹的廊道内获取改进试验轨迹是 DDDP 计算消耗最大的地方。各水电站在所有时段的状态离散数目均为 $k$（一般取 3、5、7 等），而廊道规模又直接受到 $k$ 取值大小的影响，一般 $k$ 越大，算法覆盖的搜索空间越大，初始解质量在廊道内得到改善的概率也就越大，但是这也会大幅提升算法的计算时间，降低求解效率。下面对此现象进行具体分析，假定水电系统调度过程涉及 $T$ 个计算时段，其中，各水电站在始、末 2 个时刻的状态均为已知值，其余 $T$−1 个时刻的状态值有待优化，则系统调度期始、末时刻均只有 1 个状态变量，其他 $T$−1 个时刻的状态变量数目 $S=k^N$；同时，各状态变量均需遍历相邻时刻的所有状态变量，调度期始、末时刻均需要 $1\times S=S$ 次调度计算，其他 $T$−1 个时刻均需要 $S\times S=S^2$ 次计算。因此，在单次寻优过程中，DDDP 的总计算次数为

$$S+(T-1)\times S^2+S \tag{7.4}$$

总存储量为

$$1+(T-1)\times S+1 \tag{7.5}$$

由此可知，DDDP 的时间复杂度为 $O(S^2T)=O(k^{2N}T)$，空间复杂度为 $O(ST)=O(k^NT)$。即便将离散点数目选为 3，此时 DDDP 的时间复杂度和空间复杂度分别为 $O(3^{2N}T)$、

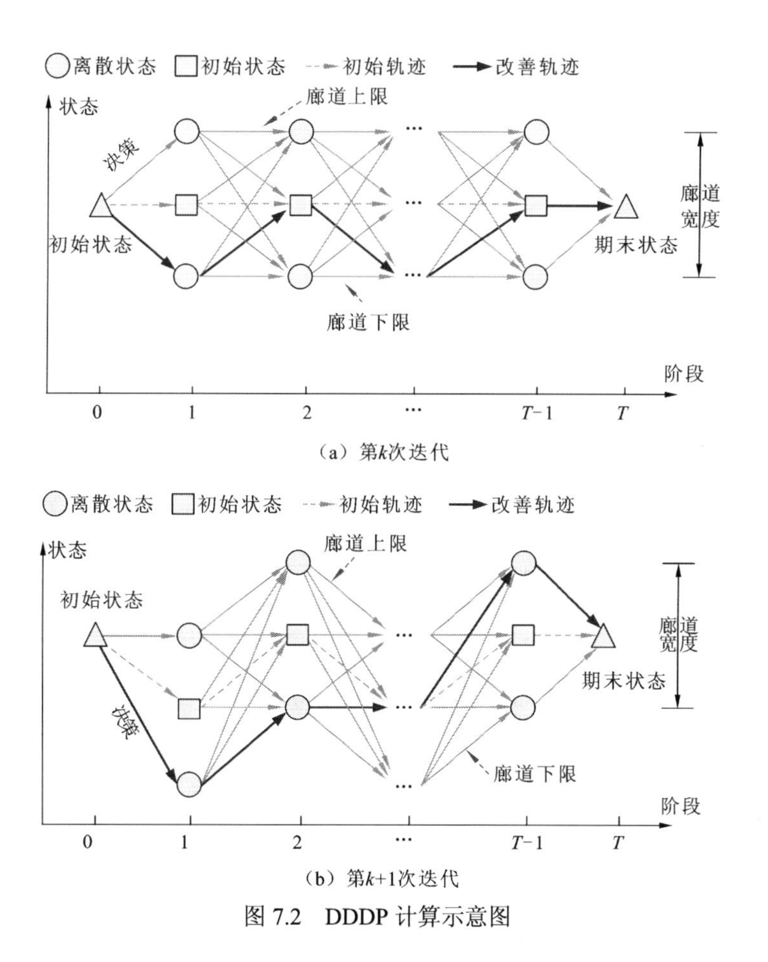

（a）第k次迭代

（b）第k+1次迭代

图 7.2　DDDP 计算示意图

$O(3^N T)$，两者与水电站数目仍然呈指数增长关系。例如，在求解 6 座水电站联合调度问题时，DDDP 所需耗时便高达数十分钟。显然，单时段状态变量数目 $S$ 随水电站规模和状态离散数目的增大呈指数增长，导致 DDDP 的计算复杂度面临严重的维数灾问题。因此，若能避免各水电站离散状态之间的全面组合，减少单时段状态变量的数目，可有效缓解这一问题。

## 7.3　试验设计方法

对于单因素或两因素试验，试验设计、实施与分析相对简单，但在实际工作中时常需要同时考查 3 个及以上试验因素对结果的影响，同时各因素一般还具有多个水平。假设试验中有 $F$ 个因素，各因素均有 $k$ 个水平，若进行全面组合，共有 $k^F$ 项组合，当 $k$ 或 $F$ 较大时，总试验规模将极其庞大，但是受环境条件及试验成本等影响，很难甚至不可能做 $k^F$ 组试验，这就使得全面试验难于实施。正交试验设计与均匀试验设计便是两类进行多因素多水平试验、寻求最优水平组合的高效试验方法。两者均能有效保证所选试验方案具有良好的全局代表性，同时大幅降低试验次数，进而提高试验结果的可靠性与高效性，以其良好的适用性、稳健性和实用性广泛应用于军事工程、石油化工、食品卫生、航天航空等多个领域。

## 7.3.1 正交试验设计

### 1. 正交试验与正交表

正交试验设计是一种利用数理统计学和正交性原理处理多因素多水平问题的科学试验方法[15-16]。该方法首先根据试验因素和因素水平数选择合适的正交表，然后据此从全部试验方案中选取具有均衡分散、整齐可比性质的部分试验方案，最后采用极差分析法等对试验结果进行统计分析，获取最优试验因素水平组合。正交试验设计利用由均衡分布思想和组合数学理论构造的规格化 $L_M(k^F)$正交表，从 $k^F$ 个试验方案中选取 $M$ 个典型试验方案进行试验，一般 $M$ 远远小于 $k^F$，可极大降低试验规模。其中，$L_M(k^F)=(a_{i,j})_{M\times F}$，每一行均表示一个因素水平组合（即一种试验方案），$L$ 为正交表记号，$a_{i,j}$ 为第 $i$ 项水平组合中因素 $j$ 的水平取值，$a_{i,j}\in\{1,2,\cdots,k\}$，$M$ 为正交试验方案数目，$F$ 为正交表所能处理因素的上限，且有

$$F(u)=(k^u-1)/(k-1) \tag{7.6}$$

$$M=k^u \tag{7.7}$$

式中：$u$ 为基本列数，可取任意大于 1 的正整数；$k$ 为因素水平。

表 7.1 为 $L_9(3^4)$正交表，可以看出：①试验规模降低。正交试验设计仅需开展 9 次试验即可处理 4 项均为 3 水平（1、2、3）的试验因素（I、II、III、IV），而全面试验次数为 $3^4$=81 次，显然大幅减少了试验次数。②均衡分散性。各因素不同水平（1、2、3）的频次相同，均出现 3 次。③整齐可比性。任意两列数字的排列方式齐全且均衡，如 I 和 II、I 和 IV 等因素的不同水平组合（1 和 1、1 和 2 等）均出现 1 次。④正交性。将（-1，0，1）分别替换（1，2，3）后，任意两列水平数对应的内积为 0。这表明依据正交表开

**表 7.1　$L_9(3^4)$正交表**

| 方案标号 | 因素 I | 因素 II | 因素 III | 因素 IV | 方案标号 | 因素 I | 因素 II | 因素 III | 因素 IV |
|---|---|---|---|---|---|---|---|---|---|
| (1) | 1 | 1 | 1 | 1 | (6) | 2 | 3 | 1 | 2 |
| (2) | 1 | 2 | 2 | 2 | (7) | 3 | 1 | 3 | 2 |
| (3) | 1 | 3 | 3 | 3 | (8) | 3 | 2 | 1 | 3 |
| (4) | 2 | 1 | 2 | 3 | (9) | 3 | 3 | 2 | 1 |
| (5) | 2 | 2 | 3 | 1 | | | | | |

展试验设计可从全部试验方案中选取具有均衡分散、整齐可比性质的部分方案开展试验，在大幅减少试验次数的同时能够全面反映客观事物的变化规律。

图 7.3 为 3 个因素的全面试验设计与正交试验设计对比图，各因素均有 3 个试验水平，其中，各顶点分别代表一种因素水平组合（即试验方案）；各平面表示固定某一因素状态后，其他两因素相应的水平组合。可以看出：根据排列组合原理，全面试验设计规模较大，需要遍历所有的试验方案，试验次数为 $3^3=27$ 次；正交试验设计选用 $L_9(3^4)$正交表开展试验，只需 9 种状态组合，且各平面均有 3 种方案，各交线均有 1 种方案。由此可知，正交试验设计不但能够大幅减少试验方案数目，同步实现试验效率的提升与试验成本的降低，而且可以保证所选方案具有良好的分布特性与代表性，有效反映所有方案的总体特征。

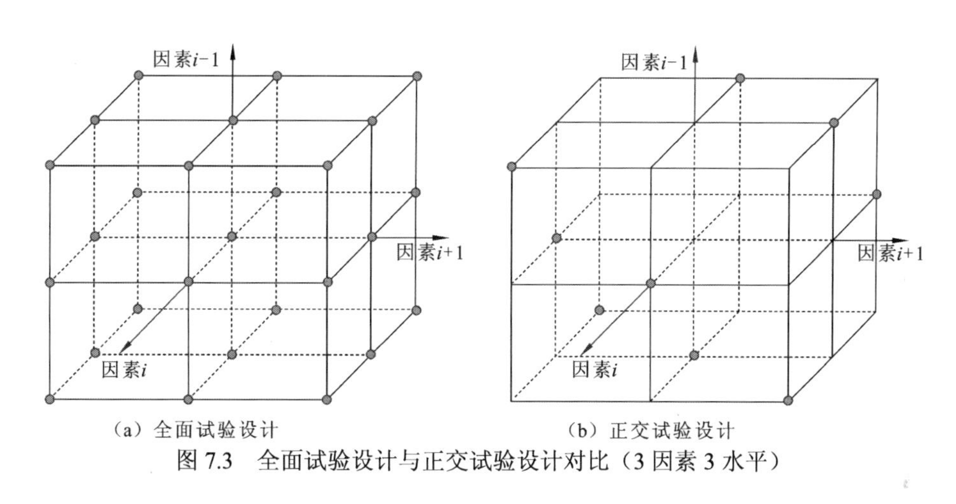


图 7.3　全面试验设计与正交试验设计对比（3 因素 3 水平）

## 2. 正交试验设计规模分析

由于正交表行数 $M$ 直接关系试验规模，有必要对其展开分析。设试验因素数为 $N$，由正交表构造规则可知，正交试验设计共需开展 $M$ 组试验。假设 $u$ 为满足 $F\geqslant N$ 的最小整数，由式（7.6）可知，若 $k$ 不变，减小 $u$ 的取值，令 $u=u-1$，则有 $F<N$，即

$$\begin{cases} F(u)=(k^u-1)/(k-1)\geqslant N \\ F(u-1)=(k^{u-1}-1)/(k-1)<N \end{cases} \tag{7.8}$$

进而可以推出

$$\begin{cases} k^u\geqslant N\times(k-1)+1 \\ k^u<[N\times(k-1)+1]\times k \end{cases} \tag{7.9}$$

联合式（7.7），可以估算出正交试验方案数目：

$$M\in[N\times(k-1)+1,[N\times(k-1)+1]\times k) \tag{7.10}$$

显然，$N$ 项水平数目均为 $k$ 的因素所需的试验次数约为

$$M\approx Nk^a \tag{7.11}$$

式中：$a$ 为常系数，$a\in[1,2)$。

由此可知，正交试验设计规模约为 $Nk^a$，与因素个数 $N$ 和水平数目 $k$ 近似呈多项式增长关系。显然，相比于全面试验设计，正交试验设计的方案数目大幅减少。

## 7.3.2 均匀试验设计

均匀试验设计是中国著名数学家方开泰和王元共同创立的一种多因素多水平试验设计方法[17-18]。均匀试验设计的数学原理是数论中的一致分布理论，此方法借鉴了近似分析中的数论方法这一领域的研究成果，将数论和多元统计相结合，是数论方法中伪蒙特卡罗（Monte-Carlo）方法的一个应用。均匀试验设计以试验点在试验区域内的充分均衡分布为原则，力求通过最少的试验次数获得最多的信息，可进行合理安排，使得各因素各水平仅需开展一次试验，任意两个因素的相应水平组合只需进行一次试验，确保试验点具有均匀分布的统计特性。

均匀试验设计采用均匀设计表安排方案，记为 $U_m^*(k^F)$ 或 $U_m(k^F)$，其中 $U$ 为均匀设计记号，$F$ 为设计因素数，$k$ 为因素水平数，$k^F$ 表示全面试验次数，$m$ 为均匀试验次数，且 $m=k$。$U$ 右上角有无“*”分别代表两种类型的设计表，通常含“*”的设计表均匀性更好，应优先选用。均匀设计表为 $k$ 行 $F$ 列矩阵，即 $U_m(k^F)=(a_{i,j})_{k\times F}$，其中 $a_{i,j}$ 表示第 $i$ 项试验方案中因素 $j$ 的相应水平，且有 $a_{i,j}\in\{1,2,\cdots,k\}$，第 $i$ 行表示第 $i$ 个试验方案，第 $j$ 列包含第 $j$ 项因素所有可能的水平。同时，各均匀设计表附有相应的使用表，安排试验时根据因素数目选用规定列进行表头设计，以保证获得良好的试验效果。

表 7.2 为 $U_7^*(7^4)$ 均匀设计表及其使用表，可以看出，均匀试验设计具有如下特点：①各列不同数字（1~7）只出现一次，即各因素不同水平仅开展一次试验；②任意两因素的试验点点绘于如图 7.4（a）所示的平面坐标上，每行每列有且仅有一个试验点；③方案数目与试验水平数相同，使得工作量大幅减少且具有良好的连续性；④任意两列组成的水平组合并不等价。假定安排两因素试验，查找 $U_7^*(7^4)$ 使用表应选用 I、III 列，将试验点（1，5），（2，2），…，（7，3）点绘于平面坐标，如图 7.4（a）所示，试验点分布相对均衡；同理，若选用 I、IV 列并将试验点（1，7），（2，6），…，（7，1）绘制在平面坐标上，如图 7.4（b）所示，试验点分布明显不均。由此可知，采用均匀设计表及其使用表安排试验方案，仅需极少数试验即能反映客观事物的主要特征。

**表 7.2 $U_7^*(7^4)$ 均匀设计表及其使用表**

| 均匀设计表 | | | | | 相应的使用表 | | | | |
|---|---|---|---|---|---|---|---|---|---|
| 试验号 | 列号 | | | | 因素个数 | 所选列号 | | | |
| | I | II | III | IV | | | | | |
| (1) | 1 | 3 | 5 | 7 | 2 | I | III | — | — |
| (2) | 2 | 6 | 2 | 6 | 3 | II | III | IV | — |
| (3) | 3 | 1 | 7 | 5 | 4 | I | II | III | IV |

续表

| 均匀设计表 | | | | | 相应的使用表 | |
|---|---|---|---|---|---|---|
| 试验号 | 列号 | | | | 因素个数 | 所选列号 |
| | I | II | III | IV | | |
| (4) | 4 | 4 | 4 | 4 | | |
| (5) | 5 | 7 | 1 | 3 | | |
| (6) | 6 | 2 | 6 | 2 | | |
| (7) | 7 | 5 | 3 | 1 | | |

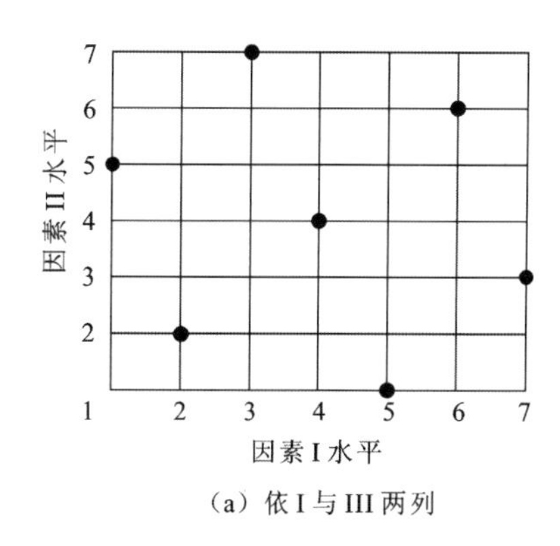

(a) 依 I 与 III 两列

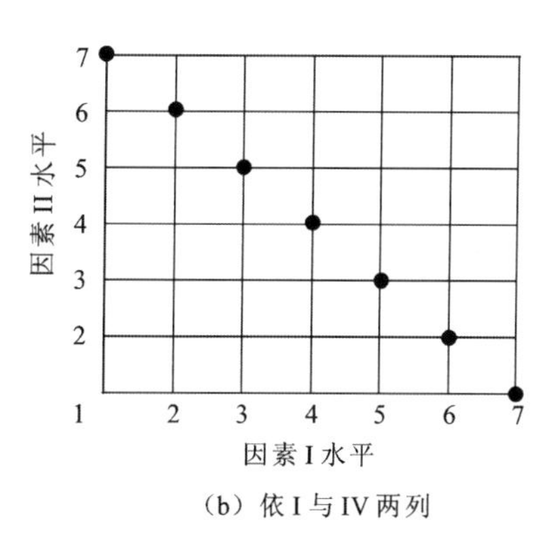

(b) 依 I 与 IV 两列

图 7.4　依据均匀设计表安排两因素试验

# 7.4　试验设计降维方法

## 7.4.1　总体降维思想

通过 7.2 节的分析可知，DP 和 DDDP 维数灾问题的产生根源均为各阶段所有水电站离散状态的全面组合。因此，如何利用一定的方法避免全面组合将是解决维数灾问题的关键。在试验设计中，全面组合与全面试验设计类似，两者都是遍历所有可能的方案组合，但在因素及其水平较多时难以完成；现行的正交试验设计与均匀试验设计能够大幅降低试验次数。因此，将试验设计方法引入 DP 系统方法，有望为维数灾问题的解决提供新的可能。但是，如何正确利用两种试验设计方法来规避状态的枚举，还需要完成一定的思维转换过程。

本章首先采用表 7.3 所示的方式将单阶段状态变量集合的获取转化为一次多因素多水平试验设计任务的开展，具体描述如下：将目标函数视为评价方案优劣的试验指标值，搜索空间对应于限定试验的区域范围，将任意水电站视为影响试验指标的因素，将各水电站的状态离散数目视为因素水平个数，水电站 $i$ 的第 $l$ 项离散状态等价于因素 $i$ 的第 $l$

个水平取值；系统中各水电站离散状态构成的状态向量等价于因素相应的水平组合，即1项试验方案；所有状态向量构成的集合为全部试验方案。然后利用正交表或均匀设计表选取少数极具代表性的状态变量进行计算，以避免开展全面试验，减少各方法单时段的状态变量数目，降低各方法的计算复杂度，从而达到降维加速的效果。

**表 7.3 思维转换过程**

| 序号 | 状态组合 | 试验设计 | 备注 |
|---|---|---|---|
| 1 | 目标函数 | 试验指标 | 评价方案优劣 |
| 2 | 搜索空间 | 试验区域 | 限定试验范围 |
| 3 | 水电站 $i$ | 因素 $i$ | 试验指标的影响因素 |
| 4 | 水电站数目 | 因素个数 | 各水电站均影响目标函数 |
| 5 | 状态离散数目 | 因素水平个数 | 影响具体方案及数目 |
| 6 | 水电站 $i$ 离散状态 | 因素 $i$ 的水平取值 | 某方案下因素的取值 |
| 7 | 单一状态向量 | 1 项试验方案 | 某种特定因素水平组合 |
| 8 | 状态向量集合 | 全部试验方案 | 便于采用一定的策略从中优选 |

同时，为避免因试验设计方法所选状态组合过于稀疏而影响优化结果质量的不足，进一步借鉴 DP 改进方法中的逐步加密搜索以逐次逼近最优解策略来保证降维效果。具体描述如下：首先利用传统方法获得满足约束条件和边界条件的初始试验轨迹，然后在其较大邻域内对各阶段各维状态进行离散，在各阶段从利用试验设计表构造的状态变量集合中优选改进轨迹；将其作为下一轮次初始试验轨迹，重复上述过程，逐步缩小搜索空间，直至满足收敛条件。

## 7.4.2 ODDDP

1. ODDDP 计算框架

ODDDP 的计算流程与 DDDP 基本相同，不同之处在于各时段状态组合的构造，其余步骤相同。ODDDP 利用 $L_M(k^F)$正交表从全部状态组合中选取部分典型状态组合进行计算，可避免各水电站离散状态之间的全面组合。ODDDP 的单轮次寻优步骤与 DDDP 基本相同，具体描述如下：①由各水电站当前状态及搜索步长构造各时段状态组合并加以存储；②采用常规 DP 遍历计算以获取各阶段所有状态组合相应的最优目标函数及其最优状态组合；③逆序递推获取调度期内的最优目标函数及相应轨迹。图 7.5 为 DDDP 与 ODDDP 单次迭代计算对比图，可以看出，ODDDP 利用正交表可以极大地减少单时段状态组合数目，有效缓解 DDDP 的维数灾问题。

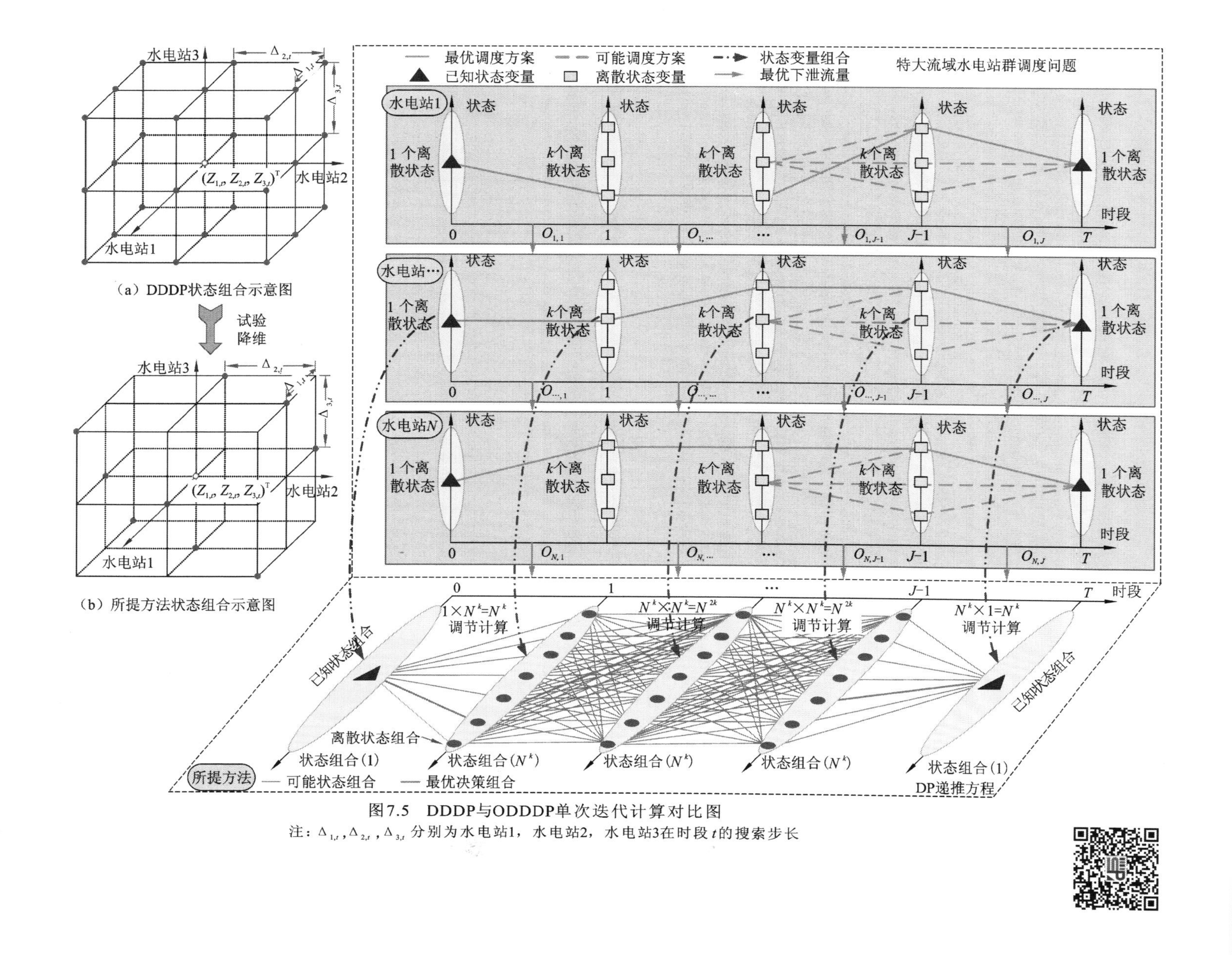


图7.5　DDDP与ODDDP单次迭代计算对比图

注：$\Delta_{1,t}$，$\Delta_{2,t}$，$\Delta_{3,t}$ 分别为水电站1，水电站2，水电站3在时段 $t$ 的搜索步长

### 2. DDDP 与 ODDDP 降维比较

表 7.4 列出了 ODDDP 与 DDDP 单阶段状态变量数目及复杂度对比。可以看出，由于单阶段状态变量数目由 $k^N$ 降低至 $Nk^a$，其中 $a \in [1,2)$，ODDDP 的时间复杂度和空间复杂度均为多项式增长。显然，ODDDP 大幅降低了各时段状态组合数目，能有效缓解 DDDP 随水电站规模和状态离散数目的增大呈指数增长引发的维数灾问题。

**表 7.4　ODDDP 与 DDDP 单阶段状态变量数目及复杂度对比**

| 项目 | 单阶段状态变量数目 | 空间复杂度 | 时间复杂度 |
| --- | --- | --- | --- |
| DDDP | $k^N$ | $O(Tk^N)$ | $O(Tk^{2N})$ |
| ODDDP | $Nk^a$ | $O(TNk^a)$ | $O(TN^2k^{2a})$ |

表 7.5 列出了不同水电站和状态离散数目下 DDDP 与 ODDDP 单时段状态组合数目的对比，可以看出，ODDDP 可以极大地减少各时段状态组合数目，有效降低算法的计算复杂度，大幅提升算法的计算效率；而且计算规模越大，ODDDP 的优势越明显；此外，ODDDP 能够在相同计算内存下处理比 DDDP 更大的计算规模。

**表 7.5　不同规模下 DDDP 与 ODDDP 单时段状态组合数目的对比**

| 水电站数目 | 状态离散数目 | DDDP 状态组合数目 | ODDDP | |
| --- | --- | --- | --- | --- |
| | | | 状态组合数目 | 正交表 |
| 3 | 2 | $2^3$=8 | 4 | $L_4(2^3)$ |
| 4 | 3 | $3^4$=81 | 9 | $L_9(3^4)$ |
| 6 | 5 | $5^6$=15 625 | 25 | $L_{25}(5^6)$ |
| 8 | 7 | $7^8$=5 764 801 | 49 | $L_{49}(7^8)$ |
| 11 | 5 | $5^{11}$=48 828 125 | 50 | $L_{50}(5^{11})$ |

### 3. ODDDP 详细计算流程

（1）设定状态离散数目 $k$、最大迭代次数 $\overline{I}$ 和终止精度 $\varepsilon$ 等计算参数。

（2）由水电站数目 $N$ 及状态离散数目 $k$ 选取合适的 $L_M(k^F)$正交表，取其前 $N$ 列构成所需正交表，此时正交表为 $L_M(k^N)=(a_{m,i})_{M\times N}$。

（3）按照式（7.12）计算以获取各水电站初始状态离散增量 $\boldsymbol{h}=(h_{i,j})_{N\times T}$，然后由人工经验或等流量等方法生成符合复杂约束条件的初始试验轨迹 $\boldsymbol{V}^0=(V_{i,j}^0)_{N\times T}$。

$$h_{i,j}=\frac{V_{i,j}^{\max}-V_{i,j}^{\min}}{k-1} \tag{7.12}$$

式中：$V_{i,j}^0$、$h_{i,j}$ 分别为水电站 $i$ 在时段 $j$ 的初始状态及其离散增量；$V_{i,j}^{\max}$、$V_{i,j}^{\min}$ 分别为

水电站 $i$ 在时段 $j$ 的状态的上、下限。

（4）置迭代次数 $I=1$。

（5）由各水电站当前状态 $\boldsymbol{V}^0$、相应的离散增量 $\boldsymbol{h}$ 及正交表构造各时段状态组合。以时段 $j$ 为例，第 $m$ 个正交试验方案中水电站 $i$ 相应的状态 ${}^{m}V_{i,j}$ 的计算公式为

$$ {}^{m}V_{i,j} = V_{i,j}^{0} + \left\lfloor a_{m,i} - \frac{k}{2} \right\rfloor \times h_{i,j} \tag{7.13} $$

式中：$\lfloor x \rfloor$ 为不大于 $x$ 的最大整数；$a_{m,i}$ 为所选正交表第 $m$ 行第 $i$ 列取值。

（6）对每个时段的所有状态组合进行修正，公式为

$$ {}^{m}V_{i,j} = \begin{cases} V_{i,j}^{\max}, & {}^{m}V_{i,j} > V_{i,j}^{\max} \\ {}^{m}V_{i,j}, & V_{i,j}^{\min} \leqslant {}^{m}V_{i,j} \leqslant V_{i,j}^{\max} \\ V_{i,j}^{\min}, & {}^{m}V_{i,j} < V_{i,j}^{\min} \end{cases} \tag{7.14} $$

（7）令 $I=I+1$，利用惩罚函数法和 DP 在各时段状态组合中获取较优轨迹 $\boldsymbol{V}^1$。

（8）若 $\max\limits_{1\leqslant i\leqslant N}\max\limits_{1\leqslant j\leqslant T}(|V_{i,j}^1 - V_{i,j}^0|) > \varepsilon$，则检查 $\boldsymbol{V}^1$ 是否优于 $\boldsymbol{V}^0$，若优则令 $\boldsymbol{V}^0=\boldsymbol{V}^1$，否则不进行操作，返回步骤（5）；否则，转至步骤（9）。

（9）若 $I > \bar{I}$ 或 $\max\limits_{1\leqslant i\leqslant N}\max\limits_{1\leqslant j\leqslant T}(h_{i,j}) < \varepsilon$，则转至步骤（10）；否则，缩小所有水电站状态的离散增量，转至步骤（5）。

（10）停止计算，输出最优轨迹 $\boldsymbol{V}^0$。

### 7.4.3 UDP

#### 1. UDP 计算框架

UDP 的计算框架如下：①根据问题规模选择合适的均匀设计表；②设定初始试验轨迹及搜索步长；③利用均匀设计表在初始试验轨迹邻域内构造各阶段状态变量，然后采用式（7.1）所示的 DP 递推方程获得改进的试验轨迹；④从改进的试验轨迹出发开始新一轮寻优，重复步骤③，直至当前搜索步长下目标函数无改进；⑤缩小搜索步长，重复步骤③、④，直至满足收敛条件，输出最优解。

UDP 需要首先选定均匀设计表，而在给定试验规模下很可能存在多个可供使用的均匀设计表，为保证 UDP 的高效性，本章采用如下原则选取均匀设计表：①所选均匀设计表至少能够安排给定的 $N$ 项试验因素和 $k$ 项水平，以保证均匀试验设计的正常开展；②若有多个能够处理当前试验规模的均匀设计表，则优先选取试验次数少的均匀设计表，以尽可能降低 UDP 的计算规模；③若存在试验次数相同的 $U_m^*(k^F)$ 和 $U_m(k^F)$ 两种均匀设计表，则优先选取 $U_m^*(k^F)$ 均匀设计表，以尽量保证 UDP 各阶段状态变量在搜索空间内分布的均匀性。

假定二维状态均离散 7 份，则 DP 与 UDP 相邻两阶段的对比如图 7.6 所示，其中各格点分别代表一种状态变量。可以看出：①对单阶段而言，DP 采用全面试验设计，共

有 7×7=49 个状态变量；UDP 采用均匀试验，仅需 7 个状态变量，且每行每列均有一个状态变量，分布相对均衡。②对于相邻两阶段，DP 任一状态变量均需遍历前一阶段 $7^2$ 种状态变量，总计算量为 $7^2\times7^2=2\,401$；而 UDP 仅需 7×7=49 次计算。因此，UDP 所选状态变量数目较少且具有良好的代表性，大幅减少存储量与运算量，降低了计算复杂度。

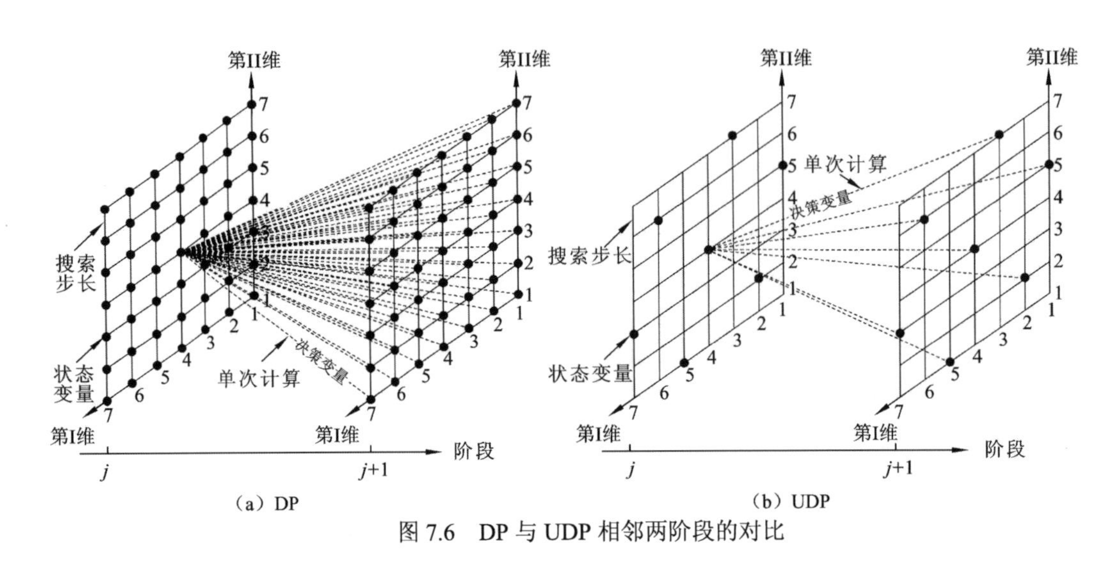


图 7.6　DP 与 UDP 相邻两阶段的对比

## 2. DP 与 UDP 降维比较

由均匀设计表构造规则可知，$N$ 个水平数均为 $k$ 的试验因素若开展全面试验共需 $k^N$ 组试验，而采用均匀试验设计仅需 $k$ 组试验。因此，UDP 可将单阶段状态变量集合基数由 DP 的 $k^N$ 减少到 $k$；$T$ 个阶段的总存储单位为 $Tk$，$I$ 轮迭代的总计算量为 $ITk^2$。由表 7.6 可知，UDP 的空间复杂度和时间复杂度分别为 $O(Tk)$、$O(ITk^2)$，由 DP 的指数增长分别降至线性、平方增长，维数灾问题得到极大缓解。

**表 7.6　DP 与 UDP 的复杂度对比**

| 项目 | 单阶段状态变量数目 | 空间复杂度 | 时间复杂度 |
|---|---|---|---|
| DP | $k^N$ | $O(Tk^N)$ | $O(Tk^{2N})$ |
| UDP | $k$ | $O(Tk)$ | $O(ITk^2)$ |

为进一步说明 UDP 的优越性，表 7.7 列出了不同规模下 DP 与 UDP 单阶段状态变量数目的对比，可以看出，UDP 采用均匀试验设计极大降低了单阶段状态变量数目，显著减少运算量和存储量，有效提升求解规模和计算效率，并且系统规模越大，UDP 的降维效果和性能优势越显著，显然在相同时间和内存下能够完成更大任务量的求解。

表 7.7　DP 与 UDP 单阶段状态变量数目的对比

| 维度 | 离散数目 | DP<br>状态变量数目 | UDP | |
|---|---|---|---|---|
| | | | 状态变量数目 | 均匀设计表 |
| 4 | 5 | $5^4$ | 5 | $U_5(5^4)$ |
| 6 | 7 | $7^6$ | 7 | $U_7(7^6)$ |
| 6 | 9 | $9^6$ | 9 | $U_9(9^6)$ |
| 10 | 11 | $11^{10}$ | 11 | $U_{11}(11^{10})$ |
| 12 | 13 | $13^{12}$ | 13 | $U_{13}(13^{12})$ |

### 3. UDP 详细计算流程

（1）设定状态离散数目 $k$ 和终止精度 $\varepsilon$ 等计算参数。

（2）根据水电站数目 $N$ 及状态离散数目 $k$ 选取合适的均匀设计表 $U_m(k^N)$ 及其使用表，并确定所需列以便开展均匀试验设计。

（3）设定初始试验轨迹 $\boldsymbol{V}^0=(V_{i,j}^0)_{N\times T}$ 及相应的搜索步长 $\boldsymbol{h}^0=(h_{i,j}^0)_{N\times T}$，其中 $V_{i,j}^0$、$h_{i,j}^0$ 分别为水电站 $i$ 在时段 $j$ 的初始状态及其搜索步长。

（4）由各水电站当前状态 $\boldsymbol{V}^0$、搜索步长 $\boldsymbol{h}^0$ 及均匀设计表 $U_m(k^N)$ 构造各阶段的 $k$ 个状态变量，并参照式（7.14），将所有状态变量中各水电站的状态修正至可行的库容限制范围内。

以第 $j$ 阶段第 $l$ 个状态变量中第 $i$ 个水电站的状态 ${}^lV_{i,j}$ 为例，其构造公式如下：

$$
{}^lV_{i,j}=V_{i,j}^0+\left\lceil l-\frac{k}{2}\right\rceil\times h_{i,j}^0,\ l=1,2,\cdots,k \tag{7.15}
$$

式中：$\lceil x\rceil$ 为不小于 $x$ 的最小整数。

（5）利用常规 DP 与惩罚函数法等方法优选改进轨迹 $\boldsymbol{V}^1$。

（6）若前后计算轨迹 $\boldsymbol{V}^1$ 与 $\boldsymbol{V}^0$ 相同，则转至步骤（7）；否则，更新初始轨迹，令 $\boldsymbol{V}^0=\boldsymbol{V}^1$，返回步骤（4）。

（7）判定是否满足精度要求，若 $\forall i,j,h_{i,j}^0<\varepsilon$，则转至步骤（8）；否则，缩小各水电站搜索步长，然后转至步骤（4）。

（8）停止计算，输出最优轨迹 $\boldsymbol{V}^0$。

## 7.4.4　收敛性能分析

正交试验设计与均匀试验设计本质上都属于在全部空间内挑选代表性试验点的抽样方法。两者采用各自特定的规则从全部样本中选取部分极具代表性的样本进行试验，具有良好的全局收敛性。同时，由大数定理可知，当样本容量足够大时，服从同一分布的随机变量的算术平均值将依概率收敛于自身的真实数学期望值，此时样本平均数将接近于总体平均数,即开展多次试验抽样可以使试验结果逐渐趋于真实值。由 UDP 和 ODDDP 方法的计算流程可知，各改进方法首先在较大范围内开展寻优，利用试验设计表构造各阶段状态变量集合，在一定程度上缩小了单次寻优空间；然后采用相应的递推方程在所选状态变量中获取最优轨迹，可视为在未改变原始方法机理的前提下选取部分样本加以计算；最后通过多次迭代计算，逐步缩小搜索步长开展精密搜索，目的是不断提升所选样本的代表性与容量，尽可能遍历常规方法全面组合对应的状态变量集合，进而改善优化结果质量，实质上是通过多次抽样尽可能搜索原始空间，逐步逼近常规方法所获得的最优解[19-20]。由此可知，本章方法可有机结合试验设计方法和常规方法的优点，有效保证方法的收敛速度和搜索性能；同时，由于试验设计所需规模远小于全面组合，降低了方法的计算复杂度，缓解了维数灾问题，能够有效提高传统方法的求解规模和运算效率，显然更适用于实际中的大规模水电优化调度工程。

## 7.5 工程应用

### 7.5.1 ODDDP

为验证算法效率，以洪家渡水电站等 5 座水电站为研究对象，选取枯水年、平水年和丰水年 3 种区间径流方式，分别采用 ODDDP 与 DDDP 开展梯级水电站群优化调度计算。表 7.8 列出了两种方法的优化结果，其中系统最小出力均为 500 MW，状态离散数目均取为 3，ODDDP 选用 $L_9(3^4)$正交表。可以看出：3 种典型年不同调度方案下 ODDDP 的发电量均与 DDDP 十分接近，约为 DDDP 发电量的 99.9%，但耗时较 DDDP 大幅降低，仅为 DDDP 的 17%左右，表明 ODDDP 在保证良好全局搜索能力的同时大幅提升计算效率。主要原因在于：①在求解质量方面，ODDDP 在单时段利用正交表选取部分状态组合，同时利用 DP 在所选状态组合中递归寻优，有效结合了正交试验设计与 DP 的优点，保证了算法的全局搜索能力；②在计算效率方面，ODDDP 利用正交表大幅减少各时段状态组合数目，由 DDDP 的 $3^4$=81 降低至 9，减少了单次迭代的运算量，提升了计算效率。

**表 7.8 不同典型年下 DDDP 与 ODDDP 的优化结果对比**

| 典型年 | 算法 | 发电量/（$10^8$ kW·h） | | | | | | 耗时/ms |
|---|---|---|---|---|---|---|---|---|
| | | 洪家渡水电站 | 东风水电站 | 索风营水电站 | 乌江渡水电站 | 构皮滩水电站 | 合计 | |
| 枯水年 | ODDDP | 10.77 | 12.63 | 8.19 | 16.37 | 44.10 | 92.06 | 531 |
| | DDDP | 10.84 | 12.60 | 8.19 | 16.48 | 44.08 | 92.19 | 2 963 |

续表

| 典型年 | 算法 | 发电量/（$10^8$ kW·h） | | | | | | 耗时/ms |
|---|---|---|---|---|---|---|---|---|
| | | 洪家渡水电站 | 东风水电站 | 索风营水电站 | 乌江渡水电站 | 构皮滩水电站 | 合计 | |
| 平水年 | ODDDP | 14.34 | 16.60 | 11.49 | 23.79 | 68.73 | 134.95 | 547 |
| | DDDP | 14.48 | 16.64 | 11.50 | 23.83 | 68.69 | 135.14 | 3 203 |
| 丰水年 | ODDDP | 16.92 | 19.86 | 14.58 | 32.25 | 96.27 | 179.88 | 579 |
| | DDDP | 16.95 | 19.78 | 14.58 | 32.50 | 96.12 | 179.93 | 3 426 |

图 7.7 为各算法目标函数的逐渐变化过程，由于 ODDDP 仅选取部分状态组合进行计算，减小了寻优区间，早期目标函数明显劣于 DDDP，以平水年为例，首轮迭代后两者发电量的差值高达 5.18×$10^8$ kW·h；随后 ODDDP 的收敛速度加快，而 DDDP 进入搜索平台区，目标函数改进缓慢，两者目标函数的差值逐渐减少，在第 10 代左右仅相差约 4.00×$10^6$ kW·h；ODDDP 最终收敛时的迭代次数略多于 DDDP，但由于 ODDDP 各时段计算量的锐减，其耗时显著减少，表明 ODDDP 在保留与 DDDP 相近收敛性能的同时，能大幅提升运算效率。

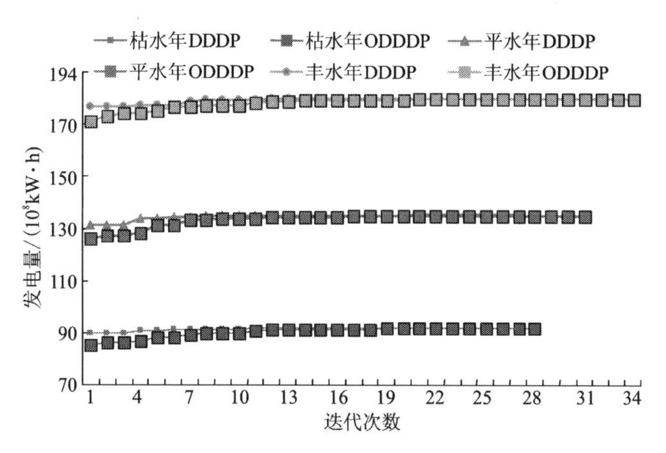

图 7.7　不同典型年下 DDDP 与 ODDDP 的收敛过程对比

表 7.9 列出了平水年来水情况下，各算法从相同的初始轨迹出发，在不同计算水电站及状态离散数目下的结果对比。①从计算时间来看，DDDP 的计算规模随水电站数目和状态离散数目的增加呈指数级增长。当 $k$=5 时，从 2 水电站增至 3 水电站，耗时增加 14.9 倍，从 3 水电站增至 4 水电站，耗时增加 16.7 倍；选择 3 座季调节以上水电站进行计算，状态离散数目 $k$ 从 2 增至 3，耗时增加 9.1 倍，从 3 增至 5，耗时增加 12.6 倍。运用 ODDDP，计算时间明显小于 DDDP，且随计算规模的增加，性能优势更加凸显。当

$k$=7 时，分别选择 3 和 4 座水电站进行计算，ODDDP 的耗时分别为 DDDP 的 5%和 0.1%倍；选择 3 座水电站进行计算，$k$ 取 3、5 和 7 时，ODDDP 的耗时分别为 DDDP 的 40%、14%和 5%倍。②从发电量上看，当状态离散数目较小（$k$=2）时，ODDDP 与 DDDP 在搜索过程中出现了非此即彼的现象，均陷入局部最优，仅洪家渡水电站与东风水电站参与计算时，$k$=2 的发电量较 $k$=3 少 $4.22\times10^8$ kW·h。随着 $k$ 取值的增大，ODDDP 与 DDDP 均不断逼近最优解，且两者发电量的差值不断减小，选择 4 座水电站进行计算，$k$ 取 3、5 和 7 时，两者发电量相差 $1.70\times10^7$ kW·h、$8.00\times10^6$ kW·h 和 $2.00\times10^6$ kW·h。这表明，ODDDP 大幅提升计算效率，且计算规模越大，其优势越显著；ODDDP 具有良好的全局搜索能力，能够获得与 DDDP 相近的发电量，且状态离散数目越多，两者发电量的差值越小。同时，注意到，$k$=2 时，不同水电站数目下均收敛至局部最优；当 $k$=3 时，耗时较少且发电量与相应的最优解相差不大；当 $k$>3 时，发电量有所增加，但计算耗时增幅较大。因此，在实际工程中，状态离散数目不应少于 3，若对结果精度要求较高，可适当增加状态离散数目；若对计算时效性要求较高，可适当减少状态离散数目。

**表 7.9　平水年 DDDP 与 ODDDP 计算结果的对比**

| 计算水电站 | 季调节以上 | 状态离散数目 | 正交表 | 发电量/（$10^8$ kW·h） | | 耗时/ms | |
|---|---|---|---|---|---|---|---|
| | | | | ODDDP | DDDP | ODDDP | DDDP |
| 洪家渡水电站、东风水电站 | 2 | 2 | $L_4(2^3)$ | 27.60 | 27.60 | 15 | 15 |
| | | 3 | $L_9(3^4)$ | 31.82 | 31.82 | 78 | 78 |
| | | 5 | $L_{25}(5^6)$ | 31.82 | 31.82 | 268 | 268 |
| | | 7 | $L_{49}(7^8)$ | 31.83 | 31.83 | 594 | 594 |
| 洪家渡水电站、东风水电站、索风营水电站、乌江渡水电站 | 3 | 2 | $L_8(2^7)$ | 59.95 | 59.95 | 31 | 31 |
| | | 3 | $L_9(3^4)$ | 67.65 | 67.69 | 125 | 312 |
| | | 5 | $L_{25}(5^6)$ | 67.77 | 67.78 | 593 | 4 250 |
| | | 7 | $L_{49}(7^8)$ | 67.80 | 67.80 | 1 672 | 32 969 |
| 洪家渡水电站、东风水电站、索风营水电站、乌江渡水电站、构皮滩水电站 | 4 | 2 | $L_8(2^7)$ | 115.63 | 115.79 | 62 | 125 |
| | | 3 | $L_9(3^4)$ | 135.88 | 136.05 | 552 | 3 316 |
| | | 5 | $L_{25}(5^6)$ | 136.11 | 136.19 | 812 | 75 234 |
| | | 7 | $L_{49}(7^8)$ | 136.17 | 136.19 | 2 422 | 1 690 328 |

表 7.10 列出了两方法随机运行 50 次的结果统计信息，可以看出：ODDDP 的最差发电量与 DDDP 的最优发电量相差不足 1%，由此可知，ODDDP 的计算结果稳定有效，一次计算即可得到近似最优解；同时，ODDDP 与 DDDP 在不同来水情况下的标准差均在 0.15 附近，表明两者具有良好的鲁棒性，每次都收敛至全局最优解的较小范围内。

**表 7.10　DDDP 与 ODDDP 随机生成初始解运行 50 次的结果对比**

| 来水 | 算法 | 发电量/（$10^8$ kW·h） | | | | |
|---|---|---|---|---|---|---|
| | | 最大 | 最小 | 极差 | 平均 | 标准差 |
| 枯水年 | DDDP | 92.50 | 91.84 | 0.67 | 92.24 | 0.16 |
| | ODDDP | 92.48 | 91.73 | 0.75 | 92.21 | 0.17 |
| 平水年 | DDDP | 135.60 | 134.96 | 0.64 | 135.46 | 0.14 |
| | ODDDP | 135.60 | 134.89 | 0.71 | 135.42 | 0.13 |
| 丰水年 | DDDP | 180.38 | 179.69 | 0.69 | 180.02 | 0.16 |
| | ODDDP | 180.38 | 179.61 | 0.77 | 180.00 | 0.14 |

## 7.5.2　UDP

选择澜沧江流域已投运的 5 座水电站为研究对象，从上游到下游各水电站依次为小湾水电站、漫湾水电站、大朝山水电站、糯扎渡水电站和景洪水电站。分别采用 DDDP 和 UDP 随机初始化 100 次试验轨迹，特征统计值见表 7.11，可以看出，3 种来水情况下 UDP 发电量的特征值与 DDDP 十分接近，平均发电量与 DDDP 的最优发电量相差约 1%，而计算时间大幅缩短，平均耗时约为 40 ms，约为 DDDP 的 0.4%。由此可见，UDP 在不同来水条件下均具有良好的鲁棒性，从不同初始轨迹出发均能快速获得高质量的优化结果。

**表 7.11　随机初始化 100 次试验轨迹时 UDP 与 DDDP 运行结果的对比**

| 来水 | 方法 | 发电量/（$10^8$ kW·h） | | | | | 平均耗时 / ms |
|---|---|---|---|---|---|---|---|
| | | 最大 | 最小 | 极差 | 平均 | 标准差 | |
| 丰水年 | UDP | 358.29 | 356.7 | 1.59 | 357.83 | 0.31 | 43 |
| | DDDP | 358.66 | 357.65 | 1.00 | 358.4 | 0.22 | 14 175 |
| 平水年 | UDP | 239.96 | 238.17 | 1.80 | 239.42 | 0.33 | 39 |
| | DDDP | 240.38 | 239.32 | 1.06 | 240.2 | 0.19 | 10 904 |
| 枯水年 | UDP | 121.06 | 119.09 | 1.97 | 119.8 | 0.49 | 35 |
| | DDDP | 121.89 | 120.99 | 0.91 | 121.68 | 0.2 | 9 711 |

采用不同时段的实测径流对 UDP 开展进一步测试，对比结果见表 7.12，显然，UDP 在不同时段数目下均取得了与 DDDP 精度相当的优化结果，而耗时显著降低；并且计算时段越多，系统求解规模越大，UDP 的性能优势越突出，以计算时段数 252 为例，UDP 仅需约 1 s 耗时即可获得与 DDDP 相差不足 0.27%的次优解。这表明 UDP 在不同计算规模下均能有效平衡求解质量与计算效率，可以很好地应用于工程实际。

表 7.12　不同计算时段下 UDP 与 DDDP 计算结果的对比

| 计算时间 | 时段数 | 方法 | 发电量/（$10^8$ kW·h） | | | | | | 耗时/ms |
|---|---|---|---|---|---|---|---|---|---|
| | | | 小湾水电站 | 漫湾水电站 | 大朝山水电站 | 糯扎渡水电站 | 景洪水电站 | 合计 | |
| 1953-01～1963-12 | 132 | UDP | 1 894.15 | 935.06 | 818.16 | 3 255.06 | 1 041.46 | 7 943.89 | 766 |
| | | DDDP | 1 904.65 | 940.97 | 822.25 | 3 257.71 | 1 038.54 | 7 964.12 | 56 875 |
| 1953-01～1973-12 | 252 | UDP | 3 574.67 | 1 752.57 | 1 534.40 | 6 190.49 | 1 973.45 | 15 025.58 | 1 031 |
| | | DDDP | 3 602.48 | 1 758.98 | 1 537.58 | 6 192.63 | 1 973.95 | 15 065.62 | 93 046 |
| 1953-01～1983-12 | 372 | UDP | 5 315.21 | 2 591.17 | 2 271.06 | 8 940.05 | 2 848.94 | 21 966.43 | 1 766 |
| | | DDDP | 5 338.74 | 2 601.88 | 2 276.62 | 8 946.01 | 2 849.13 | 22 012.38 | 130 219 |
| 1953-01～1993-12 | 492 | UDP | 7 066.60 | 3 472.57 | 3 037.73 | 11 791.54 | 3 755.16 | 29 123.60 | 1 922 |
| | | DDDP | 7 100.07 | 3 493.30 | 3 052.13 | 11 792.33 | 3 755.09 | 29 192.92 | 179 281 |

为考查不同梯级水电出力限制约束下 UDP 的性能，选取平水年来水条件下的 4 种系统出力限制开展仿真测试，计算结果见表 7.13，可以看出，随着系统总出力下限 NP 取值的不断增大，总发电量呈下降趋势，如 DDDP 方案 4 的发电量较方案 1 全年减少 $4.11\times10^8$ kW·h，UDP 相应减发 $3.96\times10^8$ kW·h；UDP 在不同系统出力限制下的发电量与 DDDP 均十分接近，而计算耗时远小于 DDDP，相对稳定。这表明 UDP 可以充分考虑系统出力限制，有效均衡电量的年内分布，有利于水电与其他类型能源联合开展补偿调度。

表 7.13　平水年不同系统出力限制下 UDP 与 DDDP 计算结果的对比

| 项目 | 方案 1(NP=0) | | 方案 2(NP=2 000) | | 方案 3(NP=2 400) | | 方案 4(NP=2 500) | |
|---|---|---|---|---|---|---|---|---|
| | DDDP | UDP | DDDP | UDP | DDDP | UDP | DDDP | UDP |
| 发电量/（$10^8$ kW·h） | 240.01 | 239.72 | 239.97 | 239.44 | 237.81 | 237.70 | 235.90 | 235.76 |
| 耗时/ms | 10 031 | 31 | 11 140 | 37 | 18 719 | 41 | 19 656 | 52 |

注：NP 为保证出力，MW。

## 7.6　本章小结

随着乌江、红水河干流梯级水电站群的全面建成，中国特大流域梯级水电站正面临全新的发电优化调度问题，维数灾就是其中的一个突出难题。为解决此问题，本章深入分析了标准 DP 和 DDDP 的机理，发展了传统方法与试验设计方法相耦合的新型降维思路，提出了 UDP 和 ODDDP。主要结论如下：各水电站离散状态之间的全面组合导致各阶段状态变量数目随水电站规模和状态离散数目的增大呈指数增长，使得 DP 和 DDDP 的计算复杂度急剧增加，产生了严重的维数灾问题，如何避免状态全面组合或者减少状态组合数目将是缓解维数灾的根本途径；UDP 和 ODDDP 利用试验设计方法优选部分典型状态变量进行计算，显著降低了运算量与存储量，降低了时间复杂度与空间复杂度，既能在相同内存下处理更大的计算规模，又可以在相同时间内完成更大任务量的计算，为克服相应传统算法的维数灾问题提供了新思路。工程实践表明：所提方法可获得与标准方法相近的调度结果，能够有效保障计算精度，但运算时间与内存占用大幅减少，同时具有鲁棒性强、计算规模大等优点，为克服维数灾问题提供了新思路。

## 参考文献

[1] 梅亚东. 梯级水库优化调度的有后效性动态规划模型及应用[J]. 水科学进展, 2000, 11(2): 194-198.

[2] 张睿, 周建中, 肖舸, 等. 金沙江下游梯级和三峡梯级水电站群联合调度补偿效益分析[J]. 电网技术, 2013, 37(10): 2738-2744.

[3] HALL W A, BUTCHER W S, ESOGBUE A. Optimization of the operation of a multipl-purpose reservoir by dynamic programming[J]. Water resources research, 1968, 4(3): 471-477.

[4] BARROS M T L, TSAI F T C, YANG S L, et al. Optimization of large-scale hydropower system operations[J]. Journal of water resources planning and management, 2003, 129(3): 178-188.

[5] SIMONOVIC S P. Reservoir systems analysis: Closing gap between theory and practice[J]. Journal of water resources planning and management, 1992, 118(3): 262-280.

[6] YAKOWITZ S. Dynamic programming applications in water resources[J]. Water resources research, 1982, 18(4): 673-696.

[7] HOWSON H R, SANCHO N G F. A new algorithm for the solution of multi-state dynamic programming problems[J]. Mathematical programming, 1975, 8(1): 104-116.

[8] LARSON R E, KORSAK A J. A dynamic programming successive approximations technique with convergence proofs[J]. Automatica, 1970, 6(2): 245-252.

[9] HEIDARI M, CHOW V T, KOKOTOVIĆ P V, et al. Discrete differential dynamic programing approach to water resources systems optimization[J]. Water resources research, 1971, 7(2): 273-282.

[10] CHENG C T, WANG S, CHAU K W, et al. Parallel discrete differential dynamic programming for multi-reservoir operation[J]. Environmental modelling and software, 2014(57): 152-164.

[11] 赵铜铁钢, 雷晓辉, 蒋云钟, 等. 水库调度决策单调性与动态规划算法改进[J]. 水利学报, 2012, 43(4): 414-421.

[12] WANG Y, FANG K T. Uniform design of experiments with mixtures[J]. Science in China (series a), 1996(39): 264-275.

[13] 方开泰. 均匀试验设计的理论、方法和应用: 历史回顾[J]. 数理统计与管理, 2004(3): 69-80.

[14] 屠幼萍, 罗梅馨, 应高峰, 等. 硅橡胶电晕老化热刺激电流特性的正交试验研究[J]. 中国电机工程学报, 2012, 32(7): 139-144, 202.

[15] 冯仲恺, 廖胜利, 程春田, 等. 库群长期优化调度的正交逐步优化算法[J]. 水利学报, 2014, 45(8): 903-911.

[16] LEUNG Y W, WANG Y. An orthogonal genetic algorithm with quantization for global numerical optimization[J]. IEEE transactions on evolutionary computation, 2001, 5(1): 41-53.
[17] 方开泰. 均匀设计: 数论方法在试验设计中的应用[J]. 应用数学学报, 1980, 3(4): 363-372.
[18] 方开泰, 李久坤. 均匀设计的一些新结果[J]. 科学通报, 1994(21): 1921-1924.
[19] 冯仲恺, 廖胜利, 牛文静, 等. 梯级水电站群中长期优化调度的正交离散微分动态规划方法[J]. 中国电机工程学报, 2015, 35(18): 4635-4644.
[20] 冯仲恺, 程春田, 牛文静, 等. 均匀动态规划方法及其在水电系统优化调度中的应用[J]. 水利学报, 2015, 46(12): 1487-1496.

# 第8章

# 特大流域水电站群优化调度两阶段降维方法

# 8.1 引　言

大规模水利、电力和交通等系统的最优控制与调度运行通常涉及非常复杂的目标函数和约束条件，是典型的多维多阶段决策问题，一般很难对目标和约束进行分解与简化，难以采用传统的LP、NLP等方法直接进行求解[1-3]。因此，对目标函数和约束条件无严格要求的DP在工程实际中得到了广泛重视[4-7]。然而，DP的求解规模与计算效率受控于阶段数目、状态变量和决策变量，特别是当系统规模增加时，DP的计算复杂度呈指数增长，维数灾问题不可避免[8-10]。作为DP的改进算法，POA将多阶段决策问题分解为若干两阶段子问题，运算效率得到有效提高，且易于编程实现，在目标函数为凸函数时可以收敛至总体最优解，在水电调度领域得到了广泛应用。然而，随着水电站数目的增多，POA仍会面临严重的维数灾与重复计算难题。为此，本章提出了单纯形逐步优化算法（simplex progressive optimality algorithm，SPOA）：首先将多阶段问题分解为若干两阶段子问题，以减少计算时段数目；然后采用单纯形法直接搜索各子问题的改进方案；最后进行多轮次迭代直到满足终止条件。工程实践表明，SPOA在保证结果精度的前提下大幅改善计算效率和内存占用，有效克服了POA面临的维数灾、重复计算两大难题。

# 8.2 两阶段优化方法

## 8.2.1 POA

如6.2.2节所述，POA是一种求解多阶段多状态优化问题的DP改进算法。依据逐次最优化原理（即最优路线具有这样的性质，每对决策集合相对于它的初始值和终止值来说是最优的），POA将多阶段问题分解为若干两阶段子问题，每次计算均固定其他阶段变量，只优化、调整当前所选两阶段变量，并将本次优化结果作为下次优化计算的初始条件，如此逐时段进行，反复循环直至收敛。然而，传统POA面临维数灾和重复计算两大难题，具体分析如下。

（1）维度灾。根据排列组合理论，POA子问题使用传统的枚举策略遍历所有可能的离散状态变量。若各水电站的状态均离散$k$份，则状态变量总数为$k^N$，POA的计算开销随水电站和离散状态数量的增加呈指数增长。例如，1座、2座和3座水电站的状态变量数目分别为5、25和125，维数灾问题凸显。

（2）重复计算。POA在两次相邻迭代过程中可能会对若干状态向量的相关信息反复计算多次，进而增加无益计算开销和内存需求。图8.1为POA子问题迭代示意图，该系统包括2座水电站，且各水电站均取3个离散状态。可以看出，每次计算均需评估9个离散状态变量，但相邻迭代过程中4个状态变量[图8.1（b）中的④、⑤、⑦、⑧]会被评估两次；不难想象，$N$座水电站会形成包括多个顶点的超立方体，POA发生重复计算的概率和频次愈发严重，严重影响其执行效率和计算性能。

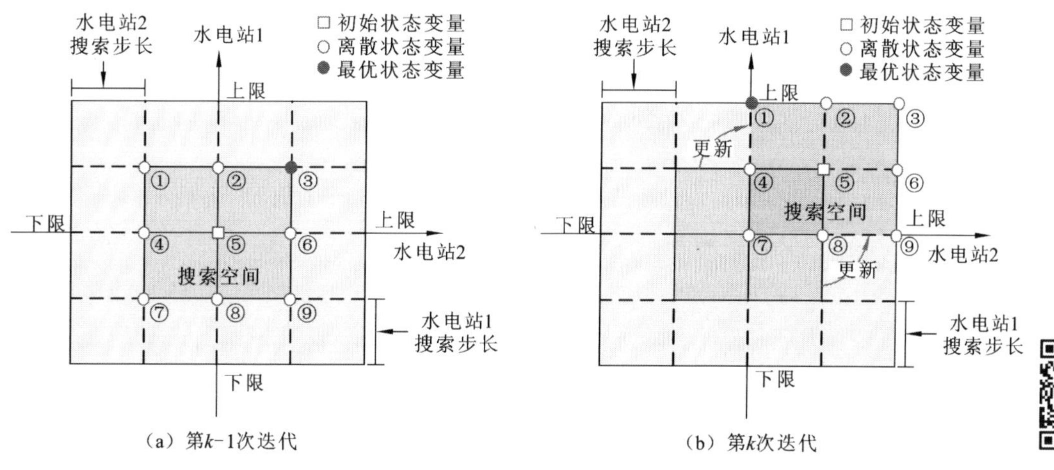

图 8.1　POA 子问题迭代示意图

## 8.2.2　单纯形搜索方法

单纯形搜索方法是一种求解非线性无约束优化问题的经典直接搜索方法，具有易于编程实现、收敛速度快等优点[11-13]。对含有 $D$ 个变量的越小越优问题，单纯形法构造包括 $D$+1 个顶点的多面体（如 2 变量为三角形，3 变量为四面体），运用如图 8.2 所示的反射、扩张、收缩、裁剪等算子动态更新单纯形，直至收敛至最优解。单纯形法的计算过程如下。

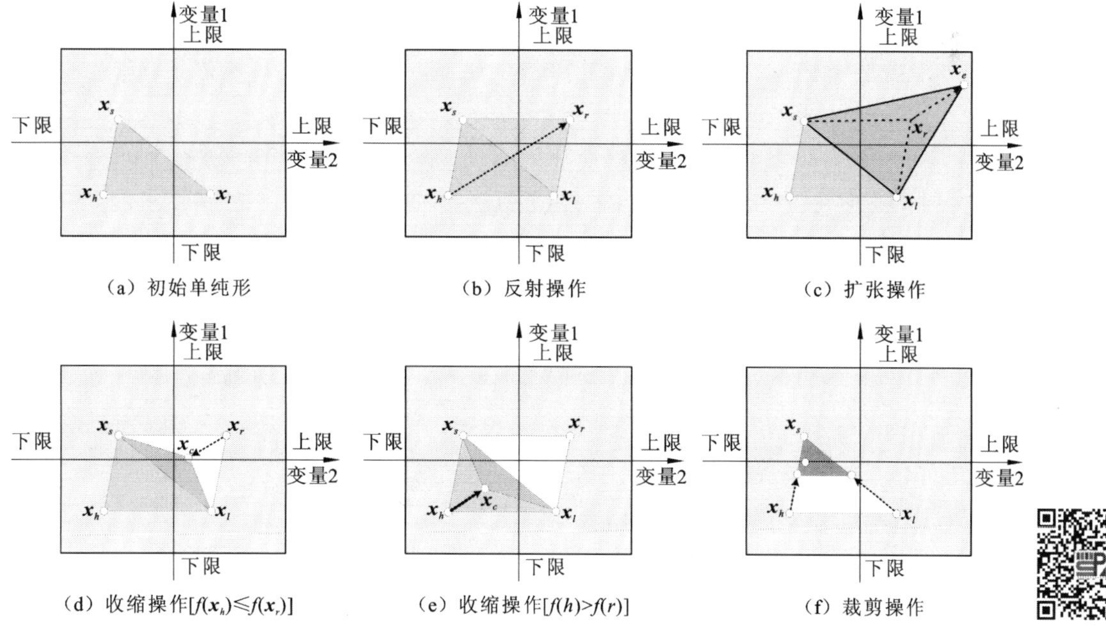


图 8.2　单纯形法计算示意图

（1）设定反射系数$a$、扩张系数$\gamma$、收缩系数$\beta$和裁剪系数$\delta$等相关计算参数。

（2）随机生成 $D$+1 个顶点，构成初始单纯形，计算各个顶点的函数值，顶点$\boldsymbol{x}$的函数值记为$f(\boldsymbol{x})$。

（3）从 $D$+1 个顶点中选出具有最差函数值的顶点$\boldsymbol{x}_h$、次差函数值的顶点$\boldsymbol{x}_s$和最优函数值的顶点$\boldsymbol{x}_l$，然后计算去除顶点$\boldsymbol{x}_h$的单纯形的中心$\bar{\boldsymbol{x}}$，记为

$$\bar{\boldsymbol{x}}=\frac{1}{D}\sum_{i=0}^{D}\boldsymbol{x}_i,\quad i\neq h \tag{8.1}$$

（4）反射操作。采用式（8.2）计算得到顶点$\boldsymbol{x}_h$的反射点$\boldsymbol{x}_r$。若$f(\boldsymbol{x}_r)<f(\boldsymbol{x}_l)$，则转至步骤（5）；若$f(\boldsymbol{x}_r)>f(\boldsymbol{x}_s)$，转至步骤（6）；否则，令$\boldsymbol{x}_r$取代$\boldsymbol{x}_h$，转至步骤（8）。

$$\boldsymbol{x}_r=\bar{\boldsymbol{x}}+a\times(\bar{\boldsymbol{x}}-\boldsymbol{x}_h) \tag{8.2}$$

（5）扩张操作。采用式（8.3）计算得到反射点$\boldsymbol{x}_r$的扩张点$\boldsymbol{x}_e$。若$f(\boldsymbol{x}_e)<f(\boldsymbol{x}_r)$，则令$\boldsymbol{x}_e$取代$\boldsymbol{x}_h$；否则，直接令$\boldsymbol{x}_r$取代$\boldsymbol{x}_h$。随后转至步骤（8）。

$$\boldsymbol{x}_e=\bar{\boldsymbol{x}}+\gamma\times(\boldsymbol{x}_r-\bar{\boldsymbol{x}}) \tag{8.3}$$

（6）收缩操作。若$f(\boldsymbol{x}_r)>f(\boldsymbol{x}_s)$且$f(\boldsymbol{x}_r)\leqslant f(\boldsymbol{x}_h)$，令$\boldsymbol{x}_r$取代$\boldsymbol{x}_h$。然后利用式（8.4）计算得到新顶点$\boldsymbol{x}_c$。此时，若$f(\boldsymbol{x}_c)\leqslant f(\boldsymbol{x}_h)$，则令$\boldsymbol{x}_c$取代$\boldsymbol{x}_h$，转至步骤（8）；否则，转至步骤（7）。

$$\boldsymbol{x}_c=\bar{\boldsymbol{x}}+\beta\times\left(\boldsymbol{x}_h-\bar{\boldsymbol{x}}\right) \tag{8.4}$$

（7）裁剪操作。对单纯形除$\boldsymbol{x}_l$外的$D$个顶点进行如下操作：

$$\boldsymbol{x}_i=\delta\times\boldsymbol{x}_i+(1-\delta)\times\boldsymbol{x}_l,\quad i=1,2,\cdots,D,\quad i\neq l \tag{8.5}$$

（8）若满足终止条件，则停止计算；否则，返回步骤（3）开始新一轮循环。

### 8.2.3 SPOA

从上述分析可知，各水电站所有离散状态的全面组合是 POA 维数灾和重复计算的主要原因。为解决此问题，很自然的想法便是寻求一种有效方法来减少甚至避免 POA 子问题的全面枚举。为此，本章提出了集成两阶段优化和单纯形法性能优势的 SPOA[14]：首先将多阶段问题分解为若干两阶段子问题，以减少计算时段数目；然后采用单纯形直接搜索法寻求各子问题的改进方案；最终进行多轮次迭代直到满足终止条件。SPOA 的执行过程如下。

（1）由人工经验或常规调度等确定各水电站在不同时刻的初始轨迹。

（2）设$t$=$T$−1，固定其余阶段各水电站的状态，采用单纯形法优化、调整当前阶段各水电站的状态变量，使得时段$t$−1和时段$t$+1内的系统目标函数$E(\boldsymbol{Z}_{t-1}^0,\boldsymbol{Z}_{t+1}^0)$达到最优；然后将时段$t$的状态更新为所得最优状态组合。同理，对下一阶段进行寻优，直至获得当前轮次各计算时段所有水电站的最优状态组合。

（3）将本次迭代求得的最优轨迹作为下次迭代的初始轨迹，重复步骤（2）直至相邻两次迭代的最优轨迹完全相同，此时停止计算并输出最优轨迹。

对比 POA 和 SPOA 的计算流程可知，两者均需在当前状态变量的邻域范围内确定

最佳的状态变量，然后进行多轮次迭代直至满足终止条件。其中，SPOA 的邻域由单纯形法直接确定，而 POA 的邻域由离散网格确定。显然，SPOA 并未改变 POA 的基础执行框架，能够很好地保持标准 POA 的优良性能。表 8.1 列出了 POA 和 SPOA 求解水电系统子问题的对比，其中水电站数目为 $N$，各水电站的状态均离散 $k$ 份。可以看出，SPOA 只需构造 $N+1$ 个状态变量，相应的计算复杂度为 $O(N)$；与此同时，POA 需要遍历 $k^N$ 个状态变量，相应的计算复杂度为 $O(k^N)$。因此，POA 的计算复杂度与离散状态、水电站数目呈指数增长关系，而 SPOA 的计算开销仅随水电站数目的增大呈线性增长。在求解相同规模的调度问题时，SPOA 所需存储量与计算量都会远小于 POA，有效克服了维数灾和重复计算问题。

**表 8.1　POA 与 SPOA 子问题的求解对比**

| 方法 | 搜索空间 | 状态变量数目 | 更新对象 | 搜索策略 | 复杂度 | 迭代搜索 | 理论基础 |
|---|---|---|---|---|---|---|---|
| POA | 离散 | $k^N$ | 离散状态变量 | 枚举法 | 指数 | 是 | 最优性原理 |
| SPOA | 连续 | $N+1$ | 顶点 | 单纯形法 | 多项式 | 是 | 最优性原理 |

图 8.3 进一步给出了 POA 和 SPOA 子问题的对比示意图，该系统包括 2 座水电站，各水电站的状态均离散 5 份。可以看出：①两种方法均采用两阶段分解和迭代搜索技术逐步提高调度方案的质量，不同之处在于子问题的优化过程，其中 POA 采用枚举遍历方法，SPOA 采用直接搜索方法。②POA 需要求解 25 个离散状态变量，其中 16 个离散状态变量在相邻两次迭代中可能会被重复计算，冗余计算量约为 64%，严重降低了计算效率；与此同时，SPOA 采用由 3 个顶点构成的单纯形进行寻优，且每次只需更新 1 个顶点，计算开销大幅降低。

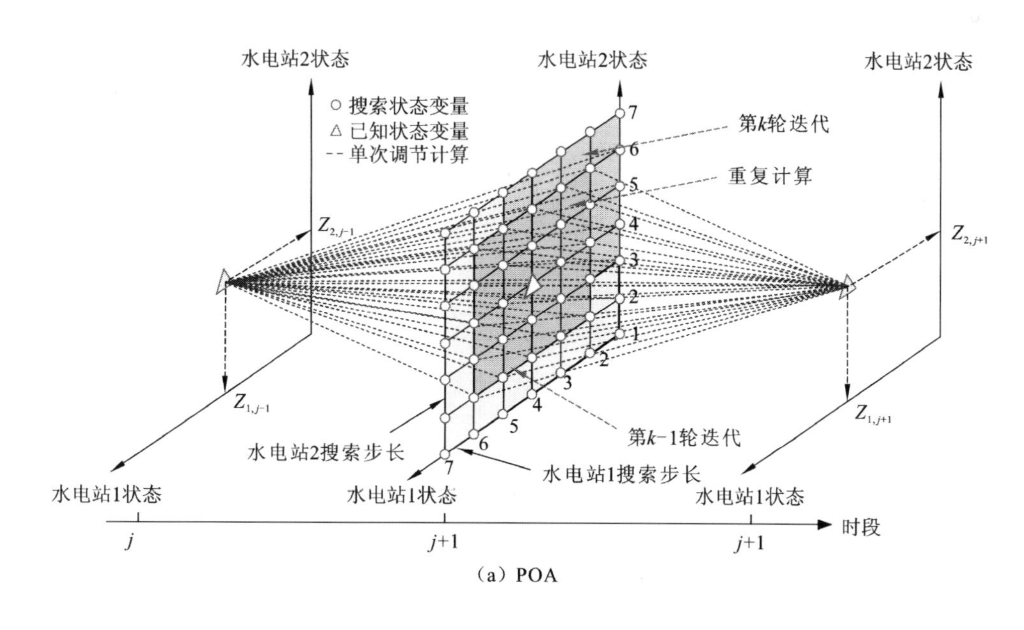


(a) POA

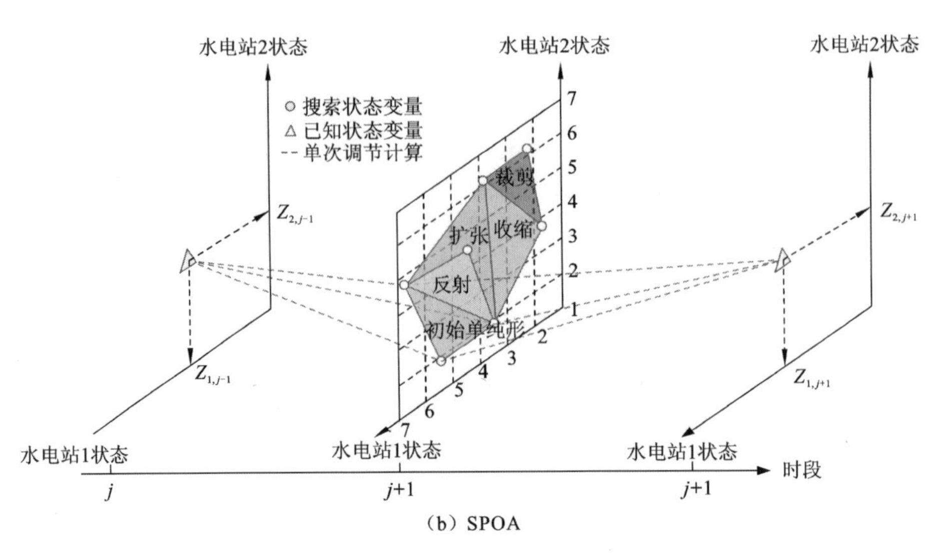

（b）SPOA

图 8.3　POA 与 SPOA 子问题的对比

# 8.3　工程应用

## 8.3.1　实例分析 1

首先，将标准 DP 作为基准方法来检验 SPOA 的可靠性。表 8.2 给出了三种方法求解 2 座水电站的调度结果对比。可以发现，三种方法的发电量十分相近，而 DP 的时间远大于 POA 和 SPOA，验证了 DP 改进方法的必要性和高效性。可能原因在于：DP 通过搜索所有离散状态组合找到全局最优解；而 POA 和 SPOA 每次迭代只需要探索两阶段子问题中的部分状态变量，从而在略微损失发电效益的前提下提高了执行效率。因此，DP 难以满足大规模水电调度的时效性要求，而 SPOA 可以较好地平衡求解质量和计算时间。

**表 8.2　不同方法求解 2 座水电站的调度结果对比**

| 方法 | 发电量/（$10^8$ kW·h） | | | | | | | | | | | | | 时间/ms |
|---|---|---|---|---|---|---|---|---|---|---|---|---|---|---|
| | 1 月 | 2 月 | 3 月 | 4 月 | 5 月 | 6 月 | 7 月 | 8 月 | 9 月 | 10 月 | 11 月 | 12 月 | 总和 | |
| DP | 0.97 | 0.82 | 0.87 | 1.20 | 1.75 | 4.30 | 3.59 | 3.22 | 2.03 | 3.93 | 2.70 | 1.10 | 26.48 | 468 377 |
| POA | 0.96 | 0.16 | 0.62 | 1.07 | 2.11 | 4.98 | 3.59 | 3.22 | 2.04 | 3.93 | 1.62 | 2.17 | 26.47 | 43.1 |
| SPOA | 0.44 | 0.39 | 0.91 | 1.28 | 2.12 | 4.66 | 3.53 | 3.18 | 2.03 | 3.90 | 2.69 | 1.08 | 26.21 | 17.9 |

然后，将某枯水年径流作为系统输入，调度周期取为 1 年，计算步长选为 1 月。图 8.4 绘制了 3 座水电站时 SPOA 子问题的单纯形更新过程。可以看出，SPOA 单纯形的初期搜索范围较大，旨在强化全局寻优能力，然后逐步减小步长和搜索范围，旨在增强局部搜索能力。图 8.5 给出了 POA 和 SPOA 在不同规模水电系统的收敛轨迹。可以看出：①SPOA 的性能在寻优初期差于 POA，但两者的差异随迭代次数的增加呈下降趋势，最终两种方法获得较为接近的目标值。②随着水电站数目的增加，POA 和 SPOA 的计算时间分别呈指数与多项式增长。例如，在 7 座水电站时，SPOA 的计算时间和发电量约为 POA 的 1.72%与 99.61%，表明该方法能够在保障结果精度的前提下显著提升计算效率。

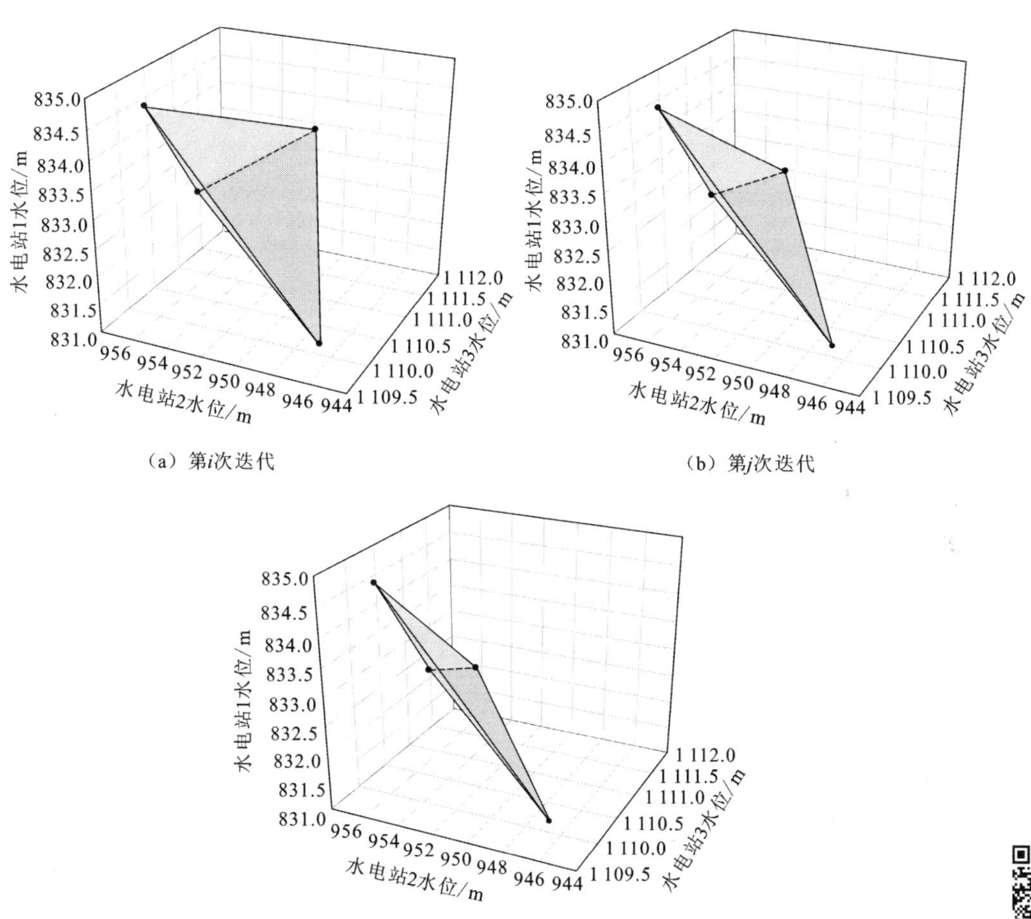


（a）第$i$次迭代

（b）第$j$次迭代

（c）第$k$次迭代

图 8.4　SPOA 求解 3 座水电站子问题的示意图

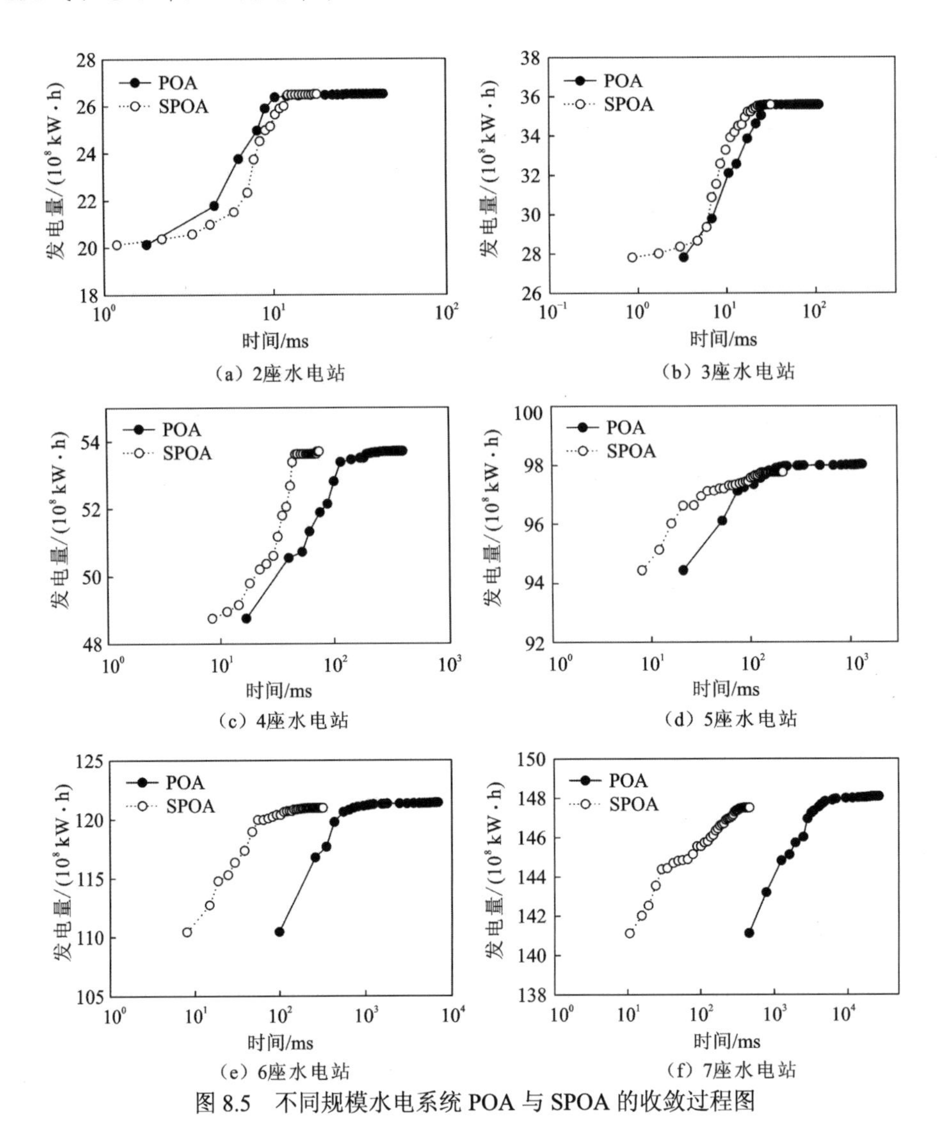


图 8.5　不同规模水电系统 POA 与 SPOA 的收敛过程图

## 8.3.2　实例分析 2

进一步选择 10 年、20 年、30 年和 40 年四种径流序列，通过对比 GA 和 POA 来检验 SPOA 在复杂高维问题中的搜索能力。表 8.3 给出了三种方法求解 5 座水电站的调度问题时所得的结果。可以看出，SPOA 在不同情景下均能以最少的时间获得满意的调度结果。例如，在 10 年径流情景下，SPOA 的发电量明显优于 GA，略低于 POA，但计算时间较 POA 大约减少 88%，且远低于 GA。可能的原因如下：GA 的搜索性能受早熟收敛影响较大，且个体进化操作和适应度计算所需耗时较多；POA 在邻域范围内遍历所有状态变量，虽然能够保证方案质量，但不可避免地增加了执行时间；SPOA 只需评估当前轨迹的若干顶点，同时通过迭代计算逐步提高计算精度，可在保障方案质量的前提下大幅提升执行效率。

表 8.3　四种来水情景下不同方法的计算结果对比

| 情景 | 方法 | 发电量/（$10^8$ kW·h） | | | | | | 占 POA 发电量的比例/% | 时间/s |
|---|---|---|---|---|---|---|---|---|---|
| | | 洪家渡水电站 | 东风水电站 | 索风营水电站 | 乌江渡水电站 | 构皮滩水电站 | 总和 | | |
| 10 年 | POA | 155.1 | 293.0 | 215.9 | 426.8 | 997.8 | 2 088.6 | — | 14.6 |
| | SPOA | 161.1 | 291.9 | 210.5 | 400.3 | 1 001.9 | 2 065.7 | 98.90 | 1.8 |
| | GA | 133.2 | 281.0 | 189.3 | 349.3 | 992.7 | 1 945.5 | 93.15 | 309.1 |
| 20 年 | POA | 304.9 | 626.0 | 448.1 | 874.2 | 2 041.6 | 4 294.8 | — | 36.2 |
| | SPOA | 306.7 | 618.2 | 438.3 | 818.8 | 2 047.7 | 4 229.7 | 98.48 | 2.8 |
| | GA | 238.4 | 584.9 | 392.9 | 760.4 | 2 032.3 | 4 008.9 | 93.34 | 532.6 |
| 30 年 | POA | 444.3 | 935.9 | 671.0 | 1 317.0 | 3 103.4 | 6 471.6 | — | 93.5 |
| | SPOA | 456.5 | 924.0 | 654.3 | 1 235.0 | 3 109.1 | 6 378.9 | 98.57 | 6.1 |
| | GA | 351.2 | 869.5 | 568.4 | 1 149.8 | 3 062.6 | 6 001.5 | 92.74 | 763.2 |
| 40 年 | POA | 587.8 | 1 231.8 | 874.6 | 1 716.6 | 4 058.7 | 8 469.5 | — | 134.8 |
| | SPOA | 579.1 | 1 214.6 | 853.8 | 1 610.9 | 4 067.6 | 8 326.0 | 98.31 | 7.0 |
| | GA | 513.3 | 1 185.4 | 733.7 | 1 383.2 | 4 026.6 | 7 842.2 | 92.59 | 992.4 |

图 8.6 显示了不同规模水电系统下 GA、SPOA 和 POA 平均电量与耗时的分布。可以看出：①基于随机搜索机制的 GA 所得结果波动性较大，而 SPOA 的结果较为稳定且接近 POA，证明了单纯形方法的有效性；②不同规模下 GA 的耗时增长相对平缓，而 SPOA 的耗时增长较慢且远小于 POA。以 7 座水电站为例，SPOA 子问题的单纯形仅需 8 个顶点，远小于 POA 的 2 187 个点，使得其耗时大约减少了 98%。由此可知，SPOA 不仅能够大幅降低计算开销，而且最终结果对初始调度方案不甚敏感，具有良好的鲁棒性。

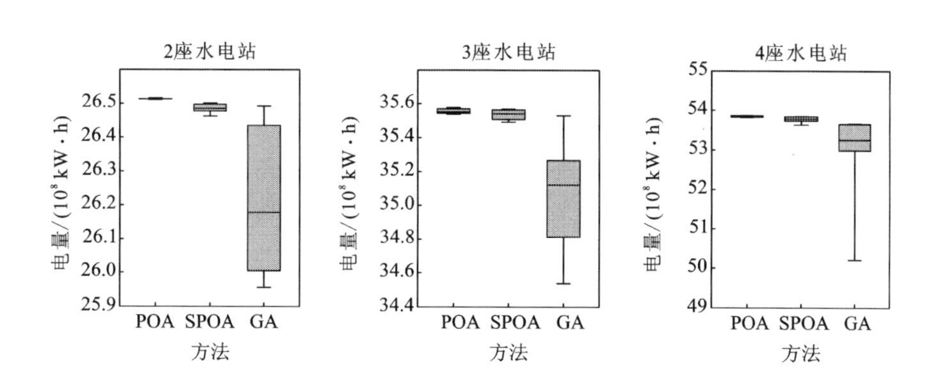

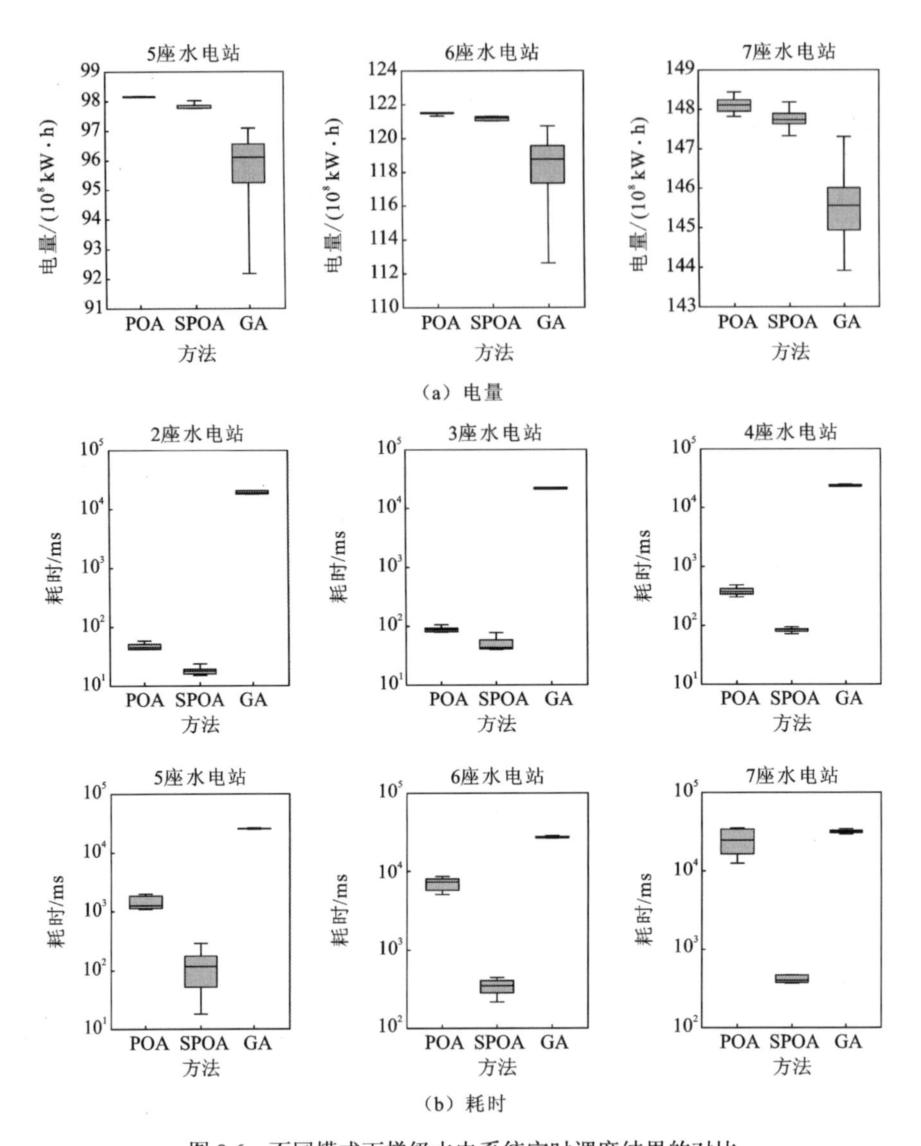


图 8.6 不同模式下梯级水电系统实时调度结果的对比

最后，采用 7 座水电站测试 SPOA 在实时调度决策中的性能。图 8.7 绘制了四种模式对应的实时调度结果，包括从生产部门收集的实际调度方案、前日运用 SPOA 制订的预报调度方案、当日 4 时运用 SPOA 得到的再优化调度方案、次日依据实际信息运用 SPOA 优化得到的最佳调度方案。可以看出：①四种方案均存在明显差异，但再优化调度方案的结果较预报调度方案更靠近实际调度方案，表明了实时反馈校正的重要性；②最佳调度方案结果与其他三个方案并不完全相同，表明调度过程仍存在一定的提升空间。由此可知，在实际过程中，需要综合统筹相关影响因素与执行偏差，同时结合专家经验、历史信息、实时数据和优化方法来确定水电调度的最终方案。

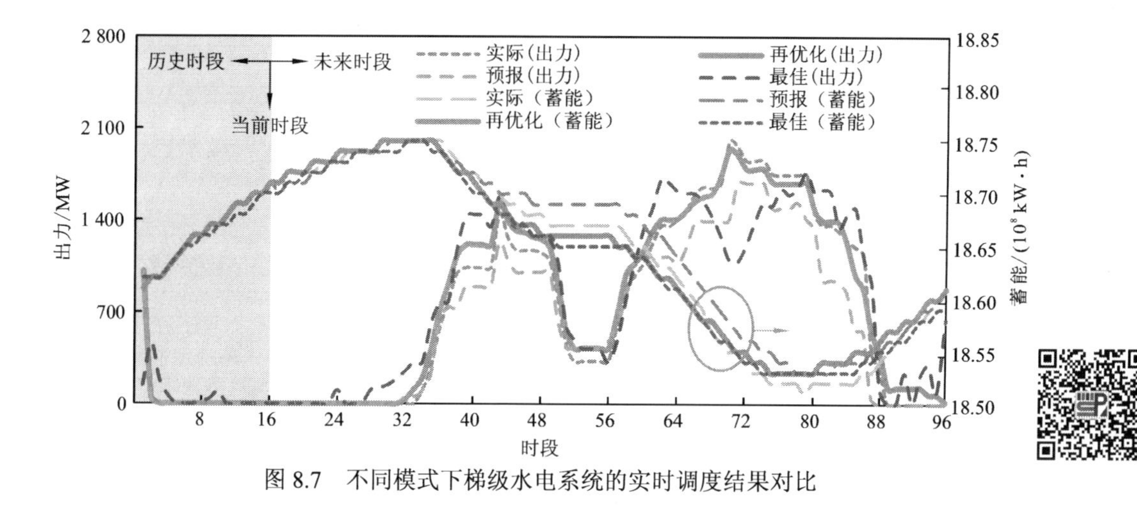


图 8.7　不同模式下梯级水电系统的实时调度结果对比

# 8.4 本章小结

随着系统规模及其运行复杂性的持续攀升，特大流域水电站群优化调度面临的时空约束及目标函数日益复杂，传统的 POA 因离散状态全面组合、迭代搜索面临维数灾和重复计算难题，迫切需要科学、有效地实用化降维求解方法。为此，本章提出了集成两阶段优化和单纯形搜索性能优势的 SPOA，将多阶段调度问题分解为若干两阶段子问题，然后对子问题调用单纯形方法开展精细化邻域搜索，有效解决了 POA 存在的维数灾和重复计算难题。工程实践结果表明，SPOA 结果的质量与 POA 相近，但计算复杂性从指数级降至多项式级，为特大流域水电站群的优化调度提供了一种高效、实用的优化方法。

# 参考文献


[1] LI Y P, HUANG G H, CHEN X. Planning regional energy system in association with greenhouse gas mitigation under uncertainty[J]. Applied energy, 2011, 88(3): 599-611.

[2] MA C, LIAN J J, WANG J N. Short-term optimal operation of Three-gorge and Gezhouba cascade hydropower stations in non-flood season with operation rules from data mining[J]. Energy conversion and management, 2013(65): 616-627.

[3] ZHANG C, XU B, LI Y, et al. Exploring the relationships among reliability, resilience, and vulnerability of water supply using many-objective analysis[J]. Journal of water resources planning and management, 2017, 143(8): 04017044.

[4] BAI T, KAN Y B, CHANG J X,et al. Fusing feasible search space into PSO for multi-objective cascade reservoir optimization[J]. Applied soft computing journal, 2017(51): 328-340.

[5] CATALÃO J P S, POUSINHO H M I, MENDES V M F. Mixed-integer nonlinear approach for the optimal scheduling of a head-dependent hydro chain[J]. Electric power systems research, 2010,80(8): 935-942.

[6] CHANG J X, LI Y Y, YUAN M,et al. Efficiency evaluation of hydropower station operation: A case study of Longyangxia station in the Yellow River, China[J]. Energy, 2017(135): 23-31.

[7] JI C M, JIANG Z Q, SUN P,et al. Research and application of multidimensional dynamic programming in cascade reservoirs based on multilayer nested structure[J]. Journal of water resources planning and management, 2014,141(7): 04014090.

[8] LEI X H, ZHANG J W, WANG H, et al. Deriving mixed reservoir operating rules for flood control based on weighted non-dominated sorting genetic algorithm II[J]. Journal of hydrology, 2018(564): 967-983.

[9] LIU Y, LI Y Z, GOOI H B,et al. Distributed robust energy management of a multi-microgrid system in the real-time energy market[J]. IEEE transactions on sustainable energy, 2017,10(1): 396-406.

[10] LI C L, ZHOU J Z, OUYANG S,et al. Improved decomposition-coordination and discrete differential dynamic programming for optimization of large-scale hydropower system[J]. Energy conversion and management, 2014(84): 363-373.

[11] KANG F, LI J J, XU Q. Structural inverse analysis by hybrid simplex artificial bee colony algorithms[J]. Computers and structures, 2009, 87(13/14): 861-870.

[12] ZAHARA E, KAO Y T. Hybrid Nelder-Mead simplex search and particle swarm optimization for constrained engineering design problems[J]. Expert systems with applications, 2009, 36(2): 3880-3886.

[13] FAN S K S, ZAHARA E. A hybrid simplex search and particle swarm optimization for unconstrained optimization[J]. European journal of operational research, 2007, 181(2): 527-548.

[14] FENG Z K, NIU W J, ZHOU J J,et al. Linking Nelder-Mead simplex direct search method into two-stage progressive optimality algorithm for optimal operation of cascade hydropower reservoirs[J]. Journal of water resources planning and management, 2020, 146(5): 04020019.

# 第9章

# 特大流域水电站群优化调度变尺度抽样降维方法

## 9.1 引　言

大规模水电系统的优化调度涉及相互制约的海量时空约束和复杂多变的综合利用需求，导致计算规模呈爆炸式增长，维数灾问题日益突出，给各级调度管理部门带来了前所未有的问题与挑战[1-6]。传统优化方法如 POA[7]、DDDP[8]、DPSA[9]等 DP 改进算法在处理大规模水电系统的调度问题时，多面临状态组合过多引发的严重维数灾问题；GA[10]、PSO 算法[11]等智能算法采用群体寻优虽然在一定程度上规避了维数灾，但存在参数众多、早熟收敛等问题，同时计算结果易受问题规模及约束处理方法等的影响，存在较大的波动性，在实际工程应用中受到了一定的限制。因此，迫切需要研究时空复杂度较低、兼顾计算效率与求解精度的新型优化调度方法，以切实服务于大规模复杂水电系统的高效优质求解。为此，本章结合变尺度搜索和抽样思想，提出了正交降维搜索算法（orthogonal dimension reduction search algorithm，ODRSA），将水电优化问题的求解视为在发起点邻域内开展正交试验，选取均衡分布、整齐可比的部分状态组合进行计算。同时，结合 DP 经典改进方法的思想，提出四种求解水电优化调度问题的方法。理论分析表明，ODRSA 具有良好的并行性，且时空复杂度均为平方增长，有效缓解了维数灾问题。贵州电网工程实例验证了 ODRSA 进行水电系统优化调度的高效性。

## 9.2 ODRSA

### 9.2.1 ODRSA 总体思想

在实际工作中，对于单因素或两因素试验，无论是设计，还是实施、分析都相对简单；但经常需要同时考查 3 个及以上试验因素对结果的影响，一般各因素具有多个水平，若进行全面试验，试验规模将极其庞大，受限于环境条件及试验成本，往往难于实施。正交试验设计便是安排多因素多水平试验设计、寻求最优水平组合的高效试验方法[12-14]。从优化方法上看，正交试验设计是一种初始种群固定，只使用定向变异算子，仅进化一代的特殊 GA[15]；而常规 GA 利用选择、复制、交叉、变异等多种遗传算子对多个个体组成的种群进化多代，求解质量优于正交试验设计，同时文献[16]和[17]均已证明最优保留 GA 具有全局收敛性。因此，产生如下思想：可否将正交试验推广至进化多代的最优保留 GA 以提升求解质量，即开展多次正交试验，且每次均在前次最优试验结果的基础上进行；每代进化均采用固定的变异策略（相同的正交表），能切实保证优化结果的稳定性和唯一性；此外，正交试验规模较全面试验大幅降低，能够显著降低方法所需的运算量与存储量。

基于上述思考，本章提出了基于多重抽样思想的 ODRSA[18]。该方法将优化问题的求解视为在可行域内不断开展正交试验（即特征抽样），将可行域视为试验区域，将目标函数视为试验指标值，将 $n$ 维变量视为 $n$ 项试验因素，各变量在其邻域范围内抽取 $k$ 个离散状态，各离散状态分别表示一种因素水平，单个试验方案对应一个潜在可行解 $\boldsymbol{x}=(x_1,x_2,\cdots,x_n)^{\mathrm{T}}$，给定初始解和搜索步长 $\boldsymbol{h}=(h_1,h_2,\cdots,h_n)^{\mathrm{T}}$ 后，在邻域内利用正交表构造试验方案，全部正交试验方案共同构成发起点邻域内的潜在可行解集合 $\boldsymbol{S}=\{\boldsymbol{x}^1,\boldsymbol{x}^2,\cdots,\boldsymbol{x}^M\}$。在寻优过程中，ODRSA 在发起点的邻域内开展正交试验以构造解集，从中选取较优解后更新发起点，不断重复上述过程直至满足终止条件，其思想可概述为给定初值，开展试验，迭代寻优，逐次逼近，直至收敛，图 9.1 为寻优过程示意图，具体执行框架如下。

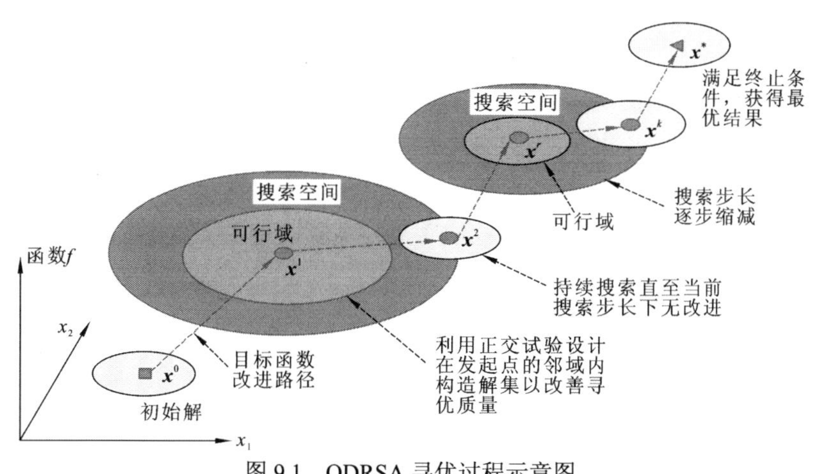

图 9.1　ODRSA 寻优过程示意图

注：$x^k$ 表示第 $k$ 次迭代时的解

（1）设定邻域离散状态数目 $k$ 及终止精度 $\varepsilon$ 等参数，并根据维度 $n$ 选取合适的正交表 $L$。

（2）选定初始点 $\boldsymbol{x}^0$ 及初始搜索步长 $\boldsymbol{h}^0$。

（3）在邻域范围内以 $\boldsymbol{x}^0$ 为中心，以 $\boldsymbol{h}^0$ 为搜索半径开展正交试验，依所选正交表 $L$ 构造潜在可行解集合 $\boldsymbol{S}$，计算 $\boldsymbol{S}$ 中各试验方案的目标函数，并从中选择较优解 $\boldsymbol{x}^1$。

（4）若 $\boldsymbol{x}^1$ 与 $\boldsymbol{x}^0$ 的目标函数相差较小，则令 $\boldsymbol{h}^0=\boldsymbol{h}^0/2$。若 $\boldsymbol{x}^1$ 优于 $\boldsymbol{x}^0$，则令 $\boldsymbol{x}^0=\boldsymbol{x}^1$。

（5）判定是否满足终止条件，若 $\max\limits_{1\leqslant i\leqslant n}(h_i^0)<\varepsilon$，则转至步骤（6）；否则，返回步骤（3）。

（6）停止计算，输出最优解 $\boldsymbol{x}^*=\boldsymbol{x}^0$。

ODRSA 具有如下两方面的优越性质：天然并行性与低计算复杂度。具体描述如下。

（1）一方面，GA 具有隐并行性，多种群间可同步进化；另一方面，依正交表设计的试验方案相对独立、无直接关联，可交付不同工作人员同步进行。因此，ODRSA 作为一种基于正交表的特殊 GA，具有多重并行性：①并行计算完成不同初始解相应的迭代寻优过程，此时单个 CPU 负责若干初始解的搜索过程；②在构造指定初始解所对应的解集 $\boldsymbol{S}$ 后，将各方案交付多个计算单元实现同步计算。综上，ODRSA 能够利用高性能计算技术进一步缩短执行耗时，进而提高算法的计算效率。

（2）正交试验次数关系到试验规模和 ODRSA 所需的运算量与存储量，因此十分有必要对其展开分析。由 7.4.2 小节可知，$n_c$ 项水平数目均为 $k$ 的因素所需的正交试验次数约为 $M \approx n_c k^a$，其中，$a$ 为常系数，$a \in [1,2)$。因此，ODRSA 在发起点邻域内所构造的解集数目约为 $n_c k^a$，它是与维度 $n_c$ 和状态离散数目 $k$ 相关的多项式算法，计算复杂度较低。

## 9.2.2 ODRSA 降维方法设计

从数学上看，水电调度可归属为典型的大规模多变量约束优化问题，其解算形式可抽象为 $\mathrm{opt}\{f(\boldsymbol{x}) \mid \boldsymbol{x} \in \boldsymbol{S}\}$，其中 opt 表示最优函数，可以是 min、max 等算子，$f$ 表示系统优化目标，如发电量、发电效益等，$\boldsymbol{S}$ 为复杂约束集合，如水量平衡方程、水位运行限制等，$\boldsymbol{x}$ 为待优化变量，如各水电站在调度期内的水位过程；另外，现有水电调度算法大都运用逐次逼近理论，从某个初始解 $\boldsymbol{x}^0$ 出发迭代计算获得满足复杂约束集合 $\boldsymbol{S}$ 的调度方案，可采用 $\boldsymbol{x}^k = \boldsymbol{m}(\boldsymbol{x}^{k-1} \mid \boldsymbol{x}^{k-1} \in \boldsymbol{S})$ 刻画对应的寻优过程，其中 $\boldsymbol{m}$ 表示不同的优化方法，$k$ 表示迭代次数。在优化过程中，若已知所有水电站在不同时段的状态值（如水位），则由上游至下游依次对各水电站采用以水定电方式计算目标函数，因而特大流域水电站群优化调度问题可视为各水电站状态序列的组合优化问题。若以水位为状态值，水电站 $i$ 在时段 $j$ 的单元长度为 $L_{i,j}=Z_{i,j}^{\max}-Z_{i,j}^{\min}$，则 $N$ 个水电站 $T$ 个时段构成了超高维空间，总计算测度 $Y$ 为

$$Y=\prod_{i=1}^{N}\prod_{j=1}^{T}L_{i,j}=\prod_{i=1}^{N}\prod_{j=1}^{T}(Z_{i,j}^{\max}-Z_{i,j}^{\min}) \tag{9.1}$$

显然，若将各水电站的状态值视为连续变量，水电调度问题为连续优化问题，虽然可以提高优化结果质量，但是，一方面 $\boldsymbol{S}$ 为无穷集合，集合内的元素趋于无穷，使得传统方法难以在此集合中遍历寻优；另一方面，水电站水位在实际调度中通常保留有限位数，过于精细化的取值既不现实又难以操作。为简化计算，通常将其转化为有限集合下的离散优化问题，即按照预设精度对各水电站水位进行离散操作，若水电站 $i$ 在时段 $j$ 的状态值离散为 $k$ 份，则所有可能的状态组合数目为

$$Y=\prod_{i=1}^{N}\prod_{j=1}^{T}k=k^{NT} \tag{9.2}$$

虽然系统规模已有所降低，但计算量仍随状态离散数目、水电站数目和计算时段等计算元素的增大呈指数增长，若对所有元素进行计算，则运算耗时及存储空间极其庞大，如何避免全面枚举便成为解决维数灾问题的关键。

为此，采用 ODRSA 选取部分状态组合进行计算，大幅降低状态组合数目，在组合维达到降维的目的。同时，借鉴 DDDP、POA 和 DPSA 等 DP 改进方法的思想，分别通过减少状态离散数目、阶段数目和水电站数目进一步提高计算效率，将原问题分为不同尺度的子问题，各子问题采用 ODRSA 进行求解。假定参与计算的水电站、阶段数目分

别为 $N_c$ 与 $T_c$，则 4 种求解方法与策略如下。

（1）ODRSA-I：单次计算 $N$ 座水电站 $T$ 个阶段（$N_c=N$，$T_c=T$），且 $k$ 取值较大。

（2）ODRSA-II：借鉴 DDDP 思想减少状态离散数目（$k$ 取 3、5 等），此时有 $N_c=N$，$T_c=T$。

（3）ODRSA-III：与 POA 类似，将多阶段决策问题分解为若干两阶段子问题，依次对各子问题采用 ODRSA 进行优化，此时有 $N_c=N$，$T_c=2$，即转化为文献[7]所提的正交逐步优化算法（orthogonal progressive optimality algorithm，OPOA）。

（4）ODRSA-IV：参考 DPSA 将多维决策问题转化为若干一维简单子问题，依次对各水电站采用 ODRSA 进行优化，此时有 $N_c=1$，$T_c=T$。

### 9.2.3　ODRSA 降维性能分析

进一步，参照 2.3.1 小节，假定各水电站任意时段的状态 $Z_{i,j}$ 需要一个存储单位，相邻时段状态 $Z_{i,j}$ 和 $Z_{i,j+1}$ 所涉及的目标函数、惩罚项等的相关计算记为单次调节计算，则单个调度方案需要 $n_c$ 个存储单位；单次迭代需要 $Mn_c$ 次调节计算和 $Mn_c$ 个存储单位；$I$ 轮迭代的总计算量为 $IMn_c$，又知 $M\approx n_ck^a$ 和 $n_c=N_cT_c$，故 ODRSA 的空间复杂度为 $O(n_c^2k^a)$，时间复杂度为 $O(In_c^2k^a)$。下面对上述 4 种方法展开复杂度分析。

（1）ODRSA-I：此时 $n_c=NT$，相应的空间、时间复杂度分别为 $O(N^2T^2k^a)$ 和 $O(IN^2T^2k^a)$。

（2）ODRSA-II：与 ODRSA-I 的不同之处在于 $k$ 的取值，此时 $k=3$，则相应的空间、时间复杂度分别为 $O(N^2T^23^a)$ 和 $O(IN^2T^23^a)$。

（3）ODRSA-III(OPOA)：此时 $n_c=N$，相应的空间、时间复杂度分别为 $O(N^2k^a)$ 和 $O(IN^2k^a)$。

（4）ODRSA-IV：此时 $n_c=T$，相应的空间、时间复杂度分别为 $O(T^2k^a)$ 和 $O(IT^2k^a)$。

表 9.1 列出了 ODRSA 与 DP 类方法时空复杂度的对比。可以看出：DP 类时空复杂度为指数增长；而 ODRSA 的计算复杂度基本为平方增长，较 DP 类方法有了大幅降低，能够有效缓解维数灾问题，进而提高系统的求解规模和运算效率。综上，采用 ODRSA 求解水电调度问题，所需空间、时间复杂度分别为 $O(N_c^2T_c^2k^a)$、$O(IN_c^2T_c^2k^a)$，其中 $I$ 为迭代次数，$N_c$ 为参与计算的水电站数目，$N_c\in\{1,2,\cdots,N\}$，$T_c$ 为优化阶段数目，$T_c\in\{1,2,\cdots,T\}$，$k$ 为状态离散数目，$a$ 为常系数，$a\in[1,2)$。

**表 9.1　各方法复杂度对比**

| 复杂度 | $N_c=N,T_c=T$(状态离散) | | $k=3$(状态数减少) | | $T_c=2$(阶段数减少) | | $N_c=1$(水电站数减少) | |
|---|---|---|---|---|---|---|---|---|
| | DP | ODRSA-I | DDDP | ODRSA-II | POA | ODRSA-III (OPOA) | DPSA | ODRSA-IV |
| 时间 | $O(NTk^{2N})$ | $O(IN^2T^2k^a)$ | $O(INT3^{2N})$ | $O(IN^2T^23^a)$ | $O(INTk^N)$ | $O(IN^2k^a)$ | $O(INTk^2)$ | $O(IT^2k^a)$ |
| 空间 | $O(NTk^N)$ | $O(N^2T^2k^a)$ | $O(NT3^N)$ | $O(N^2T^23^a)$ | $O(Nk^N)$ | $O(N^2k^a)$ | $O(Tk)$ | $O(T^2k^a)$ |

### 9.2.4 ODRSA 计算步骤

以调度期内发电量最大为目标函数，取各水电站水位为状态值，采用 ODRSA 在初始解的邻域范围内开展正交抽样，逐次逼近满足不同约束条件的最优水位变化序列，计算示意图见图 9.2。限于篇幅，仅列出 ODRSA-I 的计算流程，ODRSA-III 可参见文献[7]，其他两种方法与 ODRSA-I 类似。ODRSA-I 的详细计算步骤如下。

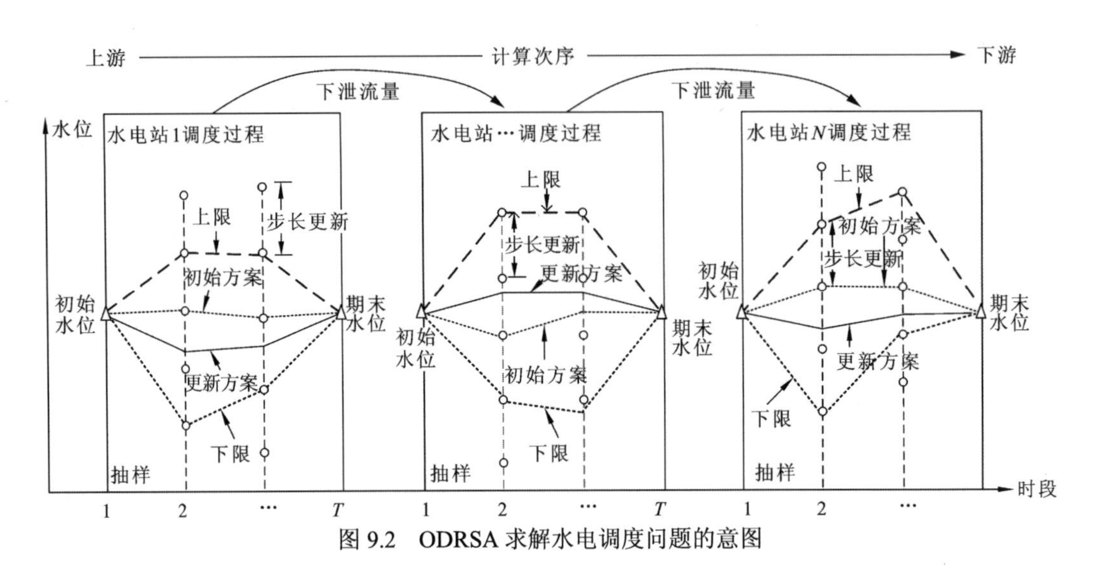


图 9.2　ODRSA 求解水电调度问题的意图

（1）设定终止精度 $\varepsilon$ 和状态离散数目 $k$ 等计算参数。

（2）设定参与计算的水电站个数 $N_c$ 与阶段数目 $T_c$，对 ODRSA-I 而言，$N_c$=$N$，$T_c$=$T$−1，则待优化变量数目为 $n_c$=$N_c$($T_c$−1)。

（3）由离散水平数 $k$ 及维度 $n_c$ 选择相应的正交表 $L_M(k^F)=(a_{r,t})_{M\times n_c}$。

（4）采用常规调度方法确定各水电站的初始调度过程、搜索步长，从而得到初始解 $\boldsymbol{Z}^0$：

$$\boldsymbol{Z}^0=(Z_t^0)_{1\times n_c}^{\mathrm{T}}=(Z_{1,1},\cdots,Z_{1,T_c-1},Z_{2,1},\cdots,Z_{2,T_c-1},\cdots,Z_{N_c,1},\cdots,Z_{N_c,T_c-1})^{\mathrm{T}} \tag{9.3}$$

式中：$Z_t^0$ 为水电站 $\left\lfloor \dfrac{t}{T_c-1} \right\rfloor$ 在时段 $t\bmod(T-1)$ 的初始状态，$\lfloor x \rfloor$ 表示不大于 $x$ 的最大整数，mod 表示取余函数。

（5）参照 3.2 节方法动态辨识可行域，将水电站 $i$ 在时段 $j$ 的水位上、下限记为 $\overline{Z}'_{i,j}$ 和 $\underline{Z}'_{i,j}$。

（6）根据正交表构造以 $\boldsymbol{Z}^0$ 为中心的正交试验方案，并检查各方案中不同维度的状态取值是否越限，若发生越限，则设定为边界值。

第 $r$ 个试验方案中第 $t$ 维取值 ${}^rZ_t$ 的构造公式如下：

$${}^rZ_t=Z_t^0+\left\lfloor a_{r,t}-\frac{k}{2}\right\rfloor\times h_t^0,\quad r=1,2,\cdots,M,\quad t=1,2,\cdots,n_c \tag{9.4}$$

修正公式为

$$
{}^{r}Z_t = \begin{cases} \underline{Z}'_{\left\lfloor \frac{t}{T_c-1} \right\rfloor, t \bmod (T_c-1)}, & {}^{r}Z_t < \underline{Z}'_{\left\lfloor \frac{t}{T_c-1} \right\rfloor, t \bmod (T_c-1)} \\ {}^{r}Z_t, & \underline{Z}'_{\left\lfloor \frac{t}{T_c-1} \right\rfloor, t \bmod (T_c-1)} \leqslant {}^{r}Z_t \leqslant \overline{Z}'_{\left\lfloor \frac{t}{T_c-1} \right\rfloor, t \bmod (T_c-1)}, \quad \forall t,\ r \\ \overline{Z}'_{\left\lfloor \frac{t}{T_c-1} \right\rfloor, t \bmod (T_c-1)}, & {}^{r}Z_t > \overline{Z}'_{\left\lfloor \frac{t}{T_c-1} \right\rfloor, t \bmod (T_c-1)} \end{cases} \tag{9.5}
$$

式中：$h_t^0$ 为水电站 $\left\lfloor \frac{t}{T_c-1} \right\rfloor$ 在时段 $t \bmod (T_c-1)$ 的搜索步长；$a_{r,t}$ 为所选正交表中第 $r$ 行第 $t$ 列取值；$M$ 为所选正交表总行数；$\overline{Z}'_{\left\lfloor \frac{t}{T_c-1} \right\rfloor, t \bmod (T_c-1)}$、$\underline{Z}'_{\left\lfloor \frac{t}{T_c-1} \right\rfloor, t \bmod (T_c-1)}$ 分别为水电站 $\left\lfloor \frac{t}{T_c-1} \right\rfloor$ 在时段 $t \bmod (T_c-1)$ 的水位上限、下限。

（7）此时，各水电站的水位序列已知，利用惩罚函数法和以水定电方法获得各试验方案的目标函数取值后，采用极差分析法获取最优试验方案 $\boldsymbol{Z}^1$。公式如下：

$$
\boldsymbol{Z}^1 = \arg\max\{\arg\max\{F({}^{1}\boldsymbol{Z}),\cdots,F({}^{r}\boldsymbol{Z}),\cdots,F({}^{M}\boldsymbol{Z})\},F(\boldsymbol{Z}^2)\} \tag{9.6}
$$

其中，

$$
\boldsymbol{Z}^2 = (Z_t^2)_{1\times n_c}^{\mathrm{T}} = \left( Z_t^0 + \left\lfloor b_t - \frac{k}{2} \right\rfloor \times h_t^0 \right)_{1\times n_c}^{\mathrm{T}} \tag{9.7}
$$

$$
b_t = \arg\max\left\{ \sum_{\forall r, a_{t,r}=1} F({}^{r}\boldsymbol{Z}), \sum_{\forall r, a_{t,r}=2} F({}^{r}\boldsymbol{Z}), \cdots, \sum_{\forall r, a_{t,r}=k} F({}^{r}\boldsymbol{Z}) \right\} \tag{9.8}
$$

式中：$F(\boldsymbol{Z})$ 为试验方案 $\boldsymbol{Z}$ 对应的目标函数；$\boldsymbol{Z}^2$ 为利用极差分析法得到的最优试验方案；$b_t$ 为第 $t$ 维目标函数取最大时对应的因素水平取值。

（8）判定式（9.9）是否成立，若成立则缩小搜索步长，令 $\boldsymbol{h}^0=\boldsymbol{h}^0/2$；否则，搜索步长保持不变。若 $\boldsymbol{Z}^1$ 优于 $\boldsymbol{Z}^0$，则更新初始解，即令 $\boldsymbol{Z}^0 = \arg\max\{F(\boldsymbol{Z}^0), F(\boldsymbol{Z}^1)\}$。

$$
|F(\boldsymbol{Z}^0) - F(\boldsymbol{Z}^1)| \leqslant \min\{|F(\boldsymbol{Z}^0)|, |F(\boldsymbol{Z}^1)|\} \times \varepsilon \tag{9.9}
$$

（9）判定是否满足终止条件，若 $\max\limits_{1\leqslant t\leqslant n_c}\{h_t^0\} < \varepsilon$，则转至步骤（10）；否则，返回步骤（6）。

（10）停止计算，输出最优解 $\boldsymbol{Z}^*=\boldsymbol{Z}^0$。

# 9.3 工 程 应 用

## 9.3.1 工程背景

贵州水能资源十分丰富，理论蕴藏量高达 18 760 MW，位居全国第六。水电在贵州电网担负调峰、调频和备用任务，同时也关系到防洪、供水、生态和环境等诸多重大问题，因此，开展水电调度研究对贵州电网的安全稳定和经济运行具有重要意义。选择分布于六冲河、猫跳河和三岔河的17座贵州电网直调水电站进行研究，涵盖了多年调节、年调节、不完全年调节、日调节性能等多种调节性能，各水电站之间水力、电力联系密切，拓扑结构见图9.3。采用Java语言编制程序，并在DELL 6850服务器开展模拟仿真。

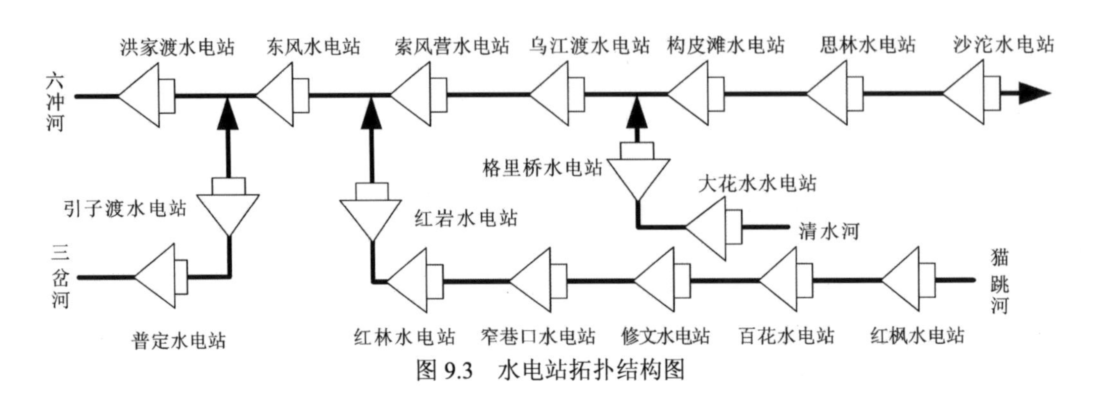

图9.3　水电站拓扑结构图

## 9.3.2　实例分析1

设定调度周期为1年，调度时段为1月，总时段数$T$=12。以三岔河流域上的普定水电站与引子渡水电站2座水电站的优化调度为研究对象，分别选用DP与ODRSA-I进行求解。表9.2列出了两方法计算结果的对比。可以看出：两方法所得计算结果基本相同，但是DP的计算时间达到了5.8 h，严重超出了调度人员的容忍极限，而本章方法几乎可以实现即算即得，大幅缩短运算时间。由此可知，ODRSA采用正交表选择的状态组合具有良好的代表性，能够在保证良好搜索性能的同时显著提升计算效率。

**表9.2　普定水电站与引子渡水电站计算结果的对比**

| 方法 | 电量/（$10^8$ kW · h） | | | | | | | | | | | | | 耗时 |
|---|---|---|---|---|---|---|---|---|---|---|---|---|---|---|
| | 1月 | 2月 | 3月 | 4月 | 5月 | 6月 | 7月 | 8月 | 9月 | 10月 | 11月 | 12月 | 合计 | |
| DP | 0.05 | 0.01 | 0.25 | 0.21 | 1.15 | 3.06 | 3.28 | 3.26 | 1.23 | 1.49 | 1.36 | 1.06 | 16.41 | 5.8 h |
| ODRSA-I | 0.01 | 0.27 | 0.50 | 0.04 | 0.84 | 3.06 | 3.23 | 3.26 | 1.23 | 1.47 | 1.29 | 1.15 | 16.35 | 0.89 s |

以乌江干流（六冲河）洪家渡水电站至沙沱水电站7座水电站为研究对象开展联合优化调度，所选水电站的总装机高达8 315 MW，约占贵州电网统调水电总装机的73.4%。表9.3列出了在多年平均来水条件下各方法计算结果的对比，其中GA的种群规模取为2 000，取连续运行10次的最优解。显然，①从发电量上看，GA的计算结果明显小于其他方法，如GA较POA大约少发$4.00\times10^8$ kW·h的电量，表明GA的随机寻优机制有待改进；在相同执行框架下，ODRSA系列方法的结果精度与DP系列方法相差不大，如

ODRSA-II 与 DDDP 均取 $k$=3，两者的发电量相差不足 0.3%；ODRSA-III 较 POA 仅少发 $9.80\times10^{7}$ kW·h 的电量，充分说明 ODRSA 系列方法能有效保证方法的搜索性能。同一问题规模下，方法的搜索空间越大，优化结果质量越高，如 DDDP 较 POA 和 DPSA 的发电量有不同程度的提高，ODRSA-I 的发电量也优于其他三种方法。②从耗时上看，由于 GA 的种群规模较大，其耗时约为 6.5 min，在各种方法中相对居中；DP 系列方法的耗时明显多于 ODRSA 系列方法，如 DDDP 耗时分别约为 ODRSA-III 和 ODRSA-IV 的 677 倍、894 倍；同一系列方法的耗时与搜索空间呈正相关关系，如 POA 耗时较 DPSA 增加了 634 s，ODRSA-I 较 ODRSA-IV 增加了 27 倍的计算时间。综上，ODRSA 采用正交表在所有状态组合中选取均衡分布、整齐可比性质的部分状态组合进行计算，可均衡考虑求解质量与计算时效，是求解大规模水电优化调度问题的可行方法。

**表 9.3　多年平均来水条件下不同方法的结果对比**

| 方法 | 发电量/（$10^{8}$kW · h） | | | | | | | | 耗时/ms |
|---|---|---|---|---|---|---|---|---|---|
| | 洪家渡水电站 | 东风水电站 | 索风营水电站 | 乌江渡水电站 | 构皮滩水电站 | 思林水电站 | 沙沱水电站 | 合计 | |
| DDDP | 15.71 | 18.57 | 12.80 | 26.77 | 75.58 | 32.51 | 44.48 | 226.42 | 1 320 578 |
| POA | 15.71 | 18.55 | 12.80 | 26.71 | 75.59 | 32.51 | 44.48 | 226.35 | 641 437 |
| DPSA | 15.91 | 18.30 | 12.73 | 26.73 | 75.48 | 32.45 | 44.40 | 226.00 | 7 448 |
| GA | 15.98 | 18.43 | 12.12 | 26.47 | 72.52 | 32.36 | 44.31 | 222.19 | 390 709 |
| ODRSA-I | 15.74 | 18.55 | 12.78 | 26.76 | 75.57 | 32.51 | 44.46 | 226.37 | 41 266 |
| ODRSA-II | 15.90 | 18.37 | 12.66 | 26.73 | 75.49 | 32.33 | 44.39 | 225.87 | 15 880 |
| ODRSA-III | 16.22 | 18.40 | 12.67 | 26.55 | 75.09 | 32.33 | 44.11 | 225.37 | 1 950 |
| ODRSA-IV | 15.56 | 18.09 | 12.52 | 26.36 | 75.40 | 32.46 | 44.19 | 224.58 | 1 477 |

### 9.3.3　实例分析 2

以贵州电网统调 17 座水电站的周计划编制为应用实例，取调度周期为 7 日，调度时段为 1 日，总时段数 $T$=7，计算过程中不考虑流量时滞影响，区间径流采用某周实测数据。因各水电站均参与调节计算，系统规模较大，故仅采用 GA、DPSA 和 ODRSA 系列方法开展模拟仿真。从表 9.4 可以看出，ODRSA 系列方法全面优于 GA，如 ODRSA-II 比 GA 增发 $1.75\times10^{7}$ kW·h 的电量；与 DPSA 相比，ODRSA-I 和 ODRSA-II 的发电量较 DPSA 有一定程度的提升，但耗时明显多于 DPSA；与 GA 相比，ODRSA-III 和 ODRSA-IV 耗时显著降低，同时分别增发了 $1.48\times10^{7}$ kW·h 和 $1.25\times10^{7}$ kW·h 的电量，这在电力市场环境下无疑为电网企业带来了可观的经济效益。综上，ODRSA-I 与 ODRSA-II 虽然优化结果较好，但是耗时明显增多，可以考虑采用并行技术以进一步降低计算时间；ODRSA-III 和 ODRSA-IV 能在较短时间内获得良好的计算结果，求解质量与计算效率得到有效均衡，故在同等条件下优先推荐采用这两种方法。

表 9.4　不同方法的计算结果对比

| 方法 | 发电量/（$10^4$ kW·h） | | | | | 耗时/ms |
|---|---|---|---|---|---|---|
| | 猫跳河 | 三岔河 | 六冲河 | 清水河 | 合计 | |
| DPSA | 647.71 | 928.90 | 3 6910.85 | 1 402.94 | 39 890.40 | 8 913 |
| GA | 613.39 | 921.33 | 35 112.35 | 1 408.37 | 38 055.44 | 316 773 |
| ODRSA-I | 779.54 | 931.32 | 37 653.05 | 1 402.73 | 40 766.64 | 472 856 |
| ODRSA-II | 652.39 | 932.33 | 36 812.35 | 1 408.37 | 39 805.44 | 21 674 |
| ODRSA-III | 646.03 | 930.96 | 36 553.08 | 1 403.95 | 39 534.02 | 2 016 |
| ODRSA-IV | 646.63 | 930.94 | 36 320.95 | 1 403.95 | 39 302.47 | 1 270 |

## 9.4 本章小结

随着中国水电系统计算规模的持续攀升，DP 等常规方法难以满足工程实际需求，亟须研究适用于水电系统精细化调度的高效科学方法。本章提出了一种基于正交试验设计、在组合维实现降维的 ODRSA。同时，结合 DP 改进方法思想，提出了四种针对水电优化调度问题的求解策略。理论分析表明，所提方法的时间、空间复杂度均为平方增长，极大缓解了维数灾问题。工程实例结果表明，本章方法能有效均衡计算效率和求解质量，能够为水电系统的优化调度提供新的求解思路。未来可以考虑继续深入研究所提方法的并行化实现，以及在类似工程问题中的应用。

## 参考文献


[1] YEH W W G. Reservoir management and operations models: A state-of-the-art review[J]. Water resources research, 1985, 21(12): 1797-1818.

[2] CHENG C T, SHEN J J, WU X Y, et al. Operation challenges for fast-growing China's hydropower systems and respondence to energy saving and emission reduction[J]. Renewable and sustainable energy reviews, 2012, 16(5): 2386-2393.

[3] BARROS M T L, TSAI F T C,YANG S L, et al. Optimization of large-scale hydropower system operations[J]. Journal of water resources planning and management, 2003, 129(3): 178-188.

[4] LABADIE J W. Optimal operation of multireservoir systems: State-of-the-art review[J]. Journal of water resources planning and management, 2004, 130(2): 93-111.

[5] RANI D, MOREIRA M M. Simulation-optimization modeling: A survey and potential application in reservoir systems operation[J]. Water resources management, 2010, 24(6): 1107-1138.

[6] HOSSAIN M S, EL-SHAFIE A. Intelligent systems in optimizing reservoir operation policy: A review[J]. Water resources management, 2013, 27(9): 3387-3407.
[7] 冯仲恺, 廖胜利, 程春田, 等. 库群长期优化调度的正交逐步优化算法[J]. 水利学报, 2014, 45(8): 903-911.
[8] CHENG C T, WANG S, CHAU K W, et al. Parallel discrete differential dynamic programming for multireservoir operation[J]. Environmental modelling and software, 2014(57): 152-164.
[9] YI J, LABADIE J W, STITT S. Dynamic optimal unit commitment and loading in hydropower systems[J]. Journal of water resources planning and management, 2003, 129(5): 388-398.
[10] 王少波, 解建仓, 孔珂. 自适应遗传算法在水库优化调度中的应用[J]. 水利学报, 2006, 37(4): 480-485.
[11] 张俊, 程春田, 廖胜利, 等. 改进粒子群优化算法在水电站群优化调度中的应用研究[J]. 水利学报, 2009, 40(4): 435-441.
[12] LEUNG Y W, WANG Y P. An orthogonal genetic algorithm with quantization for global numerical optimization[J]. IEEE transactions on evolutionary computation, 2001, 5(1): 41-53.
[13] ZHAN Z H, ZHANG J, LI Y, et al. Orthogonal learning particle swarm optimization[J]. IEEE transactions on evolutionary computation, 2011, 15(6): 832-847.
[14] CIORNEI I, KYRIAKIDES E. A GA-API solution for the economic dispatch of generation in power system operation[J]. IEEE transactions on power systems, 2012, 27(1): 233-242.
[15] 吴浩扬, 常炳国, 朱长纯. 遗传算法的一种特例: 正交试验设计法[J]. 软件学报, 2001(1): 148-153.
[16] 何琳, 王科俊, 李国斌, 等. 最优保留遗传算法及其收敛性分析[J]. 控制与决策, 2000(1): 63-66.
[17] 恽为民, 席裕庚. 遗传算法的全局收敛性和计算效率分析[J]. 控制理论与应用, 1996(4): 455-460.
[18] 冯仲恺, 牛文静, 程春田, 等. 大规模水电系统优化调度降维方法研究 II: 方法实例[J]. 水利学报, 2017, 48(3): 270-278.

# 第10章

# 特大流域水电站群优化调度群体智能降维方法

## 10.1 引　言

在自然界中，单一个体的行为表现相对简单且难以在复杂多变的自然环境中存活，但是由个体集合所组成的群体却能产生十分复杂的协作行为，能够在个体之间实现信息的高效交换，切实保证种群的存续与进化[1-3]。例如：飞鸟在迁徙过程中采用人字形或一字形飞行，既有利于调整个体飞行姿态，减少体力消耗，又能方便、及时地进行沟通交流，防御天敌侵害；蜂群将个体明确划分为引领蜂、侦查蜂、跟随蜂等多个工种，通过摇摆舞的形式与其他蜜蜂共享食物源信息，提升花蜜采集效率；蚁群在寻找食物过程中，通过释放信息素告知其他蚂蚁当前路径中食物的多寡，以缩短觅食路途的奔波耗时，保障种群食物储备。受此类现象启发，学者对群体聚集、合作活动行为开展了大量观察与深入分析，采用一定的数学模型来模拟群体的协同进化机制，诞生了以 GA、PSO 算法、人工蜂群算法、蚁群算法等为代表的群体智能方法[4-6]。此类方法采用某种特定的信息共享与协同进化机制，促使个体在决策空间中展开随机搜索，通过迭代寻优来不断逼近最优解，具有计算速度快、扩展性强、易于实现等优点，而且一般不受维数灾问题的困扰，能够有效处理大规模复杂系统的优化问题。因此，群体智能方法在多电源协调优化、参数模拟优选、组合优化、系统最优控制等诸多领域得到了广泛应用。然而，已有研究成果表明：直接将标准启发式智能方法应用于工程实际问题，通常会出现早熟收敛，甚至难以获得可行结果的情况，通常需要根据问题特点采用一定的策略改善其搜索能力。近年来，Sun 等[7]提出了 QPSO 算法，利用所有粒子的位置建立概率分布模型，通过蒙特卡罗（Monte-Carlo）随机模拟得到粒子在量子空间中的位置方程，使得粒子能够以某一概率出现在整个可行空间的任意位置。作为新兴的群体智能方法，QPSO 算法逐步成为故障检测、风电调度和系统辨识等诸多领域的研究热点与前沿方向，但在水电调度领域的研究成果尚不多见。因此，本章将无维数灾问题困扰的 QPSO 算法引入梯级水电站群优化调度领域，从混沌初始化、种群进化、种群变异等多个角度分别实施改进，进而提出改进的量子粒子群优化（improved quantum-behaved particle swarm optimization，IQPSO）算法，以缓解原有方法的早熟收敛缺陷，保障水电优化调度的求解精度。

## 10.2　QPSO 算　法

Sun 等[7]在研究粒子收敛行为的相关成果后提出了基于量子力学的 QPSO 算法。QPSO 算法认为粒子具有量子行为，无法同时精确测定粒子的位置和速度，故采用波函数描述粒子状态，通过求解薛定谔方程得到粒子在空间某点出现的概率密度函数，利用蒙特卡罗随机模拟得到粒子在量子空间中的位置[7-10]。在进化过程中，各粒子在最优位置中心的 DELTA 势阱中移动，通过跟踪个体极值和全局极值不断更新位置，能够以一定的概率分布于搜索空间的任意位置[10-12]。个体 $X$ 的进化公式为

$$X_i^{k+1} = B_i^{k+1} + ba_k \left| C^{k+1} - X_i^k \right| \ln\left(\frac{1}{r_1}\right) \tag{10.1}$$

$$B_i^{k+1} = r_2 D_i^k + (1 - r_2) G^k \tag{10.2}$$

$$b = \begin{cases} -1, & r_3 \leqslant 0.5 \\ 1, & r_3 > 0.5 \end{cases} \tag{10.3}$$

$$a_k = \frac{1}{\bar{k}}(a_1 - a_2)(\bar{k} - k) + a_2 \tag{10.4}$$

$$C^{k+1} = \frac{1}{m}\sum_{i=1}^{m} D_i^k = \frac{1}{m}\left(\sum_{i=1}^{m} D_{i,1}^k, \cdots, \sum_{i=1}^{m} D_{i,d}^k\right) \tag{10.5}$$

式中：$m$ 为种群规模，$i=1, 2, \cdots, m$；$d$ 为粒子维度，$j=1, 2, \cdots, d$；$\bar{k}$ 为最大迭代次数，$k=1, 2, \cdots, \bar{k}$；$C^k$ 为第 $k$ 次迭代时种群的最优位置中心；$D_i^k$ 为第 $k$ 次迭代时粒子 $i$ 的历史最优位置；$D_{i,d}^k$ 为 $D_i^k$ 的第 $d$ 个变量；$G^k$ 为第 $k$ 次迭代时种群的全局最优位置；$a_k$ 为第 $k$ 次迭代时的扩张-收缩因子，是算法除 $m$ 和 $\bar{k}$ 外唯一的参数；$a_1$、$a_2$ 分别为压缩因子初始值和终止值，一般取 $a_1=1.0$，$a_2=0.5$；$r_1$、$r_2$、$r_3$ 为在区间[0，1]均匀分布的随机数。

在应用 QPSO 算法求解水电站群长期优化调度问题时发现，各粒子在进化过程中不断向种群最优位置靠拢，种群多样性逐渐降低，易在后期陷入局部最优。为此，结合混沌搜索、加权更新种群最优位置中心和邻域变异三个方面，提出相应的改进措施，避免早熟收敛，以尽可能在可接受的计算耗时条件下提高优化结果质量。

# 10.3　IQPSO 算　法

## 10.3.1　混沌遍历搜索提升初始种群质量

混沌现象普遍存在于非线性优化系统中，内在结构精致，可在特定区域内不重复地历经所有状态，具有良好的遍历性、随机性和规律性。利用混沌思想初始化种群[13-14]，可有效提高初始种群的多样性与分布均衡性，提高算法的收敛速度和搜索精度。采用逻辑斯谛（Logistic）映射进行混沌搜索：

$$z_{n+1} = uz_n(1 - z_n) \tag{10.6}$$

式中：$z_n$ 为变量 $Z$ 在第 $n$ 次迭代时的取值，$z_n \in [0，1]$；$u$ 为控制系统状态的关键参数，$u \in [0，4]$；$z_{n+1}$ 为变量 $Z$ 在第 $n+1$ 次迭代时的取值。研究表明，当 $u=4$ 时，系统处于完全混沌状态，所产生的混沌序列无重复现象，故本章取 $u=4$。

在混沌序列生成以后，需要对各混沌变量分别进行载波处理，以映射至原优化变量 $Y$ 的可行空间内，公式为

$$Y_n = \underline{Y} + z_n(\bar{Y} - \underline{Y}) \tag{10.7}$$

式中：$Y_n$ 为原优化变量 $Y$ 与混沌变量 $z_n$ 相应的取值；$\bar{Y}$、$\underline{Y}$ 分别为 $Y$ 取值的上、下限。

### 10.3.2 加权更新改善种群最优位置中心

QPSO 算法进化过程中的式（10.5）可等价地表述为

$$C^{k+1}=\frac{1}{m}\sum_{i=1}^{m}D_i^k=\sum_{i=1}^{m}\left(\frac{1}{m}D_i^k\right)=\sum_{i=1}^{m}(w_i^k D_i^k) \tag{10.8}$$

式中：$w_i^k$为在第 $k$ 次迭代计算种群最优位置中心时粒子 $i$ 相应的权重，$\forall i, w_i^k=m^{-1}$。

显然，QPSO 算法在计算种群最优位置中心时对各粒子取相同的权重，并未考虑各粒子历史最优位置的适应度差异，难以发挥精英粒子优势。因此，本章采用加权更新种群最优位置中心来改进种群的进化方式，根据粒子自身的“表现”情况确定其权重，可有效降低落后粒子的干扰，提高种群的搜索能力以加速获得质量较高的优化解。权重由粒子历史最优位置适应度占所有粒子历史最优位置适应度之和的比例得到，公式为

$$w_i^k=f(D_i^k)\Big/\sum_{i=1}^{m}f(D_i^k) \tag{10.9}$$

式中：$f(D_i^k)$为粒子 $i$ 在第 $k$ 次迭代时历史最优位置相应的适应度。

进化公式（10.5）更新为如下形式：

$$C^{k+1}=\sum_{i=1}^{m}\frac{f(D_i^k)}{\sum_{i=1}^{m}f(D_i^k)}D_i^k=\left[\sum_{i=1}^{m}\frac{f(D_i^k)}{\sum_{i=1}^{m}f(D_i^k)}D_{i,1}^k,\cdots,\sum_{i=1}^{m}\frac{f(D_i^k)}{\sum_{i=1}^{m}f(D_i^k)}D_{i,d}^k\right] \tag{10.10}$$

### 10.3.3 邻域随机搜索提高种群多样性

各粒子在进化过程中不断向种群最优位置靠拢，逐渐聚集至较小区域范围内，种群多样性降低，搜索能力下降，若种群全局最优位置为局部最优解，易发生早熟收敛现象。为改善算法搜索效率，让种群最优个体在逐代缩小的邻域范围内随机变异，开展局部精细化搜索，若变异得到的新个体的适应度有所提升，则直接替换变异前种群的全局最优个体，否则以一定概率随机替换种群中的个体。设变量 $Y$ 变异得到$Y'$，计算公式为

$$Y'=Y+R_k(2r_4-1) \tag{10.11}$$

$$R_k=(\overline{R}-\underline{R})(\overline{k}-k)\overline{k}^{-1}+\underline{R} \tag{10.12}$$

式中：$R_k$为第 $k$ 次迭代时的邻域搜索半径；$\overline{R}$、$\underline{R}$ 分别为邻域搜索半径的上、下限；$r_4$为在区间$[0,1]$均匀分布的随机数。

图 10.1 为加权更新种群最优位置中心和邻域变异搜索示意图。图 10.1 中 $H$、$I$、$J$ 分别为种群中三个粒子的历史最优位置，$F$ 为种群全局最优位置，$M$ 为全局最优位置，$K$、$L$ 分别为 QPSO 算法、IQPSO 算法种群的最优位置中心。QPSO 算法采用式（10.5）计算，显然 $K$ 位于种群区域中心；IQPSO 算法采用式（10.10）加权更新种群的最优位置中心，提升精英粒子的计算权重，使得 $L$ 的适应度较 $K$ 有所提升；同时，落后粒子 $I$

与 $L$ 的距离增大，等待效应增强，由于在 QPSO 算法中粒子位置的概率分布的标准差由粒子当前位置与种群最优位置中心之间的距离决定，利用式（10.1）进行种群进化时，聚集在 $F$ 附近的粒子将进行较大范围的搜索，提高群体协同工作的能力和算法的搜索能力。$F$ 在搜索半径为 $R$ 的邻域范围内进行变异搜索，若得到优于 $F$ 的新位置 $F'$，令 $F=F'$，则提高种群全局最优个体的领导能力；否则，以一定概率随机替换 $H$、$I$、$J$ 中的任意个体，种群多样性得到增强，避免早熟收敛。

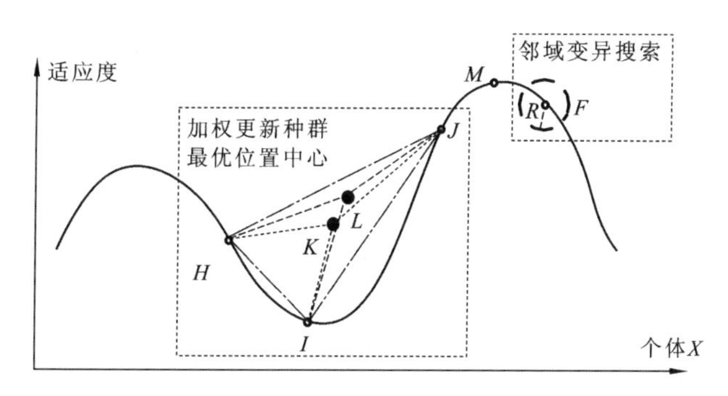


图 10.1　相关改进措施示意图

### 10.3.4　IQPSO 算法求解特大流域水电站群优化调度

取水电站水位为状态变量并采用实数矩阵编码粒子，初始化一定规模的粒子种群后开展迭代寻优，以调度期内水电系统总效益最优为目标，寻找满足各种约束条件的优化方案[15]，详细计算步骤如下。

（1）设置种群规模 $m$，最大迭代次数 $\bar{k}$，邻域搜索半径上下限 $\bar{R}$、$\underline{R}$ 等计算参数。

（2）确定个体编码方式，并利用式（10.6）和式（10.7）混沌初始化种群。实数编码与二进制编码相比，可大幅减少编码长度，节省内存并避免进制转换，提高计算效率；二维矩阵物理意义明确，能充分体现水电站群优化调度的时空耦合关联特性。因此，本章采用如图 10.2 所示的实数矩阵方式对粒子进行编码，其中行向量为单一水电站（同一地理空间）在各时段（不同时间）的状态，列向量为各水电站（不同地理空间）在同一时段（相同时间）的状态。

（3）评估计算各粒子的适应度，并更新各粒子的历史最优位置及种群的全局最优位置。在计算粒子适应度时，采用下述方法处理水电调度中的复杂约束条件：将水位作为状态变量，单个粒子包含各水电站所有时段的水位信息，其中始末水位可设置为给定值，其他时段水位约束若在进化过程中发生破坏则设定为边界值，各水电站利用水量平衡方程在相邻时段间开展调节计算，各时段发电流量约束在定水位计算时予以满足，采用惩罚函数法处理水电站出库流量及出力、系统带宽等约束破坏项。个体 $X$ 的惩罚项 $\Delta$ 的计算公式如下：

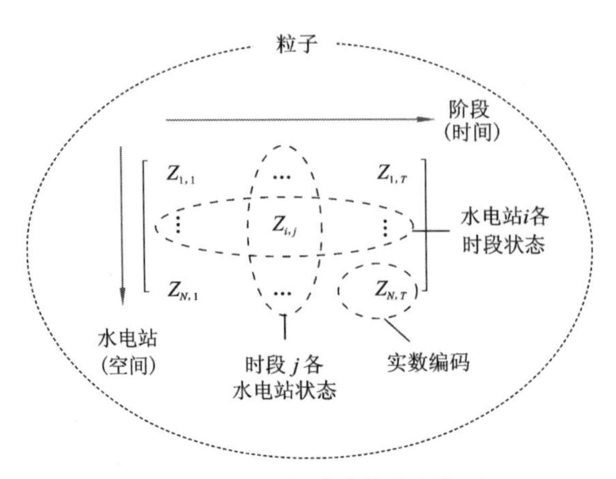


图 10.2 二维矩阵实数编码粒子

$$\Delta=\sum_{i=1}^{N}\sum_{j=1}^{T}[e_1(\min\{O_{i,j}^{\max}-O_{i,j},\min\{O_{i,j}-O_{i,j}^{\min},0\}\})^2+e_2(\min\{P_{i,j}^{\max}-P_{i,j},\min\{P_{i,j}-P_{i,j}^{\min},0\}\})^2]$$
$$+e_3\sum_{j=1}^{T}\left(\min\left\{h_j^{\max}-\sum_{i=1}^{N}P_{i,j},\min\left\{\sum_{i=1}^{N}P_{i,j}-h_j^{\min},0\right\}\right\}\right)^2 \tag{10.13}$$

式中：$e_1$、$e_2$和$e_3$为惩罚系数；其余变量含义见 2.2 节。

（4）利用式（10.10）计算种群最优位置中心，并按照式（10.1）～式（10.4）更新各粒子的位置以实现种群的进化。

（5）按式（10.11）和式（10.12）对种群全局最优位置进行邻域变异搜索。

（6）判定是否满足终止条件：若未达到最大进化代数，则转至步骤（3）；否则，停止计算，并输出最优调度结果。

# 10.4 工 程 应 用

## 10.4.1 工程背景

本章选择乌江和清水河流域上的 8 座水电站来检验算法的有效性。所选水电站的总装机容量高达 7 545 MW，涵盖了多年调节、不完全年调节及日调节等多种调节性能，其中洪家渡水电站和大花水水电站为龙头水电站，拓扑结构见图 10.3。选取调度时段为 1 月，考虑到长期优化调度中周调节及以下水电站的调节能力有限，故选择洪家渡水电站等 5 座季调节及以上水电站参与调节，索风营水电站等日调节水电站利用其水头发电。

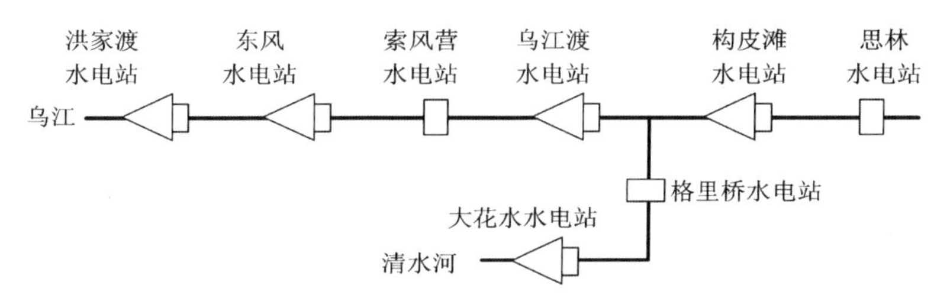


图 10.3　梯级水电站群拓扑结构图

## 10.4.2　实例分析 1

为验证算法的有效性，假定调度周期为 1 年，总时段数 $T$=12，分别选取丰水年、平水年和枯水年三种典型来水过程，径流数据根据相应频率插值多年区间还原流量序列资料获取。采用 IQPSO 算法、QPSO 算法、DPSA 算法、PSO 算法及 POA 5 种算法进行求解。IQPSO 算法的种群规模 $m$=500，最大迭代次数 $\overline{k}$=500；考虑到变异步长过大易使算法跳出可行搜索区间，过小不利于发现改良个体，故基于局部扰动思想取邻域搜索半径上限 $\overline{R}$=0.1，下限 $\underline{R}$=0.01；式（10.13）中的惩罚系数均取 100。QPSO 算法、PSO 算法的相关参数与 IQPSO 算法相同。

表 10.1 中 PSO 算法、QPSO 算法和 IQPSO 算法的优化结果均为运行 50 次得到的最优值，耗时为平均值。从发电量来看，IQPSO 算法的计算结果明显优于 QPSO 算法、DPSA 和 PSO 算法，与 POA 相近。以平水年为例，IQPSO 算法较 QPSO 算法、DPSA 和 PSO 算法分别增发电量 1.70×10$^8$ kW·h、4.29×10$^8$ kW·h 和 7.09×10$^8$ kW·h，比 POA 增发电量 7.4×10$^7$ kW·h。从典型年平均时间上看，IQPSO 算法（21.6 s）相对稳定，优于 PSO 算法（42.4 s）和 POA（74.8 s）；由于 IQPSO 算法增加了加权更新种群最优位置中心和邻域变异操作，故耗时略多于 QPSO 算法（18.8 s）和 DPSA（10.2 s）。从弃水量上看，IQPSO 算法可显著减少弃水，有效提升梯级水电站的水能利用率，如 IQPSO 算法在枯水年将径流全部用来发电，无弃水产生，而其他方法均有不同程度的弃水。显然，IQPSO 算法在不同入库情景下均能快速获得高质量的优化调度结果，提高梯级水电站的水能利用率。

**表 10.1　不同典型年计算结果的对比**

| 来水 | 算法 | 发电量/(10$^8$ kW·h) | | | | | | | 耗时/s | 总弃水量/（10$^8$ m$^3$） |
|---|---|---|---|---|---|---|---|---|---|---|
| | | 洪家渡水电站 | 东风水电站 | 乌江渡水电站 | 构皮滩水电站 | 大花水水电站 | 其他 | 合计 | | |
| 丰水年 | IQPSO 算法 | 17.71 | 36.62 | 55.43 | 154.20 | 7.49 | 87.94 | 359.39 | 22.1 | 8.74 |
| | POA | 18.08 | 36.89 | 53.89 | 155.11 | 7.49 | 87.90 | 359.36 | 85.5 | 8.89 |
| | DPSA 算法 | 15.58 | 33.39 | 51.61 | 148.77 | 9.58 | 91.90 | 350.83 | 10.8 | 51.43 |
| | QPSO 算法 | 17.16 | 36.18 | 54.18 | 154.90 | 7.43 | 87.58 | 357.43 | 20.5 | 18.60 |
| | PSO 算法 | 18.96 | 34.94 | 51.98 | 146.86 | 7.47 | 87.43 | 347.64 | 44.4 | 67.41 |

续表

| 来水 | 算法 | 发电量/(10$^8$ kW·h) | | | | | | | 耗时/s | 总弃水量/（10$^8$ m$^3$） |
|---|---|---|---|---|---|---|---|---|---|---|
| | | 洪家渡水电站 | 东风水电站 | 乌江渡水电站 | 构皮滩水电站 | 大花水水电站 | 其他 | 合计 | | |
| 平水年 | IQPSO 算法 | 12.01 | 26.61 | 38.36 | 106.34 | 5.39 | 62.02 | 250.73 | 21.8 | 0.15 |
| | POA | 11.67 | 26.53 | 38.01 | 106.44 | 5.37 | 61.97 | 249.99 | 72.7 | 1.82 |
| | DPSA 算法 | 14.92 | 23.37 | 34.79 | 103.37 | 8.24 | 61.75 | 246.44 | 10.2 | 21.58 |
| | QPSO 算法 | 12.35 | 26.11 | 37.33 | 105.96 | 5.24 | 62.04 | 249.03 | 18.2 | 8.65 |
| | PSO 算法 | 10.97 | 24.39 | 34.41 | 106.62 | 5.31 | 61.94 | 243.64 | 42.9 | 35.48 |
| 枯水年 | IQPSO 算法 | 7.92 | 16.96 | 23.24 | 68.69 | 3.35 | 40.30 | 160.46 | 20.9 | 0.00 |
| | POA | 7.45 | 17.13 | 23.36 | 68.80 | 3.43 | 40.23 | 160.40 | 66.1 | 0.31 |
| | DPSA 算法 | 10.41 | 13.84 | 20.67 | 67.06 | 5.65 | 40.65 | 158.28 | 9.6 | 10.61 |
| | QPSO 算法 | 7.95 | 16.84 | 22.72 | 67.62 | 3.35 | 40.36 | 158.84 | 17.7 | 8.25 |
| | PSO 算法 | 7.29 | 16.43 | 21.12 | 67.06 | 3.40 | 40.09 | 155.39 | 39.8 | 25.34 |

由表 10.2 可知，IQPSO 算法在不同次序下的寻优结果均在 POA 附近波动；不同来水条件下 IQPSO 算法的最劣解仍优于相应的 QPSO 算法的最优解。这表明 IQPSO 算法较 QPSO 算法显著提升搜索性能，具有良好的鲁棒性，计算结果稳定有效，一次寻优即可获得近似的最优解。

**表 10.2　QPSO 算法与 IQPSO 算法随机运行 50 次的结果统计**

| 项目 | 丰水年 | | 平水年 | | 枯水年 | |
|---|---|---|---|---|---|---|
| | IQPSO 算法 | QPSO 算法 | IQPSO 算法 | QPSO 算法 | IQPSO 算法 | QPSO 算法 |
| 最优/（亿 kW·h） | 359.39 | 357.43 | 250.73 | 249.04 | 160.46 | 158.84 |
| 均值/（亿 kW·h） | 358.52 | 356.35 | 249.90 | 247.99 | 159.50 | 156.70 |
| 最劣/（亿 kW·h） | 357.61 | 354.57 | 249.40 | 244.75 | 158.85 | 147.99 |
| 极差/（亿 kW·h） | 1.78 | 2.86 | 1.33 | 4.29 | 1.61 | 10.85 |
| 标准差/（亿 kW·h） | 0.45 | 0.63 | 0.24 | 0.88 | 0.33 | 0.94 |

图 10.4 为 IQPSO 算法平水年计算得到的部分水电站的调度过程。多年调节水电站（洪家渡水电站）汛期抬高水位充分蓄水，枯期进行补偿调节，满足系统最小出力要求；其他水电站（大花水水电站等）汛前腾空库容，汛期逐渐抬高水位，汛后保持高水头运行，降低水耗，增加发电量；各水电站在调度期末降低至预先设置末水位。

选择 1952～2001 年共计 50 年的长序列区间径流开展调度仿真演算，其中总时段数 $T$=600，系统保证出力为各水电站保证出力之和。由表 10.3 可知，相比于 POA，所提方法的多年平均发电量和保证率分别提升 0.7%、0.9%，而弃水量和耗时分别缩减 8.9%、

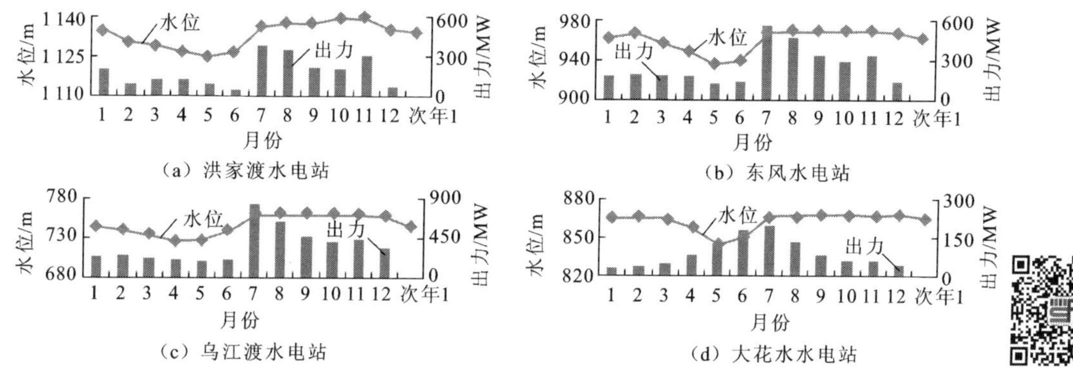


（a）洪家渡水电站　（b）东风水电站

（c）乌江渡水电站　（d）大花水水电站

图 10.4　平水年 IQPSO 算法计算得到的部分水电站的调度结果

**表 10.3　长序列计算结果对比**

| 方法 | 年均电量/（$10^8$ kW·h） | 总弃水量/（$10^8$ m$^3$） | 发电保证率/% | 耗时/s |
|---|---|---|---|---|
| POA | 261.75 | 594.51 | 95.33 | 487 |
| IQPSO 算法 | 263.64 | 541.38 | 96.17 | 135 |

72.3%。由于 POA 的搜索性能受限于初始解，而在系统规模较大时往往难以选取合适的初始轨迹，其在实际工程应用中受到了一定的限制。IQPSO 算法不必对状态变量进行离散并加以存储，有效避免维数灾难题；同时，无须提供初始调度方案，兼具良好的全局搜索能力，可为求解水电站群优化调度提供一种实用、有效的方法。

## 10.4.3　实例分析 2

设计了多组方案以检验 10.3 节改进措施、种群规模及迭代次数等计算参数对算法搜索性能的影响，寻优过程及结果对比见表 10.4，其中，QPSO 算法-I、QPSO 算法-II、QPSO 算法-III 分别指 QPSO 算法耦合初始化策略、进化策略与变异策略后的方法。可以看出：①对单一改进策略而言，从发电量上看，三种策略较传统 QPSO 算法均可不同程度地改善优化结果，但各策略的高度耦合效果最为明显，相比于方案 1 的发电量，方案 4～6 分别提升 0.03%、0.24%和 0.29%，而方案 7 增发 0.68%；从耗时上看，改进措施增加了适应度评估等运算，但由于未改变算法复杂度，计算时间增幅较少，方案 4～6 较方案 1 的耗时增加皆不足 2 s。②对 QPSO 算法和 IQPSO 算法而言，种群规模或迭代次数越大，方法的寻优能力越强，优化结果质量越高，同时导致数据的计算量增多，进而增加内存消耗和运算耗时，如方案 7～9 的发电量逐步增多，其中方案 9 较方案 7 额外增加了 37%的内存消耗和 4.2 倍的计算时间；相同情景下 QPSO 算法对应的最优解均小于 IQPSO 算法，如方案 3 在不同迭代次数下的搜索性能均劣于方案 9；当迭代次数相同时，通过增加种群规模来改善优化结果的效果有限，如方案 3 的种群规模是方案 7 的 4 倍，但发电量仍相差 1.5×$10^8$ kW·h；当种群规模相同时，增加迭代次数对搜索精度的改善有限，如方案 8 在 300 代时已优于方案 2 对应 500 代的结果。综上，改变种群规模或迭代次数对 QPSO 算法结果的提升有限，同时会显著增加计算时间与内存消耗代价；所提改进策略均可有效完善算法的搜索能力，且未改变算法复杂度，耗时增幅较小，IQPSO 算法在较小种群规模下即可获得满意结果。

**表 10.4　各方法在不同情景下的寻优过程比较**

| 方案 | | 1 | 2 | 3 | 4 | 5 | 6 | 7 | 8 | 9 |
|---|---|---|---|---|---|---|---|---|---|---|
| 方法 | | QPSO 算法 | QPSO 算法 | QPSO 算法 | QPSO 算法-I | QPSO 算法-II | QPSO 算法-III | IQPSO 算法 | IQPSO 算法 | IQPSO 算法 |
| 种群 | | 500 | 1 000 | 2 000 | 500 | 500 | 500 | 500 | 1 000 | 2 000 |
| 内存/MB | | 62 | 71 | 86 | 63 | 63 | 62 | 65 | 72 | 89 |
| 时间/s | | 18.2 | 46.7 | 100.8 | 19.7 | 18.6 | 19.5 | 21.8 | 57.5 | 113.7 |
| 各进化代数总发电量/（$10^8$ kW·h） | 100 代 | 135.11 | 146.81 | 153.24 | 165.86 | 158.37 | 163.35 | 184.09 | 187.05 | 192.39 |
| | 150 代 | 174.04 | 179.53 | 189.72 | 208.57 | 216.35 | 236.57 | 239.44 | 241.82 | 242.52 |
| | 200 代 | 187.05 | 190.24 | 193.59 | 241.33 | 242.69 | 243.09 | 244.63 | 245.98 | 246.28 |
| | 250 代 | 210.19 | 225.68 | 229.87 | 243.9 | 246.59 | 246.08 | 247.19 | 248.02 | 249.54 |
| | 300 代 | 241.18 | 242.72 | 244.45 | 247.34 | 248.83 | 248.86 | 249.06 | 249.4 | 250.61 |
| | 350 代 | 246.13 | 247.81 | 248.9 | 248.25 | 249.5 | 249.42 | 250.18 | 250.45 | 250.88 |
| | 400 代 | 248.04 | 248.54 | 248.76 | 248.38 | 249.54 | 249.63 | 250.21 | 250.49 | 250.68 |
| | 450 代 | 248.67 | 248.79 | 249.14 | 249.02 | 249.57 | 249.71 | 250.41 | 250.63 | 250.72 |
| | 500 代 | 249.03 | 249.09 | 249.23 | 249.11 | 249.62 | 249.74 | 250.73 | 250.79 | 250.88 |

## 10.5 本章小结

群体智能方法通过模拟自然界的种群协作行为开展迭代寻优，一般不存在维数灾问题，为水电调度问题的高效求解提供了新的途径。作为较为新颖的群体智能方法，QPSO 算法为水电站群优化调度提供了一条有效途径，但存在搜索效率较低、早熟收敛等不足。为克服此问题，本章从多方面实现综合改进并提出了 IQPSO 算法：引入混沌搜索初始化种群，提高初始种群质量；采用加权更新种群最优位置中心，改善种群进化方式，加速种群收敛；实行邻域变异搜索，增加种群多样性。同时，针对水电站群优化调度的时空耦合关联特性和复杂约束条件，分别设计了矩阵实数编码方式及相应的约束处理方法以提升算法的搜索性能。实例结果验证了所提方法在特大流域水电站群优化调度的可行性与实用性。

# 参考文献

[1] 郭生练, 陈炯宏, 刘攀, 等. 水库群联合优化调度研究进展与展望[J]. 水科学进展, 2010, 21(4): 496-503.

[2] 覃晖, 周建中, 肖舸, 等. 梯级水电站多目标发电优化调度[J]. 水科学进展, 2010(3): 377-384.

[3] 董飞, 刘晓波, 彭文启, 等. 地表水水环境容量计算方法回顾与展望[J]. 水科学进展, 2014, 25(3): 451-463.

[4] 钟平安, 张卫国, 张玉兰, 等.水电站发电优化调度的综合改进差分进化算法[J]. 水利学报, 2014, 45(10): 1147-1155.

[5] 明波,黄强,王义民,等. 基于改进布谷鸟算法的梯级水库优化调度研究[J]. 水利学报, 2015, 46(3): 341-349.

[6] 纪昌明, 李继伟, 张新明, 等. 基于免疫蛙跳算法的梯级水库群优化调度[J]. 系统工程理论与实践, 2013, 33(8): 2125-2132.

[7] SUN J, FENG B, XU W B. Particle swarm optimization with particles having quantum behavior[C]//IEEE Neural Network Society. Proceedings of 2004 congress on evolutionary computation. Portland:IEEE Computer Society, 2004.

[8] FANG W, SUN J, DING Y R, et al. A review of quantum-behaved particle swarm optimization[J]. IETE technical review, 2010, 27(4): 336-348.

[9] 王智冬, 刘连光, 刘自发, 等. 基于量子粒子群算法的风火打捆容量及直流落点优化配置[J]. 中国电机工程学报, 2014, 34(13): 2055-2062.

[10] 韩璞,袁世通. 基于大数据和双量子粒子群算法的多变量系统辨识[J]. 中国电机工程学报, 2014, 34(32): 5779-5787.

[11] 张涛, 徐雪琴, 史苏怡, 等. 基于改进多种群量子粒子群算法的 STATCOM 选址及容量优化[J]. 中国电机工程学报, 2015, 35(S1): 75-81.

[12] 张宏立, 宋莉莉. 基于量子粒子群算法的混沌系统参数辨识[J]. 物理学报, 2013, 62(19): 114-119.

[13] 王振树, 卞绍润, 刘晓宇, 等. 基于混沌与量子粒子群算法相结合的负荷模型参数辨识研究[J]. 电工技术学报, 2014, 29(12): 211-217.

[14] 邹强, 王学敏, 李安强, 等. 基于并行混沌量子粒子群算法的梯级水库群防洪优化调度研究[J]. 水利学报, 2016, 47(8): 967-976.

[15] 冯仲恺, 廖胜利, 牛文静, 等. 改进量子粒子群算法在水电站群优化调度中的应用[J]. 水科学进展, 2015, 26(3): 413-422.

# 附录　英文缩写中英文对照表

| 中文名称 | 英文名称 | 缩写词 |
|---|---|---|
| 线性规划 | linear programming | LP |
| 动态规划 | dynamic programming | DP |
| 非线性规划 | nonlinear programming | NLP |
| 混合整数规划 | mixed integer programming | MIP |
| 遗传算法 | genetic algorithm | GA |
| 粒子群优化 | particle swarm optimization | PSO |
| 拉格朗日松弛 | Lagrangian relaxation | LR |
| 二次规划 | quadratic programming | QP |
| 混合整数线性规划 | mixed integer linear programming | MILP |
| 逐步优化算法 | progressive optimality algorithm | POA |
| 离散微分动态规划 | discrete differential dynamic programming | DDDP |
| 逐次逼近动态规划 | dynamic programming successive approximation | DPSA |
| 并行动态规划 | parallel dynamic programming | PDP |
| 并行逐步优化算法 | parallel progressive optimality algorithm | PPOA |
| 正交离散微分动态规划 | orthogonal discrete differential dynamic programming | ODDDP |
| 均匀动态规划 | uniform dynamic programming | UDP |
| 大系统分解协调 | large system decomposition and coordination | LSDC |
| 差分进化 | differential evolution | DE |
| 模拟退火 | simulated annealing | SA |
| 蚁群优化 | ant colony optimization | ACO |
| 混沌优化算法 | chaos optimization algorithm | COA |
| 量子粒子群优化 | quantum-behaved particle swarm optimization | QPSO |
| 网络流算法 | network flow algorithm | NFA |
| 人工神经网络 | artificial neural network | ANN |
| 中央处理器 | central processing unit | CPU |
| 图形处理器 | graphics processing unit | GPU |
| 精英导向粒子群优化 | multi-elite guide particle swarm optimization | MGPSO |
| 增强拉格朗日规划神经网 | augmented Lagrange programming neural network | ALPNN |
| 离散最大值原理 | discrete maximum principle | DMP |
| 单纯形逐步优化算法 | simplex progressive optimality algorithm | SPOA |
| 正交降维搜索算法 | orthogonal dimension reduction search algorithm | ODRSA |
| 改进的量子粒子群优化 | improved quantum-behaved particle swarm optimization | IQPSO |